10~110kV
电网继电保护整定计算
培训手册

王安宁　主编

中国电力出版社
CHINA ELECTRIC POWER PRESS

内 容 提 要

本书对 10～110kV 电网继电保护的整定计算做了比较全面的论述，是 10～110kV 电网整定计算方面的专用书。全书分三章，共二十三节，主要内容包括：整定计算的基本任务与基本步骤、电网运行方式的选择等准备工作；负荷线路、电源并网线路、电气化铁路线路保护及低电阻接地系统保护等常见场景的整定计算方法；电动机保护、电容器保护、接地变压器保护、站用变压器保护、母线保护、故障录波器、电抗器保护等常见元件保护的整定计算方法。

本书可作为电力系统发、供电部门及工矿企业等用电部门从事继电保护和生产运行等工作的工人及技术人员的培训教材，也可供电力设计部门的设计人员和大专院校有关专业的师生参考。

图书在版编目（CIP）数据

10～110kV 电网继电保护整定计算培训手册/王安宁主编．—北京：中国电力出版社，2020.10（2024.7 重印）

ISBN 978-7-5198-4266-6

Ⅰ．①1…　Ⅱ．①王…　Ⅲ．①电力系统—继电保护—电力系统计算—手册　Ⅳ．①TM77-62

中国版本图书馆 CIP 数据核字（2020）第 023138 号

出版发行：中国电力出版社
地　　址：北京市东城区北京站西街 19 号（邮政编码 100005）
网　　址：http://www.cepp.sgcc.com.cn
责任编辑：岳　璐（010-63412339）
责任校对：黄　蓓　闫秀英
装帧设计：张俊霞
责任印制：石　雷

印　　刷：北京天泽润科贸有限公司
版　　次：2020 年 10 月第一版
印　　次：2024 年 7 月北京第二次印刷
开　　本：787 毫米×1092 毫米　16 开本
印　　张：12.75
字　　数：273 千字
印　　数：2001—2500 册
定　　价：63.00 元

编 委 会

主　编　王安宁

副主编　史　吏　朱倩茹　唐　毅

编　委　赵　冠　吴金玉　石庆喜　许春华　宋明慧
李　瑶　李　靖　范荣奇　王玥婷　戈　宁
张　陶　王　黎　李乃永　杨　超　黄秉青
史方芳　刘　萌　乔朋利　沈　倩　张永青
房　俏　游　帅　肖冬霖　房国俊　邢　奥
周立栋

前　言

继电保护是电网安全运行的第一道防线，一台台保护装置就是这道防线上服役的士兵，平时可能感觉不到它的存在，一旦电网出现故障，它能在几十毫秒之内准确切断故障源，最大限度保护电力系统安全。整定计算是这一防线的指挥员，一张张定值单就是一道道指令。鉴于专业性太强，且可以指导具体工作的规程、规定都比较深奥，新从事整定计算的专业人员，通常需要自己参悟原则与算法。在这种形势下，要使继电保护正确地发挥作用，完成“电网哨兵”的重任，需要有更多的人关心和参与继电保护整定计算工作。因此，为满足从事继电保护工作的人员及其他有关人员的需要，我们编写了本书。

本书针对 10～110kV 电网的常见场景描述每种保护功能的整定原则与计算方法，各场景之间相对独立，读者可从任意场景入手，快速掌握定值计算方法。整定计算的原则受制于保护装置的功能配置，就像士兵的动作行为受制于他的武器装备水平。本书在描述各场景的整定计算原则前，都列出了基本的保护配置。应当指出，继电保护整定计算是一项系统工程，要依据电网结构的不同、运行要求的不同，在满足继电保护“四性”的前提下，求取其最佳方案。

本书是作者在总结长期从事继电保护工作经验的基础上编写的，力求做到理论联系实际、实用、方便，希望通过本书揭开整定计算决策过程的冰山一角。

由于作者水平所限，书中难免有不妥之处，恳请读者批评指正。

编　者

2020 年 3 月

目 录

第一章　准　备　工　作

第一节 术 语 解 释

整定计算工作主要解决保护的快速性、选择性和灵敏性问题。解决选择性问题通过核算两台保护装置定值之间的配合来实现。为了同时满足快速性和选择性，有时会用躲被配合保护范围的方式来实现。

一、躲（keep away from）

躲是指保护装置的保护范围达不到所述设备的位置。用另一种说法表述，即上一级保护的保护范围达不到下一级保护的保护范围，两级保护的保护范围之间没有重叠部分。

二、配合（coordination）

配合是指上一级保护的保护范围不超出下一级保护相应段的保护范围，且上一级保护的动作时限比下一级保护的动作时限长。

保护的配合包括保护范围配合和保护时限配合。

保护范围配合：也叫做灵敏度有配合。保护装置对被保护对象的故障反应有一定的范围，上一级保护的保护范围应不超出下一级相应段保护范围，即在下一级保护范围末端故障时，下一级保护动作，上一级保护不动作，这叫做范围有配合。

保护时限配合：上一级保护时限比下一级保护时限要长，所长的时限差，即为时限级差，用Δt表示时限级差，一般取不小于 0.3s。

三、灵敏度（sensitivity）

灵敏度指在保护装置的保护范围内发生故障时，保护反应的灵敏程度。一般用灵敏系数来衡量。灵敏系数指在被保护对象的某一指定点（通常指被保护对象的末端）发生金属性短路，故障量与整定值之比（反映故障参量上升的，如过电流保护）或整定值与故障量之比（反映故障参量下降的，如低电压保护）。

灵敏度分为主保护（对被保护对象）灵敏度和后备保护（对被保护对象及相邻的设备）灵敏度。

第二节　一　般　规　定

一、继电保护整定计算的基本任务

整定计算是针对具体的电力系统，通过网络计算工具进行分析计算，确定配置的各种保护系统的保护方式，得出保护装置的整定值，以满足系统的运行要求。

整定计算的基本任务包括：

（1）绘制电力系统接线图；

（2）绘制电力系统阻抗图；

（3）建立电力系统设备参数表；

（4）建立电流、电压互感器参数表；

（5）确定继电保护整定需要满足的电力系统规模及运行方式变化限度；

（6）根据已有的保护装置，计算保护定值，编制定值通知单；

（7）对定值通知单进行管理。

二、继电保护整定计算的基本步骤

（1）收集资料；

（2）根据设备资料绘制阻抗图；

（3）确定电力系统短路计算的运行方式，选择短路类型；

（4）进行短路计算；

（5）按同一功能的保护进行整定计算，选取出整定值并做出定值图；

（6）按照从低压到高压、从负荷到电源的原则，进行高一级对低一级的逐级配合计算；

（7）画出定稿的定值图；

（8）将特殊说明写入整定方案说明（报告）中。

三、计算公式采用值

本书中所有计算公式均采用一次值计算，未考虑 TA（电流互感器）电流比和电压等级的转换，在部分例题中考虑了转换。

四、整定原则的实际选择应用

整定原则是在 DL/T 584—2017《3kV～110kV 电网继电保护装置运行整定规程》的规定基础上的细化，实际工作中应结合本地区电网实际选择应用。

五、保护配合注意事项

不考虑低压侧对高压侧、负荷侧对电源侧的反配合。在实际工作中，在对单独一个保护安装处的定值进行计算时，要同时注意上一级保护对该定值的配合，以及该定值对下一级保护的配合。

第三节　继电保护运行整定的基本计算

一、系数的选取

（一）可靠系数

为了避免由于计算、测量、互感器、继电器误差以及调试等误差，使保护间的保护范围不配合，而引起保护误动作，保护的动作值与实际短路电流或与配合的动作值之间应有一定的裕度，以取得选择性。

可靠系数的选用，应考虑整定计算条件不同、继电器类型不同、保护方式不同而有所区别。选用时应注意以下问题：

（1）由短路电流绝对值决定定值的无时限保护，应选取较大的可靠系数；相互配合的延时保护，应选取较小的可靠系数。

（2）变压器有可变分接头，参数变化大，当按变压器其他侧短路整定时，应选取比按线路末端整定时大的可靠系数。

（3）感应型、电磁型继电器误差较大，应选取比微机保护大的可靠系数。

（4）不同保护方式之间的配合，应选取较大的可靠系数。

（5）当短路电流中有互感影响时，应选取较大的可靠系数。

（6）当计算条件考虑因素较多时，如考虑分支系数，应选取较大的可靠系数。

（7）对于有上下限选择的可靠系数，当计算条件较准确时用下限（小值），不准确时用上限（大值）。

（二）返回系数

按正常运行电流（或电压）整定的保护定值，由于定值比较接近正常运行值，在故障断开后，电流电压恢复正常的过程中，当保护不能可靠返回时，应计及继电器的返回系数。对于按短路参量（电流、电压）或按自启动条件整定的保护，可不考虑返回系数。

在较大容量系统中，或短路点较远时，短路过程中保护安装处的残压没有显著变化时，不必考虑返回系数。

（三）分支系数

为了得到保护范围的配合，在接线复杂的系统中，还需考虑分支电源的影响，表示为在相邻线路故障时，流过本保护的短路电流占流过相邻保护短路电流的份数。

以电流保护为例，如图 1-1 所示。当计算 K4 处的保护与 K9 处的保护配合关系时，分支系数即为 D1 故障时流过 K4 的电流与 D1 故障时流过 K9 的电流的比值。

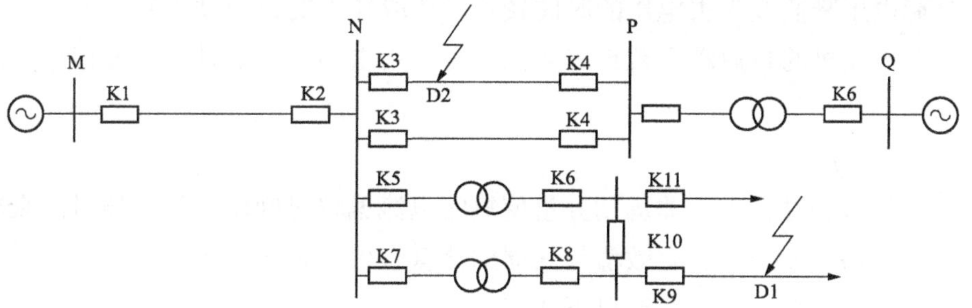

图 1-1 分支系数示意图

使用分支系数应注意以下几点：

（1）分支系数为复数，实用上常取其绝对值。

（2）当相邻上下级保护之间有电源时，应计及分支系数对保护范围的影响。

（3）当电网接线方式为单回与单回的关系时，分支系数一般小于或等于 1；当电网接线方式为单回与双回或与环状网络的关系时，分支系数一般小于或等于 2。

（4）各种不同保护原理的分支系数选取原则各有不同：

1）对于电流保护，由于分支系数的影响，保护范围缩短，应选取最大分支系数，保证在最不利情况下有配合。

2）对于电压保护，在做配合计算时，应选取最小分支系数；在校验灵敏度时，应选取最大分支系数。

3）对于距离保护，在做配合计算时，应选取最大分支系数；在校验灵敏度时，应选取最小分支系数。

（5）分支负荷电流使分支系数大于 1，造成距离保护中的保护范围延长，电流保护的保护范围缩短。在一般情况下，可不计负荷电流的影响。

（6）在距离保护计算时使用助增系数，取分支系数的倒数。助增系数将使距离保护测量到的阻抗增大，保护范围缩短。整定配合时，助增系数应选取最小值。

（四）自启动系数

按负荷电流整定的保护，应考虑在断开故障后，电压恢复时，电动机自启动（主要是异步机）的电流。自启动电流较正常负荷电流大很多，自启动电流对其额定电流的倍数叫做自启动系数。

对于单台电动机，自启动系数取 4～8。在全压满载时，对于综合负荷，自启动系数取 1.5～2.5；对于纯动力负荷，自启动系数取 2～3。实际上，当负荷中有一部分或全部装有无电压释放（工艺要求或其他原因）时，自启动系数可以适当降低。如果负荷是全部无压释放，可不计自启动系数。

自启动系数一般取 1.5～2.5，可考虑采取以下原则选取：

（1）动力负荷比重大，无压释放比重小，选取较大的自启动系数；

（2）负荷距电源较近（如发电厂直供的，或电气距离校近的），选取较大的自启动系数；

（3）负荷电压降低或失去电压的时间较长，选取较大的自启动系数；

（4）单台电动机的自启动系数最好实测，对厂用电和综合负荷，最好根据实际负荷情况进行计算和实测。

（五）非周期分量系数

短路起始的暂态过程中，非周期分量使短路电流偏移时间轴一边，随时间衰减。非周期分量系数以短路电流全电流有效值与其周期分量有效值之比来表示。

使用非周期分量系数时应注意以下几点：

（1）非周期分量出现时间较短，一般为 0.1～0.2s。

（2）非周期分量系数最大取 1.5。

（3）差动保护整定时应考虑非周期分量的影响，在电流互感器满足 10%误差的基础上，对带有躲开非周期分量性能的差动，非周期分量取 1～1.3；对不带躲开非周期分量性的差动，取 1.5～2，短路电流对电流互感器额定电流的倍数较高时，宜取上限值。对计算不平衡电流用的非周期分量系数，按时间选取，保护动作在 0.1s 以内时，取 2；保护动作在 0.3s 以内时，取 1.5；保护动作在 0.5s 以上时，取 1。

（4）对于无时限的电流保护，考虑非周期分量的影响，为避免误动，宜采用取较大可靠系数的方法。如电流速动，可靠系数取 1.3。

二、输电线路阻抗计算

（一）输电线路单位长度电阻

每相导线单位长度的电阻由下式计算：

$$r_1 = \frac{\rho}{S} \tag{1-1}$$

式中：r_1——导线单位长度的电阻（Ω/km）；

ρ——导线材料的电阻率（Ω·mm²/km）；

S——导线的额定截面面积（mm²）。

在电力系统计算中，由于下述三个原因，实际使用的电阻率其数值略大于这些材料的直流电阻率：

（1）当通过交流电流时，由于集肤效应，导线的交流电阻比直流电阻略有增大；

（2）输电线路大多采用多股绞线，由于扭绞，绞线每股的长度略长于导线长度；

（3）式（1-1）中，S 为导线的额定截面面积，导线的实际截面面积通常比额定截面面积略小。

对于上述情况，可通过修正电阻率的方法加以解决，修正后的电阻率为铝导线取 31.5Ω·mm²/km，铜导线取 18.80Ω·mm²/km。

导线的电阻除必要时进行实测外可从产品目录或手册中查得，但由公式（1-1）计算或由手册查得的电阻值均为温度为 20℃时的值，而电阻值是与温度有关的。在精度要求较高时，温度为 t 时的电阻值可由下式修正：

$$r_t = r_{20}[1 + \alpha(t - 20℃)] \tag{1-2}$$

式中：r_t——环境温度为 t 时导体单位长度电阻（Ω/km）。

r_{20}——环境温度为 20℃时导体单位长度电阻（Ω/km）。

α——电阻温度系数，对于铜导线，α 取 0.00382；对于铝导线，α 取 0.0036。

（二）输电线路单位长度电抗

线路的电抗是由导线中有交流电流通过时，在导线周围产生磁场而形成的。三相线路对称排列或虽不对称排列但经整循环换位后，每相导线单位长度的电抗由下式可得

$$X_1 = 2\pi f\left(4.61\lg\frac{D_m}{r} + 0.5\mu_r\right)\times 10^{-4} \tag{1-3}$$

式中：X_1——导线单位长度的电抗（Ω/km）；

r——导线的半径（mm）；

μ_r——导线材料的相对导磁系数，对铝、铜导线等取 1；

f——交流电的频率（Hz）；

D_m——三相导线之间的几何均距，单位与 r 相同。

几何均距 D_m 由下式计算：

$$D_m = \sqrt[3]{D_{AB}D_{BC}D_{CA}} \tag{1-4}$$

式中：D_{AB}——AB 相导线之间的相间距离，单位与 r 相同；

D_{BC}——BC 相导线之间的相间距离，单位与 r 相同；

D_{CA}——CA 相导线之间的相间距离，单位与 r 相同。

将 f=50Hz，$\mu_r=1$ 代入公式（1-3），可得

$$X_1 = 0.1445\lg\frac{D_m}{r} + 0.0157 \tag{1-5}$$

对于分裂导线的线路，其电抗可由下式计算：

$$X_1 = 0.1445\lg\frac{D_m}{r_{eq}} + \frac{0.0157}{n} \tag{1-6}$$

式中：n——每相导线分裂根数；

r_{eq}——导线的等值半径（mm）。

导线的等值半径 r_{eq} 可由下式计算：

$$r_{eq} = \sqrt[n]{ra^{n-1}} \tag{1-7}$$

式中：r——每根导线的半径（mm）；

a——根与根之间的几何均距（mm）。

（三）线路阻抗

线路阻抗定值由下式得出：

$$X_L = R + jX \tag{1-8}$$

式中：R——每相导线电阻（Ω）；

X——每相导线电抗（Ω）。

【例 1.1】 长度 L=3.6km，线路型号 JL/G1A-150（线路排列方式：垂直排列。截面面积 S=150mm^2，JL/GIA-150 导线的计算外径为 16.72mm，相间距离为 3.5m，铝导线电阻率 ρ=31.5（Ω·mm^2/km），求线路阻抗。

【答案】

单位长度的电阻：

$$r_1 = \frac{\rho}{S} = \frac{31.5}{150} = 0.21(\Omega/\text{km})$$

线路电阻：

$$R = r_1 L = 0.21 \times 3.6 = 0.756(\Omega)$$

线路几何均距：

$$D_m = \sqrt[3]{3.5\times 3.5\times 7} = 4.41(\text{m})$$

导线的计算半径:

$$r = \frac{16.72}{2} = 8.36(\text{mm}) = 8.36\times 10^{-3}(\text{m})$$

单位长度电抗:

$$X_1 = 0.1445\lg\frac{D_m}{r} + 0.0157 = 0.1445\lg\frac{4.41}{8.36\times 10^{-3}} + 0.0157 = 0.41(\Omega/\text{km})$$

线路电抗为

$$X = X_1 L = 0.41\times 3.6 = 1.476(\Omega)$$

因此，线路阻抗为

$$Z_1 = 0.756 + \text{j}1.476\Omega$$

三、变压器参数

（一）双绕组变压器

在电力系统计算中，求取变压器电抗的方法和传统的理论计算方法略有不同。由于大容量变压器的阻抗中以电抗为主，亦即变压器的电抗和阻抗数值上接近相等，可近似认为变压器的短路电压 $U_k\%$与变压器的电抗有如下关系:

$$X_r = \frac{U_k\% U_N^2}{100 S_N} \tag{1-9}$$

式中: X_r ——变压器高低压线组的总电抗（Ω）;

$U_k\%$ ——变压器的短路电压百分值。

【例 1.2】 一台型号为 S7-6300/110 的双绕组变压器，额定容量 6300kVA，电压为 35/10kV，短路阻抗为 $U_k\%=8$，求变压器电抗。

【答案】

变压器电抗为

$$X_r = \frac{U_k\% {U_N}^2}{100 S_N} = \frac{8\times (35\times 10^3)^2}{100\times 6300\times 10^3} = 15.6(\Omega)$$

（二）三绕组变压器

三绕组变压器的电抗计算由下式可得

$$X_{r1} = \frac{U_{s1}\% U_N^2}{100 S_N} \tag{1-10}$$

$$X_{r2} = \frac{U_{s2}\% U_N^2}{100 S_N} \tag{1-11}$$

$$X_{r3} = \frac{U_{s3}\% U_N^2}{100 S_N} \tag{1-12}$$

式中: $U_{s1}\%$、$U_{s2}\%$、$U_{s3}\%$——变压器各侧短路电压百分比，计算公式如下:

$$U_{s1}\% = \frac{U_{s1-2}\% + U_{s1-3}\% - U_{s2-3}\%}{2} \tag{1-13}$$

$$U_{s2}\% = \frac{U_{s1-2}\% + U_{s2-3}\% - U_{s1-3}\%}{2} \tag{1-14}$$

$$U_{s3}\% = \frac{U_{s1-3}\% + U_{s2-3}\% - U_{s1-2}\%}{2} \tag{1-15}$$

式中：$U_{s1-2}\%$、$U_{s1-3}\%$、$U_{s2-3}\%$——出厂试验报告中的高中、高低、中低短路电压百分比。

【例 1.3】 三绕组变压器，型号 SSZ10-63000/110，额定容量 63000kVA，电压为 110/38.5/11kV，短路阻抗为 $U_{s1-2}\%=10.42$，$U_{s1-3}\%=18.45$，$U_{s2-3}\%=6.42$，求算变压器电抗。

【答案】

$$U_{s1}\% = \frac{U_{s1-2}\% + U_{s1-3}\% - U_{s2-3}\%}{2} = \frac{10.42 + 18.45 - 6.42}{2} = 11.225$$

$$U_{s2}\% = \frac{U_{s1-2}\% + U_{s2-3}\% - U_{s1-3}\%}{2} = \frac{10.42 + 6.42 - 18.45}{2} = -0.805$$

$$U_{s3}\% = \frac{U_{s1-3}\% + U_{s2-3}\% - U_{s1-2}\%}{2} = \frac{18.45 + 6.42 - 10.42}{2} = 7.225$$

$$X_{r1} = \frac{U_{s1}\% U_N^2}{100 S_N} = \frac{11.225 \times (110 \times 10^3)^2}{100 \times 63000 \times 10^3} = 21.56(\Omega)$$

$$X_{r2} = \frac{U_{s2}\% U_N^2}{100 S_N} = \frac{-0.805 \times (110 \times 10^3)^2}{100 \times 63000 \times 10^3} = -1.546(\Omega)$$

$$X_{r3} = \frac{U_{s3}\% U_N^2}{100 S_N} = \frac{7.225 \times (110 \times 10^3)^2}{100 \times 63000 \times 10^3} = 13.88(\Omega)$$

四、电抗器参数

一般都不计电抗器的电阻，电抗器的电抗计算由下式可得

$$X_k = \frac{U_N}{\sqrt{3} I_N} \times \frac{X_k\%}{100} \tag{1-16}$$

式中：X_k ——电抗器电抗（Ω）；

$X_k\%$ ——电抗器电抗的百分值；

U_N ——电抗器的额定电压（kV）；

I_N ——电抗器的额定电流（kA）。

五、发电机参数

由于发电机定子绕组电阻相对很小，通常可将其略去。发电机的电抗计算由下式可得

$$X_G = \frac{U_N}{\sqrt{3} I_N} \times \frac{X_G\%}{100} \tag{1-17}$$

或

$$X_G = \frac{X_G\% U_N{}^2}{100 S_N} = \frac{X_G\% U_N{}^2 \cos\varphi_N}{100 P_N} \tag{1-18}$$

式中：X_G ——发电机电抗（Ω）；

$X_G\%$ ——发电机电抗的百分值，一般取试验报告中的直轴次暂态电抗 $X''_d\%$；

U_N ——发电机的额定电压（kV）；

S_N ——发电机的额定视在功率（MVA）；

P_N ——发电机的额定有功功率（MW）；

$\cos\varphi_N$ ——发电机的额定功率因数。

【例 1.4】 发电机型号：QF-30-2，额定有功功率为 30MW，功率因数为 0.8，出口电压为 6.3kV，直轴次暂态电抗 $X''_d\%=14$，求发电机阻抗。

【答案】

$$X_G=\frac{X_G\%U_N^2\cos\varphi_N}{100P_N}=\frac{14\times(6.3\times10^3)^2\times0.8}{100\times30\times10^6}=0.1482(\Omega)$$

六、标幺值

在电力系统计算中，除运用具有单位的阻抗、导纳、电压、电流等进行运算外，还广泛运用没有单位的阻抗、导纳、电压、电流等的相对值进行运算。前者称为有名值，后者称为标幺值。

标幺值中，各量都以相对量出现，必然要有相对的基准，即所谓基准值。标幺值与有名值、基准值之间应用如下关系：

$$标幺值=\frac{有名值(欧、西、千伏、安、兆伏安)}{基准值(与相应有名值单位相同)}$$

基准值的单位应与有名值的单位相同，这是选择基准值的一个限制条件，选择基准值的另一个条件是阻抗、导纳、电压、电流、功率的基准值之间也应符合电路的基本关系。例如，阻抗、导纳的基准值为每相阻抗、导纳；电流、电压的基准值为线电压、线电流；功率的基准值为三相功率。基准值之间有如下关系：

$$S_J=\sqrt{3}U_JI_J \tag{1-19}$$

$$U_J=\sqrt{3}I_JZ_J \tag{1-20}$$

$$Z_J=\frac{1}{Y_J} \tag{1-21}$$

式中：Z_J、Y_J ——每相阻抗、导纳的基准值；

U_J、I_J ——线电压、线电流的基准值；

S_J ——三相功率的基准值。

五个基准值中只有两个可以选择，其余三个必须根据上列关系派生。通常是，先选定三相功率和线电压的基准值 S_J、U_J，然后按上列关系求出每相阻抗、导纳、线电流的基准值。公式如下

$$Z_J=\frac{U_J^2}{S_J} \tag{1-22}$$

$$Y_J = \frac{S_J}{U_J^2} \tag{1-23}$$

$$I_J = \frac{S_J}{\sqrt{3}U_J} \tag{1-24}$$

功率的基准值一般取系统中某一发电厂的总功率或系统的总功率，也可取某发电机或变压器的额定功率，有时也取某一个整数，如 100MVA、1000MVA 等。

【例 1.5】 如图 1-2 所示，发电机通过一条 110kV 线路带一变压器，求图中 2 号变压器 10kV 母线等效阻抗。（$\sqrt[3]{85.75}=4.41$；lg464=2.67；基准值：100MVA，10.5kV，110kV。）双电源环网接线原始参数如图 1-2 所示。

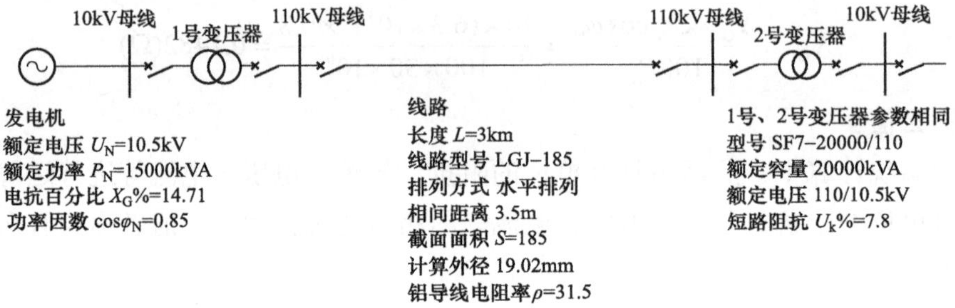

图 1-2　双电源环网接线原始参数图示

【答案一】 按有名值计算。

（1）发电机参数计算：

$$X_G = \frac{X_G\% U_N^{\ 2}\cos\varphi_N}{100P_N} = \frac{14.71\times(10.5\times10^3)^2\times0.85}{100\times15000\times10^3} = \text{j}0.919\Omega$$

（2）线路参数计算：

单位长度的电阻：

$$r_1 = \frac{\rho}{S} = \frac{31.5}{185} = 0.17(\Omega/\text{km})$$

线路电阻：

$$R = r_1L = 0.17\times3 = 0.51(\Omega)$$

线路几何均距：

$$D_m = \sqrt[3]{3.5\times3.5\times7.0} = 4.41(\text{m})$$

导线的计算半径：

$$r = \frac{19.02}{2} = 9.51(\text{mm}) = 9.51\times10^{-3}(\text{m})$$

单位长度电抗：

$$X_1 = 0.1445\lg\frac{D_m}{r} + 0.0157 = 0.1445\lg\frac{4.41}{9.51\times10^{-3}} + 0.0157 = 0.402(\Omega/\text{km})$$

线路电抗:

$$X = X_1 L = 0.402 \times 3 = 1.206(\Omega)$$

因此，线路阻抗为

$$Z_1 = (0.51 + \mathrm{j}1.206)\Omega$$

（3）变压器参数计算:

变压器电抗:

$$X_{\mathrm{T}} = \frac{U_{\mathrm{k}}\%U_{\mathrm{N}}^2}{100S_{\mathrm{N}}} = \frac{7.8\times(110\times10^3)^2}{100\times20000\times10^3} = \mathrm{j}47.19(\Omega)$$

由以上计算结果得图中2号变压器10kV母线等效阻抗为

$$Z = \left(X_{\mathrm{G}}\frac{110^2}{10.5^2} + X_{\mathrm{T}} + Z_1 + X_{\mathrm{T}}\right)\times\frac{10.5^2}{110^2} = \left[\mathrm{j}0.919\times\frac{110^2}{10.5^2} + \mathrm{j}47.19 + (0.51 + \mathrm{j}1.206) + \mathrm{j}47.19\right]$$
$$= (0.0046 + \mathrm{j}1.79)\Omega$$

【答案二】使用标幺值计算。

（1）发电机参数计算:

$$X_{\mathrm{G*}} = \frac{X_{\mathrm{G}}}{X_{\mathrm{B}}} = \frac{X_{\mathrm{G}}\%S_{\mathrm{B}}\cos\varphi_{\mathrm{N}}}{100P_{\mathrm{N}}}\times\left(\frac{U_{\mathrm{N}}}{U_{\mathrm{B}}}\right)^2 = \frac{14.71\times100\times10^6\times0.85}{100\times15000\times10^3}\times\left(\frac{10.5}{10}\right)^2 = \mathrm{j}0.919$$

（2）线路参数计算:

$$Z_{\mathrm{l*}} = \frac{Z_1}{Z_{\mathrm{B}}} = \frac{Z_1 S_{\mathrm{B}}}{U_{\mathrm{B}}^2} = \frac{(0.51 + \mathrm{j}1.206)\times100}{110^2} = 0.00421 + \mathrm{j}0.00997$$

（3）变压器参数计算:

$$X_{\mathrm{T*}} = \frac{X_{\mathrm{T}}}{X_{\mathrm{B}}} = \frac{U_{\mathrm{k}}\%S_{\mathrm{B}}}{100S_{\mathrm{N}}}\times\left(\frac{U_{\mathrm{N}}}{U_{\mathrm{B}}}\right)^2 = \frac{7.8\times100\times10^6}{100\times20000\times10^3}\times\left(\frac{110}{110}\right)^2 = \mathrm{j}0.39$$

得图中2号变压器10kV母线等效阻抗:

$$Z_* = X_{\mathrm{G*}} + X_{\mathrm{T*}} + Z_{\mathrm{l*}} + X_{\mathrm{T*}} = \mathrm{j}0.919 + \mathrm{j}0.39 + 0.00421 + \mathrm{j}0.00997 + \mathrm{j}0.39$$
$$= 0.00421 + \mathrm{j}1.709$$

折算成有名值:

$$Z = Z_* Z_{\mathrm{B}} = Z_*\frac{U_{\mathrm{B}}^2}{S_{\mathrm{B}}} = (0.00421 + \mathrm{j}1.709)\times\frac{10^2}{100} = (0.00421 + \mathrm{j}1.709)\Omega$$

【答案三】使用标幺值近似计算。

（1）发电机参数计算:

$$X_{\mathrm{G*}} = \frac{X_{\mathrm{G}}}{X_{\mathrm{B}}} = \frac{X_{\mathrm{G}}\%S_{\mathrm{B}}\cos\varphi_{\mathrm{N}}}{100P_{\mathrm{N}}} = \frac{14.71\times100\times10^6\times0.85}{100\times15000\times10^3} = \mathrm{j}0.8336$$

（2）线路参数计算:

$$Z_{\mathrm{l*}} = \frac{Z_1}{Z_{\mathrm{B}}} = \frac{Z_1 S_{\mathrm{B}}}{U_{\mathrm{B}}^2} = \frac{(0.51 + \mathrm{j}1.206)\times100}{110^2} = 0.00421 + \mathrm{j}0.00997$$

（3）变压器参数计算：

$$X_{T*}=\frac{X_T}{X_B}=\frac{U_k\%S_B}{100S_N}=\frac{7.8\times100\times10^6}{100\times20000\times10^3}=j0.39$$

得图中 2 号变压器 10kV 母线等效阻抗：

$$\begin{aligned}Z_*&=X_{G*}+X_{T*}+Z_{l*}+X_{T*}=j0.8336+j0.39+0.00421+j0.00997+j0.39\\&=0.00421+j1.6236\end{aligned}$$

折算成有名值：

$$Z=Z_*Z_B=Z_*\frac{U_B^2}{S_B}=(0.00421+j1.6236)\times\frac{10^2}{100}=(0.00421+j1.6236)\Omega$$

七、灵敏度计算

校验灵敏度，应用可能出现的最小运行方式，要求灵敏系数不能低于规定值，对各种保护灵敏系数的规定，参照 GB/T 14285—2006《继电保护和安全自动装置技术规程》和 DL/T 584—2017《3kV～110kV 电网继电保护装置运行整定规程》的规定。

校验灵敏度应注意的几个问题：

（1）计算短路电流较小的短路类型。例如，零序电流以单相接地或两相接地进行比较，相电流稳定值以三相短路与两相短路相比较。

（2）选择可能出现的最小运行方式，重点在于被检验保护反映灵敏度最小的方式。例如，多电源变为单侧小电源的情况。

（3）保护动作时限长的，短路电流要考虑衰减。

（4）经 Y/△接线变压器的不对称短路相电流电压的分布发生改变，对不同接线、不同相别（A、B 两相或 B、C 两相或 C、A 两相）的保护装置反映灵敏度则不同。

（5）负荷电流对保护的灵敏度有影响。

（6）两侧电源及环状网路中的相继动作能使灵敏度提高或降低。

（7）在一套保护中有几个元件时，其各元件灵敏度要求是不同的，此时取最小值。

八、整定值选取

二次值精确到小数点后一位值，各种系数精确到小数点后两位值。

在选取定值时，应注意到保护装置的原有定值。当变动很小（如只变动 0.1A）时，应仍取原数值，以减少变动。

整定值应离开保护装置的最大、最小刻度值，以避免整定值不可靠。

九、最大负荷电流选取原则

线路最大负荷电流取线路导线允许最大负荷电流、开关 TA（电流互感器）允许最大电流、保护允许最大负荷电流的最小值。

十、故障电流计算常用公式

（1）电压计算公式如下：

$$\dot{U}=\dot{I}\dot{Z} \tag{1-25}$$

（2）功率计算公式如下：

$$S=\sqrt{3}IU \tag{1-26}$$

（3）电流计算公式如下：

1）三相电流计算公式：

$$I_3=\frac{U}{\sqrt{3}Z} \tag{1-27}$$

2）两相电流计算公式：

$$I_2=\frac{U}{2Z}=\frac{\sqrt{3}}{2}I_3 \tag{1-28}$$

（4）单相接地短路电流计算公式：

$$I_0'=\frac{U}{X_{1\Sigma}+X_{2\Sigma}+X_{0\Sigma}}=\frac{U}{2X_{1\Sigma}+X_{0\Sigma}} \tag{1-29}$$

（5）两相接地短路电流计算公式：

$$I_0^{1\text{-}1}=\frac{U}{X_{1\Sigma}+X_{2\Sigma}X_{0\Sigma}(X_{2\Sigma}+X_{0\Sigma})}\cdot\frac{X_{2\Sigma}}{X_{2\Sigma}+X_{0\Sigma}}=\frac{U}{X_{1\Sigma}+2X_{0\Sigma}} \tag{1-30}$$

【例 1.6】 求图 1-2 中 2 号主变压器 10kV 母线发生三相故障和两相故障时故障点的短路电流。

【答案一】 采用有名值计算。

三相短路：

$$I_3=\frac{U}{\sqrt{3}Z}=\frac{10000}{\sqrt{3}\times(0.0046+\text{j}1.79)}=\frac{10000\angle0^\circ}{\sqrt{3}\times1.79\angle89.9^\circ}=3225\angle270.1^\circ(\text{A})$$

两相短路：

$$I_2=\frac{U}{2Z}=\frac{10000}{2\times(0.0046+\text{j}1.79)}=\frac{10000\angle0^\circ}{2\times1.79\angle89.9^\circ}=2793\angle270.1^\circ(\text{A})$$

【答案二】 采用标幺值计算。

三相短路：

$$I_{3*}=\frac{U}{Z_*}=\frac{1}{0.00421+\text{j}1.709}=\frac{1\angle0^\circ}{1.709\angle89.9^\circ}=0.5851\angle270.1^\circ$$

化成有名值：

$$I_3=I_{3*}I_\text{B}=I_{3*}\frac{S_\text{B}}{\sqrt{3}U_\text{B}}=0.5851\angle270.1^\circ\times\frac{100\times10^6}{\sqrt{3}\times10\times10^3}=3378\angle270.1^\circ(\text{A})$$

两相短路：

$$I_{2*}=\frac{\sqrt{3}U}{2Z_*}=\frac{\sqrt{3}}{2}\times\frac{1}{0.00421+\text{j}1.709}=\frac{\sqrt{3}}{2}\times\frac{1\angle0^\circ}{1.709\angle89.9^\circ}=0.5067\angle270.1^\circ$$

化成有名值：

$$I_2=I_{2*}I_\text{B}=I_{2*}\frac{S_\text{B}}{\sqrt{3}U_\text{B}}=0.5067\angle270.1^\circ\times\frac{100\times10^6}{\sqrt{3}\times10\times10^3}=2925\angle270.1^\circ(\text{A})$$

第四节 电网运行方式的选择与考虑

一、运行方式的选择

（1）最大、最小方式变化限度的基本原则如下：

1）考虑检修与故障的重叠，但不考虑多个重叠；

2）以满足常见的运行方式为基础，不考虑少见的特殊方式。

（2）系统最大、最小运行方式的选择，应根据故障类型、电网接线及运行方式来考虑。

1）根据故障类型的不同，方式的选择如下：

①对于相间保护来说，最大短路电流应取三相短路，最小短路电流应取两相短路；

②对于接地保护（大接地电流系统）最大与最小接地短路电流，应分析两相接地短路与单相接地短路的结果后决定。

2）电网接线及运行方式的选择如下：

①对于母线，最大方式为主系统大方式，所有机组、线路、变压器、接地点（已规定的）均投入运行，最小方式为主系统小方式，可能出现最少的机组、线路、变压器、接地点的运行；

②对于变压器保护，并列运行的变压器，单台变压器运行为最大方式，并列运行为最小方式。

（3）发电机、变压器的停用限度应以当地的运行规定制定，对于没有规定的可按下列原则：

1）对发电厂有两台及以下机组的，应考虑全停，对有两台以上机组的，应考虑其中两台最大容量的同时停；

2）对于地区小电源，大方式应考虑机组全部运行，小方式应考虑全停；

3）变电站有两台及以上变压器者，考虑其中最大容量的一台停用。

（4）大接地电流系统中，变压器中性点接地的分布，应按保证设备安全和变电站零序阻抗基本不变，对配合效果有利的原则考虑，接地点不宜过多。原则如下：

1）发电厂多台变压器时应部分接地，且应将中性点接地的变压器安排在不同的母线上运行。

2）自耦变压器中性点必须接地。

3）110kV 变电站单侧有电源的降压变压器，其中性点可根据对继电保护改善保护效果和限制接地短路电流的要求来确定是否接地。110kV 降压变压器中压或低压侧有电源时，中性点应接地，特殊情况下，如电源较小、零序保护不能动作或使系统保护复杂时，可不接地，但应有变压器过电压的保护措施。

（5）最大负荷电流的选取，应考虑以下几种因素：

1）备自投的负荷增加；

2）临时倒方式的负荷增加；

3）并联运行线路、变压器的减少导致的负荷转移；

4）环状网路开环的负荷转移；

5）电源联络线，一侧电源突然切机。

二、特殊运行方式

（1）为提高保护的适应能力，在满足上述最大、最小方式的前提下，尽可能考虑可能出现的特殊方式。对于严重影响保护性能的运行方式，应加以限制。

（2）当运行方式超出最大、最小方式范围时，应重新校核保护定值是否满足要求。可以通过设定多套保护定值、投退重合闸等措施扩大保护定值的适应范围。

1）因部分继电保护装置检验或故障停运导致继电保护性能降低，影响电网安全稳定运行时，应采取下列措施：

①酌情停运部分电力设备，或改变电网运行接线、调整运行潮流，使运行中的继电保护动作性能满足电网安全稳定运行的要求；

②临时更改继电保护整定值，在不能兼顾选择性、灵敏性、速动性要求时，进行合理的取舍。

2）重要枢纽变电站的110kV母线差动保护因故退出危及系统稳定运行时，应采取下列措施：

①尽可能缩短母线差动保护的停用时间。

②不安排母线及连接设备的检修，尽可能避免在母线上进行操作，减少母线故障的概率。

③应考虑当母线发生故障时，由后备保护延时切除故障，不会导致电网失去稳定；否则应改变母线接线方式、调整运行潮流。必要时，可由其他保护带短时限跳开母联或分段断路器，或酌情按稳定计算提出的要求加速后备保护，此时，如被加速的后备保护可能无选择性跳闸，应备案说明。

3）对于特殊运行方式，在不能兼顾选择性、灵敏性、速动性要求时，应进行合理的取舍，并备案说明。

4）对于正常设置全线速动保护的线路，因检修或其他原因全线速动保护退出运行时，应根据电网要求采取调整运行方式或调整线路后备保护动作时间的办法，保证电网安全。

第二章 场景计算

第一节 “供电线路带单一负荷变电站”接线方式的整定计算

本节考虑最简单的接线方式，是由一个 220kV 电源带一条 110kV 线路及一个 110kV 变电站的方式，也可以是由一个 110kV 电源带一条 35kV 线路及一个 35kV 变电站的方式。如图 2-1 所示，保护定值应从 110kV 变压器、110kV 线路到 220kV 变压器依次计算。

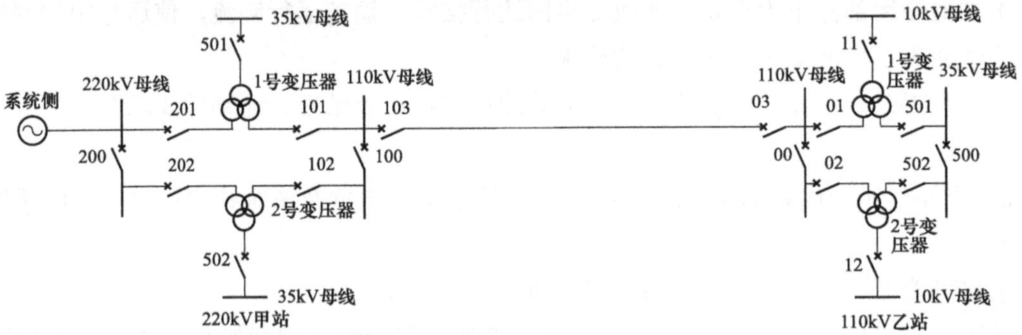

图 2-1 供电线路带单一负荷变电站

一、适用的保护功能配置

对于供电线路带单一负荷变电站接线方式，变压器保护采用差动保护和后备保护的常规配置；110kV 线路保护配置三段相间距离、三段接地距离、四段零序过电流保护；35kV 线路保护配置三段阶段式过电流保护。

对于正常运行电压波动大、故障电压下降慢的线路，不宜采用复合电压闭锁过电流保护；当采用过电流保护灵敏度不够，其他措施又不能解决时，宜采用距离保护。

二、负荷变压器保护

如图 2-1 所示，负荷变压器为乙站 1 号、2 号变压器。

（一）差动保护

（1）差动速断保护，应按躲变压器空投及外部故障后电压恢复时的励磁涌流，变压器外部故障时在变压器保护中所引起的最大不平衡电流整定。可参考保护说明书上的整定公式整定。计算如下：

1）按躲变压器励磁涌流整定：

$$I_{dz} \geq K_K I_e \tag{2-1}$$

式中：I_e——变压器额定一次电流（A）；

K_K——可靠系数，取4～12，小容量变压器取较大值，反之取较小值。

2）按躲变压器外部故障时的最大不平衡电流整定：

$$I_{dz} \geqslant K_K(K_{tx}f_iK_{FZQ}+\Delta U+\Delta f)I_{d.max} \tag{2-2}$$

式中：K_K——可靠系数，取1.3～1.5；

K_{tx}——电流互感器同型系数（同型号时，取0.5；异型号时，取1）；

f_i——电流互感器误差，取0.1；

K_{FZQ}——非周期分量系数，取1.5～2；

ΔU——电压分接头调节，取调节范围之半；

Δf——平衡不准确产生的误差，取0.05；

$I_{d\cdot max}$——外部故障时的最大不平衡电流（A）。

3）差动速断保护灵敏度校验：

$$K_{LM}=\frac{I_{d.min}}{I_{dz}} \tag{2-3}$$

式中：$I_{d.min}$——变压器高压侧短路时的最小短路电流（A）；

I_{dz}——差动速断保护动作电流值（A）；

K_{LM}——灵敏系数，不小于1.5。

（2）比率差动保护，按可靠躲过变压器正常运行时的最大不平衡电流整定。一般取I_{cdqd}=（0.2～0.5）I_e，计算如下：

$$I_{cdqd} \geqslant K_K(K_{tx}f_iK_{FZQ}+\Delta U+\Delta f)I_e \tag{2-4}$$

式中：K_K——可靠系数，取1.3～1.5；

K_{tx}——电流互感器同型系数（同型号时，取0.5；异型号时，取1）；

f_i——电流互感器误差，取0.1；

K_{FZQ}——非周期分量系数，取1.5～2；

ΔU——电压分接头调节，取调节范围之半；

Δf——平衡不准确产生的误差，取0.05；

I_e——变压器额定一次电流（A）。

（3）二次谐波制动系数，一般取0.15。

（二）低压侧后备保护

（1）低压侧限时速断保护，按躲变压器自启动时的最大工作电流，与低压出线电流保护配合，并保证低压侧母线有可靠的灵敏度整定。计算如下：

1）按躲变压器自启动时的最大工作电流整定：

$$I_{dz} \geqslant K_KK_{ZQD}I_e \tag{2-5}$$

式中：K_K——可靠系数，取1.2～1.3；

K_{ZQD}——自启动系数，取1.5～2；

I_e——变压器低压侧额定电流（A）。

2）按与低压出线电流速断保护配合整定：

$$I_{dz} \geqslant K_K I'_{dz} \tag{2-6}$$

$$t_b \geqslant \Delta t \tag{2-7}$$

式中：K_K——可靠系数，取 1.1～1.3；

I'_{dz}——变压器低压出线速断保护定值，应取各出线中的最大者（A）；

t_b——变压器低压侧限时速断保护时间（s）。

3）与低压出线电流速断保护配合困难时，可按与低压出线限时速断保护配合整定：

$$I_{dz} \geqslant K_K I'_{dz} \tag{2-8}$$

$$t_b \geqslant t' + \Delta t \tag{2-9}$$

式中：K_K——可靠系数，取 1.1～1.3；

I'_{dz}——变压器低压出线限时速断保护定值，应取各出线中的最大者（A）；

t_b——变压器低压侧限时速断保护时间（s）；

t'——变压器低压出线限时速断保护时间，应取各出线中的最大者（s）；

4）按低压侧母线故障有足够的灵敏度整定：

$$I_{dz} \leqslant \frac{I_{d.min}}{K_{LM}} \tag{2-10}$$

式中：$I_{d.min}$——变压器低压母线故障时流经本开关的最小短路电流（A）；

K_{LM}——灵敏系数，不小于 1.5。

5）时间元件：

①$t_1 = t_b$，跳低压侧分段开关；

②$t_2 = t_b + \Delta t$，跳本侧开关。

（2）低压侧复压过电流保护，按躲变压器低压侧额定电流整定，并与低压出线过电流保护配合。计算如下：

1）按躲变压器低压侧额定电流整定：

$$I_{dz} \geqslant \frac{K_K}{K_F} I_e \tag{2-11}$$

式中：I_e——变压器低压侧额定电流（A）；

K_F——返回系数，取 0.95；

K_K——可靠系数，取 1.15～1.2（如果低后备采用不经复压闭锁的过电流保护，此时 K_K 应适当提高，以躲过正常运行负荷电流）。

2）按与低压出线过电流保护配合整定：

$$I_{dz} \geqslant K_K I'_{dz} \tag{2-12}$$

$$t_b \geqslant t' + \Delta t \tag{2-13}$$

式中：K_K——可靠系数，取 1.1～1.3；

I'_{dz}——变压器低压出线过电流保护定值，应取各出线中的最大者（A）；

t_b——变压器低压侧复压过电流保护时间（s）；

t'——变压器低压出线过电流保护时间，应取各出线中的最大者（s）。

3）低电压元件：

$$U_{dz}=\frac{U_{e.min}}{K_K K_F} \tag{2-14}$$

式中：$U_{e.min}$——系统最低运行电压（V），取 $0.9U_e$；

K_K——可靠系数，取 1.2～1.25；

K_F——返回系数，取 1.15～1.2。

4）负序电压元件：

$$U_{dz2}=(0.04\sim0.08)U_e \tag{2-15}$$

5）时间元件：

①$t_1=t_b$，跳低压侧分段开关；

②$t_2=t_b+\Delta t$，跳本侧开关。

（三）中压侧后备保护

（1）中压侧限时速断保护，按躲变压器自启动时的最大工作电流，与中压出线电流保护配合，并保证中压侧母线有可靠的灵敏度整定。计算如下：

1）按躲变压器自启动时的最大工作电流整定：

$$I_{dz}\geqslant K_K K_{ZQD} I_e \tag{2-16}$$

式中：K_K——可靠系数，取 1.2～1.3；

K_{ZQD}——自启动系数，取 1.5～2；

I_e——变压器中压侧额定电流（A）。

2）按与中压出线电流速断保护配合整定：

$$I_{dz}\geqslant K_K I'_{dz} \tag{2-17}$$

$$t_b\geqslant \Delta t \tag{2-18}$$

式中：K_K——可靠系数，取 1.1～1.3；

I'_{dz}——变压器中压出线速断保护定值，应取各出线中的最大者（A）。

t_b——变压器中压侧限时速断保护时间（s）；

3）与中压出线电流速断保护配合困难时，可按与中压出线限时速断保护配合整定：

$$I_{dz}\geqslant K_K I'_{dz} \tag{2-19}$$

$$t_b\geqslant t'+\Delta t \tag{2-20}$$

式中：K_K——可靠系数，取 1.1～1.3；

I'_{dz}——变压器中压出线限时速断保护定值，应取各出线中的最大者（A）；

t_b——变压器中压侧限时速断保护时间（s）；

t'——变压器中压出线限时速断保护时间，应取各出线中的最大者（s）。

4）按中压侧母线故障有足够的灵敏度整定：

$$I_{dz} \leqslant \frac{I_{d.min}}{K_{LM}} \tag{2-21}$$

式中：$I_{d.min}$——变压器中压母线故障时流经本开关的最小短路电流（A）；

K_{LM}——灵敏系数，不小于1.5。

5）时间元件：

①$t_1 = t_b$，跳中压侧分段开关；

②$t_2 = t_b + \Delta t$，跳本侧开关。

（2）中压侧复压过电流保护，按躲变压器中压侧额定电流整定，并与中压出线过电流保护配合。计算如下：

1）按躲变压器中压侧额定电流整定：

$$I_{dz} \geqslant \frac{K_K}{K_F} I_e \tag{2-22}$$

式中：I_e——变压器中压侧额定电流（A）；

K_K——可靠系数，取1.15～1.2；

K_F——返回系数，取0.95。

2）按与中压出线过电流保护配合整定：

$$I_{dz} \geqslant K_K I'_{dz} \tag{2-23}$$

$$t_b \geqslant t' + \Delta t \tag{2-24}$$

式中：K_K——可靠系数，取1.1～1.3；

I'_{dz}——变压器中压出线过电流保护定值，应取各出线中的最大者（A）；

t_b——变压器中压侧复压过电流保护时间（s）；

t'——变压器中压出线过电流保护时间，应取各出线中的最大者（s）。

3）低电压元件：

$$U_{dz} = \frac{U_{e.min}}{K_K K_F} \tag{2-25}$$

式中：$U_{e.min}$——系统最低运行电压（V），取$0.9U_e$；

K_K——可靠系数，取1.2～1.25；

K_F——返回系数，取1.15～1.2。

4）负序电压元件：

$$U_{dz2} = (0.04～0.08)U_e \tag{2-26}$$

5）时间元件：

①$t_1 = t_b$，跳中压侧分段开关；

②$t_2 = t_b + \Delta t$，跳本侧开关。

（四）高压侧后备保护

高压侧复压过电流保护，按与中、低压侧复压过电流保护配合整定，此时应注意中、低压侧故障时电流、低电压、负序电压各元件的灵敏度检验。一般不经方向闭锁。计算如下：

（1）按与中压侧复压过电流保护定值配合整定：

$$I_{dz} \geqslant K_K I'_{dz} \tag{2-27}$$

$$t_b \geqslant t' + \Delta t \tag{2-28}$$

式中：K_K ——可靠系数，取 1.05～1.1；

I'_{dz} ——变压器中压侧复压过电流保护定值（归算至本侧）（A）；

t_b ——变压器高压侧复压过电流保护时间（s）；

t' ——变压器中压侧复压过电流保护时间（s）。

（2）按与低压侧复压过电流保护定值配合整定：

$$I_{dz} \geqslant K_K I'_{dz} \tag{2-29}$$

$$t_b \geqslant t' + \Delta t \tag{2-30}$$

式中：K_K ——可靠系数，取 1.05～1.1；

I'_{dz} ——变压器低压侧复压过电流保护定值（归算至本侧）（A）；

t_b ——变压器高压侧复压过电流保护时间（s）；

t' ——变压器低压侧复压过电流保护时间（s）。

（3）灵敏度校验：

$$K_{LM} = \frac{I_{d.min}}{I_{dz}} \tag{2-31}$$

式中：$I_{d.min}$ ——变压器各母线故障时流过本开关的最小值（A）；

I_{dz} ——高压侧复压过电流保护定值（A）；

K_{LM} ——灵敏系数，不小于 1.3。

（4）低电压元件：

$$U_{dz} = \frac{U_{e.min}}{K_K K_F} \tag{2-32}$$

$$K_{LM} = \frac{U_{dz}}{U_{cy.max}} \tag{2-33}$$

式中：$U_{e.min}$ ——系统最低运行电压（V），取 $0.9U_e$；

K_K ——可靠系数，取 1.2～1.25；

K_F ——返回系数，取 1.15～1.2；

K_{LM} ——灵敏系数，应不小于 1.25；

$U_{cy.max}$ ——中、低压侧母线故障时，高压侧母线最大残压（V）。

（5）负序电压元件：

$$U_{dz2} = (0.04 \sim 0.08) U_e \tag{2-34}$$

$$K_{LM} = \frac{U_{cy.2.min}}{U_{dz2}} \tag{2-35}$$

式中：K_{LM} ——灵敏系数，应不小于 1.25；

$U_{cy.2.min}$ ——中、低压侧母线故障时，高压侧反应的最低负序电压（V）。

（6）时间元件：$t=t_b$，跳三侧开关。

【例 2.1】 求如图 2-2 所示电网结构中，乙站 110kV 1 号主变压器保护中的差动保护、高中低后备保护整定值。变压器参数：SSZ10-50/110 型三绕组变压器；额定容量：50/50/50MVA；额定电压：110±8×1.25%/38.5±2×2.5%/10.5kV；额定电流：262/750/2749A。系统参数如下：（以 100MVA 为基准容量）甲站 110kV 母线最大短路阻抗为 j0.05，最小短路阻抗为 j0.12，甲站至乙站线路为线路 1，型号为 JL/G1A-400，允许最大负荷电流为 845A，阻抗为 2+j6；三侧开关（01、501、11）TA 电流比分别为 600/5、1000/5、3000/5。乙站两台变压器阻抗百分比为：高中 $X_1\%=10.46$；高低 $X_1\%=18.18$；中低 $X_1\%=6.42$。10kV 出线最大速切值为（1800A/0s），最大过电流值为（800A/0.5s）；35kV 出线最大速断值为（3000A/0s），最大限时速断值为（1200A/0.7s），最大过电流值为（640A/1.7s）。

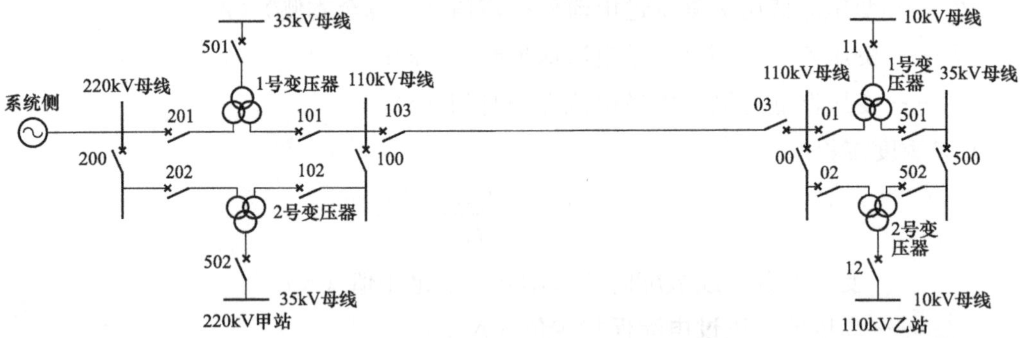

图 2-2　110kV 负荷变压器定值整定图示

【答案】（此处为标幺值计算标准答案，也可按有名值计算。）

各电压等级短路电流、阻抗基准值如表 2-1 所示。

表 2-1　　各电压等级短路电流、阻抗基准值一览表

U_B（kV）	220	110	37	10.5	6.3
I_B（A）	262.43	524.88	1560.45	5498.74	9164.56
Z_B（Ω）	484	121	13.69	1.1025	0.3969

乙站 110kV 母线处综合阻抗标幺值为

大方式：$Z_d = j0.05+(2+j6)/121=0.017+j0.1=0.1$

小方式：$Z_x = j0.12+(2+j6)/121=0.017+j0.17=0.17$

高压侧阻抗百分比：$U_{s1}\%=\dfrac{10.46+18.18-6.42}{2}=11.11$

中压侧阻抗百分比：$U_{s2}\%=\dfrac{10.46+6.42-18.18}{2}=-0.65$

低压侧阻抗百分比：$U_{s2}\% = \dfrac{18.18 + 6.42 - 10.46}{2} = 7.07$

高压侧电抗标幺值：$X_{T*} = \dfrac{U_k\% U_N^2}{100S_N} \times \dfrac{S_B}{U_B^2} = \dfrac{11.11 \times (110 \times 10^3)^2}{100 \times 50000 \times 10^3} \times \dfrac{100}{110^2} = \dfrac{11.11}{50} = \text{j}0.22$

中压侧电抗标幺值：$X_{T*} = \dfrac{U_k\% U_N^2}{100S_N} \times \dfrac{S_B}{U_B^2} = \dfrac{-0.65 \times (35 \times 10^3)^2}{100 \times 50000 \times 10^3} \times \dfrac{100}{35^2} = \dfrac{-0.65}{50} = -\text{j}0.013$

低压侧电抗标幺值：$X_{T*} = \dfrac{U_k\% U_N^2}{100S_N} \times \dfrac{S_B}{U_B^2} = \dfrac{7.07 \times (10 \times 10^3)^2}{100 \times 50000 \times 10^3} \times \dfrac{100}{10^2} = \dfrac{7.07}{50} = \text{j}0.141$

（一）差动保护

（1）差动速断保护。

1）按躲变压器励磁涌流整定

$$I_{dz} = 6I_e = 6 \times 262 = 1572(\text{A})$$

2）按躲变压器外部故障时的最大不平衡电流整定

$$I_{dz} = 1.3 \times (1 \times 0.1 \times 2 + 0.1 + 0.05) \times 262 = 120(\text{A})$$

实取 1600A，二次值 1600/120=13.3（A）。

3）差动速断保护灵敏度校验

$$K_{LM} = \frac{0.866 \times 525}{0.17 \times 1600} = 1.67 > 1.5$$

（2）比率差动保护。按躲过变压器正常运行时的最大不平衡电流整定，一般取 I_{cdqd}=（0.2～0.5）I_e，实取 I_{cdqd}=0.5I_e=0.5 × 262=131（A）。

二次值：130/120=1.1（A）

（3）二次谐波制动系数。一般取二次谐波制动系数为 0.15。

（二）低压侧后备保护

（1）低压侧限时速断保护。

1）按躲变压器自启动时的最大工作电流整定：

$$I_{dz} = 1.2 \times 1.5 \times 2749 = 4948(\text{A})$$

2）按与低压出线电流速断保护配合整定：

$$I_{dz} = 1.1 \times 1800 = 1980(\text{A})$$

实取 4980A，二次值 4980/600=8.3（A）。

考虑站内有电容器时，电容器速断时间为 0.1s。

$$t_b = 0.1 + \Delta t = 0.4(\text{s})$$

3）按低压侧母线故障有足够的灵敏度整定：

$$I_{dz} = \frac{I_{d.min}}{1.5} = \frac{0.866 \times 5499/(0.17 + 0.141 + 0.22)}{1.5} = 5978(\text{A})$$

4）时间元件：

t_1=0.4s，跳低压侧分段开关。

t_2=0.7s，跳本侧开关。

（2）低压侧复压过电流保护。

1）按躲变压器低压侧额定电流整定：

$$I_{dz}=\frac{1.2}{0.95}\times 2749=3472(A)$$

2）按与低压出线过电流保护配合整定：

$$I_{dz}=1.1\times 800=980(A)$$

实取 3480A，3480/600=5.8（A）。

$$t_b=0.5+\Delta t=0.8(s)$$

3）低电压元件：

$$U_{dz}=70(V)$$

4）负序电压元件：

$$U_{dz2}=7(V)$$

5）时间元件：

t_1=0.8s，跳低压侧分段开关。

t_2=1.1s，跳本侧开关。

（三）中压侧后备保护

（1）中压侧限时速断保护

1）按躲变压器自启动时的最大工作电流整定：

$$I_{dz}\geqslant 1.2\times 1.5\times 750(A)$$

2）按与中压出线限时速断保护配合整定：

$$I_{dz}=1.1\times 1200=1320(A)$$

实取 1400A，二次值 1400/200=7（A）。

$$t_b=0.7+\Delta t=1.0(s)$$

3）按中压侧母线故障有足够的灵敏度整定：

$$I_{dz}=\frac{I_{d.min}}{1.5}=\frac{0.866\times 1560/(0.17+0.22-0.013)}{1.5}=2388(A)$$

4）时间元件。

t_1=1.0s，跳中压侧分段开关。

t_2=1.3s，跳本侧开关。

（2）中压侧复压过电流保护。

1）按躲变压器中压侧额定电流整定：

$$I_{dz}=\frac{1.2}{0.95}\times 750=950(A)$$

2）按与中压出线过流保护配合整定：

$$I_{dz}=1.1\times640=704(A)$$

实取 960A，二次值 960/200=4.8（A）。

$$t_b=1.7+\Delta t=2.0(s)$$

3）低电压元件：

$$U_{dz}=70(V)$$

4）负序电压元件：

$$U_{dz2}=7(V)$$

5）时间元件：

t_1=2.0s，跳中压侧分段开关。

t_2=2.3s，跳本侧开关。

（四）高压侧后备保护

高压侧复压过电流保护（不带方向）

1）与中压侧复压过电流定值配合整定：

$$I_{dz}=1.1\times(960\times35/110)=336(A)$$

$$t_b=2.3+\Delta t=2.6(s)$$

2）与低压侧复压过电流定值配合整定：

$$I_{dz}=1.1\times(3480\times10/110)=348(A)$$

$$t_b=1.1+\Delta t=1.4(A)$$

取 400A，二次值 400/120=3.3（A）

3）灵敏度校验，应不小于 1.3。

$$K_{LM1}=\frac{I_{d.min}}{I_{dz}}=\frac{0.866\times525/0.17}{400}=6.7$$

$$K_{LM2}=\frac{I_{d.min}}{I_{dz}}=\frac{0.866\times525/(0.17+0.22-0.013)}{400}=3$$

$$K_{LM3}=\frac{I_{d.min}}{I_{dz}}=\frac{0.866\times525/(0.17+0.22+0.141)}{400}=2.7$$

4）低电压元件：

$$U_{dz}=70(V)$$

5）负序电压元件：

$$U_{dz2}=7(V)$$

6）时间元件：

t=2.6s，跳三侧开关。

【例 2.2】 求如图 2-3 所示电网结构中，35kV 丙站 1 号变压器保护中的差动保护、高低后备保护整定值。变压器参数：SF10-20MVA 型双绕组变压器，额定容量为 20/20MVA，额定电压为 38.5±2×2.5%/10.5kV，额定电流为 300/1100A；系统参数：（以 100MVA 为基准容量）甲站 35kV 母线最大短路阻抗为 j0.07（标幺值），最小短路阻抗为 j0.21（标幺值），甲站至 35kV 丙站线路为线路 1，型号为 JL/G1A-185，允许最大负荷电流为 515A，阻抗为 1.1+ j2.1（有名值）；两侧开关（501、01F）TA 电流比分别为 800/5、1500/5。1 号升压变压器阻抗百分比为 $X_1\%=7.9$。10kV 出线最大速切值为（1600A/0s），最大过电流值为（600A/0.5s）；35kV 进线 507 开关速切值为（3200A/0s），限时速断值为（1000A/0.7s），过电流值为（540A/1.7s）。

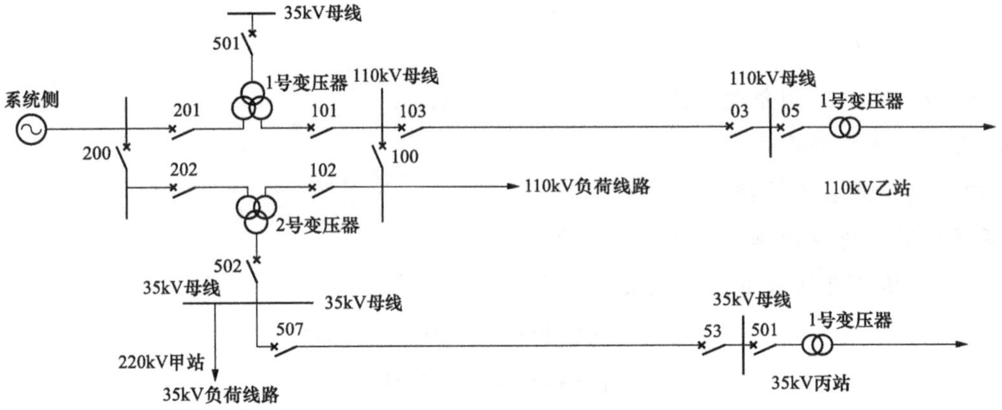

图 2-3　35kV 主变定值整定图示

【答案】（此处为标幺值计算标准答案，也可按有名值计算）

各电压等级短路电流、阻抗基准值如表 2-2 所示。

表 2-2　　各电压等级短路电流、阻抗基准值一览表

U_B（kV）	220	110	37	10.5	6.3
I_B（A）	262.43	524.88	1560.45	5498.74	9164.56
Z_B（Ω）	484	121	13.69	1.1025	0.3969

35kV 丙站 35kV 母线处综合阻抗标幺值为

大方式：$Z_d = j0.07+(1.1+j2.1)/13.69 = 0.08+j0.22 = 0.24$

小方式：$Z_X = j0.21+(1.1+j2.1)/13.69 = 0.08+j0.36 = 0.37$

主变压器电抗标幺值为

$$X_{T*} = \frac{U_K\%U_N^2}{100S_N}\times\frac{S_B}{U_B^2} = \frac{7.9\times(35\times10^3)^2}{100\times20000\times10^3}\times\frac{100}{35^2} = \frac{7.9}{20} = j0.4$$

（一）差动保护

（1）差动速断保护。

1）按躲变压器励磁涌流整定：

$$I_{dz} = 6I_e = 6\times300 = 1800(A)$$

2）按躲变压器外部故障时的最大不平衡电流整定：

$$I_{dz} = 1.3\times(1\times0.1\times2+0.1+0.05)\times300 = 137(A)$$

实取 1808A，二次值 1808/160=11.3（A）。

3）差动速断保护灵敏度校验：

$$K_{LM} = \frac{0.866\times1560}{0.37\times1800} = 2.02>1.5$$

（2）比率差动保护。

按躲变压器外部故障时的最大不平衡电流整定，一般取 I_{cdqd}=（0.2～0.5）I_e，实取 I_{cdqd}=0.5 I_e=0.5×300=150（A）。

二次值：150/160=0.94（A）。

（3）二次谐波制动系数。一般取二次谐波制动系数为 0.15。

（二）低压侧后备保护

（1）低压侧限时速断保护。

1）按躲变压器自启动时的最大工作电流整定：

$$I_{dz} = 1.2\times1.5\times1100 = 1980(A)$$

2）按与低压出线电流速断保护配合整定：

$$I_{dz} = 1.1\times1600 = 1760(A)$$

实取 2010A，二次值 2010/300=6.7（A）。

考虑站内有电容器时，电容器速断时间为 0.1s。

$$t_b = 0.1+\Delta t = 0.4(s)$$

3）按低压侧母线故障有足够的灵敏度整定：

$$I_{dz} = \frac{I_{d.min}}{1.5} = \frac{0.866\times5499/(0.37+0.4)}{1.5} = 4123(A)$$

4）时间元件.

t_1=0.4s，跳低压侧分段开关。

t_2=0.7s，跳本侧开关。

（2）低压侧复压过电流保护

低压侧复压过电流保护，按躲变压器低压侧额定电流整定，并与低压出线过电流保护配合。

1）按躲变压器低压侧额定电流整定：

$$I_{dz} = \frac{1.2}{0.95}\times1100 = 1389(A)$$

2）按与低压出线过电流保护配合整定：

$$I_{dz} = 1.1\times600 = 760(A)$$

实取 1410A，1410/300=4.7（A）。

$$t_b = 0.5+\Delta t = 0.8(s)$$

3）低电压元件：

$$U_{dz}=70(V)$$

4）负序电压元件：

$$U_{dz2}=7(V)$$

5）时间元件：

t_1=0.8s，跳低压侧分段开关。

t_2=1.1s，跳本侧开关。

（三）高压侧后备保护

高压侧复压过电流保护

1）与低压侧复压过电流定值配合整定：

$$I_{dz}=1.1\times(1410\times10/35)=443(A)$$

实取 450A，二次值 480/160=2.8（A）。

$$t_b=1.1+\Delta t=1.4(s)$$

2）灵敏度校验，应不小于 1.3。

$$K_{LM1}=\frac{I_{d.min}}{I_{dz}}=\frac{0.866\times1560/0.37}{450}=8.1$$

$$K_{LM1}=\frac{I_{d.min}}{I_{dz}}=\frac{0.866\times1560/(0.37+0.4)}{450}=3.9$$

3）低电压元件：

$$U_{dz}=70(V)$$

4）负序电压元件：

$$U_{dz2}=7(V)$$

5）时间元件：

t=1.4s，跳两侧开关。

三、线路保护

（一）方式限制

以下计算方法对方式的限制如下：

（1）线路保护不经振荡闭锁、方向闭锁；

（2）不考虑线路有互感的情况。

（二）启动元件

启动元件的定值应保证在本线路末端和保护动作区末端非对称故障时有足够的灵敏系数，并保证在本线路末端发生三相短路时能可靠启动，其灵敏系数具体取值如下：

（1）负序电流分量启动元件在本线路末端金属性两相短路故障时，灵敏系数大于 4。

（2）单独的零序或负序电流分量启动元件在本线路末端金属性单相和两相接地故障时，灵敏系数大于 4。

（3）负序电流分量启动元件在距离Ⅲ段动作区末端金属性两相短路故障时，灵敏系数大于 2。

（4）单独的零序或负序电流分量启动元件在距离Ⅲ段动作区末端金属性单相和两相接地故障时，灵敏系数大于 2。

（5）相电流突变量启动元件在本线路末端各类金属性短路故障时，灵敏系数大于 4；在距离Ⅲ段动作区末端各类金属性故障时，灵敏系数大于 2。

（三）相间距离保护

（1）相间距离Ⅰ段，一般按可靠躲过本线路末端相间故障整定。对于本场景中单回线带终端负荷变电站的接线方式，实际处理时宜优先选用伸入变压器内，可靠躲过变压器其他侧母线整定。躲变压器并列运行整定困难时，按躲变压器分列运行其他侧母线整定，此时应限定变压器运行方式。计算如下：

1）按躲本线末端故障整定：

$$Z_{DZI} \leqslant K_K Z_L \tag{2-36}$$

$$\angle\theta = \angle\theta_L \tag{2-37}$$

$$t_I = 0 \tag{2-38}$$

式中：Z_L ——线路正序阻抗（Ω）；

$\angle\theta_L$ ——被保护线路正序阻抗角；

K_K ——可靠系数，取 0.8～0.85。

2）伸入变压器内部时，按躲变压器其他侧母线整定（变压器中低压侧并列运行）：

$$Z_{DZI} \leqslant K_K Z_L + K_{KT} Z'_T \tag{2-39}$$

$$\angle\theta = \angle\theta_L \tag{2-40}$$

$$t_I = 0 \tag{2-41}$$

式中：Z_L ——线路正序阻抗（Ω）；

K_K ——可靠系数，取 0.8～0.85；

Z'_T ——终端变压器并联等值正序阻抗（Ω）；

K_{KT} ——躲变压器可靠系数，取不大于 0.7。

3）躲变压器并列运行整定困难时，按躲变压器分列运行其他侧母线整定，此时应限定变压器运行方式：

$$Z_{DZI} \leqslant K_K Z_L + K_{KT} Z_{Tmin} \tag{2-42}$$

$$\angle\theta = \angle\theta_L \tag{2-43}$$

$$t_I = 0 \tag{2-44}$$

式中：Z_L ——线路正序阻抗（Ω）；

K_K ——可靠系数，取 0.8～0.85；

Z_{Tmin} ——终端变压器等值正序阻抗的最小值（Ω）；

K_{KT} ——躲变压器可靠系数，取不大于 0.7。

（2）相间距离Ⅱ段，按保本线路末端相间故障有不小于规定的灵敏系数整定。此外，还应可靠躲过变压器其他侧母线。躲其他侧母线整定困难时，可与变压器该侧限时速断保护配合。计算如下：

1）按本线末故障有规定的灵敏系数整定：

$$Z_{DZII} \geqslant K_{LM} Z_L \tag{2-45}$$

式中：Z_L ——线路正序阻抗（Ω）；

K_{LM} ——灵敏系数。

2）按躲变压器其他侧母线整定（变压器中低压侧并列运行）：

$$Z_{DZII} \leqslant K_K Z_L + K_{KT} K_Z Z'_T \tag{2-46}$$

$$\angle\theta = \angle\theta_L \tag{2-47}$$

$$t_{II} \geqslant \Delta t \tag{2-48}$$

式中：Z_L ——线路正序阻抗（Ω）；

K_K ——可靠系数，取 0.8～0.85；

Z'_T ——终端变压器并联等值正序阻抗（Ω）；

K_{KT} ——躲变压器可靠系数，取不大于 0.7；

K_Z ——助增系数，此处取 1。

3）躲变压器并列运行整定困难时，按躲变压器分列运行其他侧母线整定，此时应限定变压器运行方式：

$$Z_{DZII} \leqslant K_K Z_L + K_{KT} K_Z Z_{Tmin} \tag{2-49}$$

$$\angle\theta = \angle\theta_L \tag{2-50}$$

$$t_{II} \geqslant \Delta t \tag{2-51}$$

式中：Z_L ——线路正序阻抗（Ω）；

K_K ——可靠系数，取 0.8～0.85；

Z_{Tmin} ——终端变压器等值正序阻抗的最小值（Ω）；

K_{KT} ——躲变压器可靠系数，取不大于 0.7；

K_Z ——助增系数，此处取 1。

4）躲不开变压器其他侧母线，按与变压器该侧限时速断保护配合整定：

$$Z_{DZII} \leqslant K_K \left(K_Z \frac{E_{\phi\text{-}\phi\min}}{2I'_{DZ}} - Z_C \right) \tag{2-52}$$

$$t_{II} \geqslant t'_T + \Delta t \tag{2-53}$$

式中：$E_{\phi\text{-}\phi\min}$ ——距离保护安装处背侧最低等值相间电势（V）；

Z_C ——距离保护安装处背侧最小方式下等值阻抗（Ω）；

I'_{DZ} ——相邻变压器该侧限时速断保护定值（归算至本侧）（A）；

K_K ——可靠系数，取 0.8～0.85；

K_Z ——助增系数，此处取 1；

t'_T ——相邻变压器该侧限时速断保护的动作时间（s）。

（3）相间距离Ⅲ段，按可靠躲过本线路的事故过负荷最小阻抗整定，并与相邻变压器复压过电流保护配合。考虑作为相邻变压器低压侧保护的远后备，应校验对相邻变压器低压侧相间故障的灵敏度。计算如下：

1）按躲负荷阻抗（全阻抗启动元件）整定：

$$Z_{DZIII} \leqslant \frac{Z_{FH}}{K_K K_F K_{ZQD}} = \frac{(0.9\sim0.95)U_e}{\sqrt{3}K_K K_F K_{ZQD} I_{FH}} \tag{2-54}$$

式中：Z_{FH} ——最小负荷阻抗值（Ω）；

K_K ——可靠系数，取 1.2～1.25；

K_F ——返回系数，取 1.15～1.25；

K_{ZQD} ——负荷的自启动系数，取 1.5～2.5；

I_{FH} ——最大负荷电流（A）；

U_e ——额定运行相间电压（V）。

注：此处也可直接按整定规程公式 $Z_{DZIII} \leqslant K_K Z_{FH}$ 进行计算（$K_K \leqslant 0.7$）。

2）按与变压器复压过电流保护配合（新规程只要求动作时间的配合）整定：

$$Z_{DZIII} \leqslant K_K\left(K_Z \frac{E_{\phi-\phi\min}}{2I'_{DZ}} - Z_C\right) \tag{2-55}$$

$$t_{III} \geqslant t'_T + \Delta t \tag{2-56}$$

式中：$E_{\phi-\phi\min}$ ——距离保护安装处背侧最低等值相间电势（V）；

Z_C ——距离保护安装处背侧最小方式下等值阻抗（Ω）；

I'_{DZ} ——相邻变压器该侧复压过电流保护定值（归算至本侧）（A）；

K_K ——可靠系数，取 0.8～0.85；

K_Z ——助增系数，此处取 1；

t'_T ——相邻变压器该侧复压过电流保护的动作时间（s）。

3）对终端变压器其他侧故障灵敏度的校验：

$$K_{LM} = \frac{Z_{DZIII}}{Z_L + K_Z Z_{T\max}} \tag{2-57}$$

式中：Z_L ——线路正序阻抗（Ω）；

K_Z ——助增系数，此处取 1；

$Z_{T\max}$ ——终端变压器等值正序阻抗的最大值（Ω）；

K_{LM} ——灵敏系数，不小于 1.2。

（四）接地距离保护

（1）接地距离Ⅰ段，按可靠躲过本线路末端接地故障整定。对于本场景中单回线带终端负荷变电站的接线方式，实际处理中宜优先选用伸入变压器内，可靠躲过变压器其他侧母线整定。躲变压器并列运行整定困难时，按躲变压器分列运行其他侧母线整定，此时应限定变压器运行方式。优先选取与相间距离保护相同的原则。计算如下：

1）按躲本线末端故障整定：

$$Z_{DZI} \leqslant K_K Z_L \tag{2-58}$$

$$t_I = 0 \tag{2-59}$$

式中：Z_L ——线路正序阻抗（Ω）；

K_K ——可靠系数，取不大于 0.7。

2）伸入变压器内部时，按躲变压器其他侧母线整定（变压器中低压侧并列运行）：

$$Z_{DZI} \leqslant K_K Z_L + K_{KT} Z'_T \tag{2-60}$$

$$t_I = 0 \tag{2-61}$$

式中：Z_L ——线路正序阻抗（Ω）；

K_K ——可靠系数，取 0.8～0.85；

Z'_T ——终端变压器并联等值正序阻抗（Ω）；

K_{KT} ——躲变压器可靠系数，取不大于 0.7。

3）躲变压器并列运行整定困难时，按躲变压器分列运行其他侧母线整定，此时应限定变压器运行方式：

$$Z_{DZI} \leqslant K_K Z_L + K_{KT} Z_{Tmin} \tag{2-62}$$

$$t_I = 0 \tag{2-63}$$

式中：Z_L ——线路正序阻抗（Ω）；

K_K ——可靠系数，取 0.8～0.85；

Z_{Tmin} ——终端变压器等值正序阻抗的最小值（Ω）；

K_{KT} ——躲变压器可靠系数，取不大于 0.7。

（2）接地距离Ⅱ段，按保本线路末端接地故障有不小于规定的灵敏系数整定。此外，还应可靠躲过变压器其他侧母线。躲其他侧母线整定困难时，动作时间与变压器该侧限时速断保护时间配合，阻抗定值按躲该侧母线三相短路整定。计算如下：

1）按本线故障有规定的灵敏系数整定：

$$Z_{DZII} \geqslant K_{LM} Z_L \tag{2-64}$$

式中：Z_L ——线路正序阻抗（Ω）；

K_{LM} ——灵敏系数。

2）按躲变压器其他侧母线整定（变压器中低压侧并列运行）：

$$Z_{DZII} \leqslant K_K Z_L + K_K K_{Z1} Z'_T \tag{2-65}$$

$$t_{II} \geqslant \Delta t \tag{2-66}$$

式中：Z_L ——线路正序阻抗（Ω）；

K_K ——可靠系数，取 0.7～0.8；

Z'_T ——终端变压器并联等值正序阻抗（Ω）；

K_{Z1} ——正序助增系数，此处取 $K_{Z1}=1$。

3）躲变压器并列运行整定困难时，按躲变压器分列运行其他侧母线整定，此时应限定变压器运行方式：

$$Z_{DZII} \leqslant K_K Z_L + K_K K_{Z1} Z_{Tmin} \quad (2\text{-}67)$$

$$t_{II} \geqslant \Delta t \quad (2\text{-}68)$$

式中：Z_L ——线路正序阻抗（Ω）；

K_K ——可靠系数，取 0.7～0.8；

Z_{Tmin} ——终端变压器等值正序阻抗的最小值（Ω）；

K_{Z1} ——正序助增系数，此处取 $K_{Z1}=1$。

4）躲不开变压器其他侧母线，动作时间与变压器该侧限时速断保护时间配合，阻抗定值按躲该侧母线三相短路整定：

$$Z_{DZII} \leqslant K_K Z_L + K_K K_{Z1} Z'_T \quad (2\text{-}69)$$

$$t_{II} \geqslant t'_T + \Delta t \quad (2\text{-}70)$$

式中：Z_L ——线路正序阻抗（Ω）；

K_K ——可靠系数，取 0.7～0.8；

Z'_T ——终端变压器等值正序阻抗（Ω）；

K_{Z1} ——正序助增系数，此处取 $K_{Z1}=1$；

t'_T ——相邻变压器限时速断保护的动作时间（s）。

（3）接地距离Ⅲ段，按可靠躲过本线路的事故过负荷最小阻抗整定。计算如下：

$$Z_{DZIII} \leqslant \frac{Z_{FH}}{K_K K_F K_{ZQD}} = \frac{(0.9\sim0.95)U_e}{\sqrt{3}K_K K_F K_{ZQD} I_{FH}} \quad (2\text{-}71)$$

式中：Z_{FH} ——最小负荷阻抗值（Ω）；

K_K ——可靠系数，取 1.2～1.25；

K_F ——返回系数，取 1.15～1.25；

K_{ZQD} ——负荷的自启动系数，取 1.5～2.5；

I_{FH} ——最大负荷电流（A）；

U_e ——额定运行相间电压（V）。

注：此处也可直接按整定规程公式 $Z_{DZIII} \leqslant K_K Z_{FH}$ 进行计算（$K_K \leqslant 0.7$）。

（五）零序电流保护

（1）此场景中零序电流一般为四段式，最后一段一般不大于 300A（一次值）。

（2）零序电流Ⅰ段（不带方向），按躲线末故障最大三倍零序电流整定。当躲线路末端困难时，可伸入变压器内，此时按躲变压器其他侧母线相间短路的最大不平衡电流整定。优先选取与距离保护相同的原则。动作值躲不过断路器合闸三相不同步最大零序电流（$3I_{0btmax}$）时，重合闸过程中带 0.1s 延时或退出运行。计算如下：

1）按躲线路末端接地故障最大零序电流（$3I_0$）整定：

$$I_{DZI} \geqslant K_K 3I_{0max} \quad (2\text{-}72)$$

$$t_{\mathrm{I}}=0 \tag{2-73}$$

式中：I_{0max}——区外故障最大零序电流（A）；

K_K——可靠系数，取不小于 1.3。

2）按躲线路断路器三相不同时合闸的最大零序电流整定：

$$I_{DZI}\geqslant K_K 3I_{0btmax} \tag{2-74}$$

$$t_{\mathrm{I}}=0 \tag{2-75}$$

式中：K_K——可靠系数，取 1.1～1.2；

I_{0btmax}——断路器三相不同时合闸所产生的零序电流最大值（A），计算公式如下：

两相先接通时：

$$I_{0btmax}=\frac{-2I_j}{Z_{1\Sigma}+2Z_{0\Sigma}} \tag{2-76}$$

一相先接通时：

$$I_{0btmax}=\frac{2I_j}{2Z_{1\Sigma}+Z_{0\Sigma}} \tag{2-77}$$

式中：I_j——该电压等级下的基准电流（A）；

$Z_{1\Sigma}$——综合正序阻抗标幺值；

$Z_{0\Sigma}$——综合零序阻抗标幺值。

3）当躲线路末端困难时，可伸入变压器内，此时按躲变压器其他侧母线相间短路的最大不平衡电流整定：

$$I_{DZI}\geqslant K_K K_{BP} K_{FZQ} I_{dmax}^{(3)} \tag{2-78}$$

式中：K_K——可靠系数，取不小于 1.3；

K_{BP}——不平衡系数，取 0.15；

K_{FZQ}——非周期分量，取 2；

$I_{dmax}^{(3)}$——变压器其他侧三相短路最大短路电流（A）。

4）当线路太短导致零序 I 段保护范围很小，甚至无保护范围时，则零序 I 段应停用。

（3）零序电流Ⅱ段（不带方向），应按保本线路末端故障时有规定的灵敏度整定，并可靠躲开变压器其他侧母线相间短路的最大不平衡电流。计算如下：

1）按线末接地故障有规定的灵敏度整定：

$$I_{DZII}\leqslant\frac{K_{FZ}3I_{0.min}}{K_{LM}} \tag{2-79}$$

式中：$I_{0.min}$——本线路末端故障时最小零序电流（A）；

K_{LM}——灵敏系数；

K_{FZ}——最小分支系数，此处取 1。

2）躲变压器其他侧母线相间短路的最大不平衡电流整定：

$$I_{DZII} \geqslant K_K K_{BP} K_{FZQ} I_{dmax}^{(3)} \tag{2-80}$$

$$t_{II} \geqslant \Delta t \tag{2-81}$$

式中：K_K——可靠系数，取不小于 1.3；

K_{BP}——不平衡系数，取 0.15；

K_{FZQ}——非周期分量，取 2；

$I_{dmax}^{(3)}$——变压器其他侧三相短路最大短路电流（A）。

（4）零序电流Ⅲ、Ⅳ段（不带方向）按不超过 300A 整定（一次值）。

【例 2.3】 求图 2-4 所示供电线路带单一负荷变电站中，110kV 线路阻抗、零序保护定值。

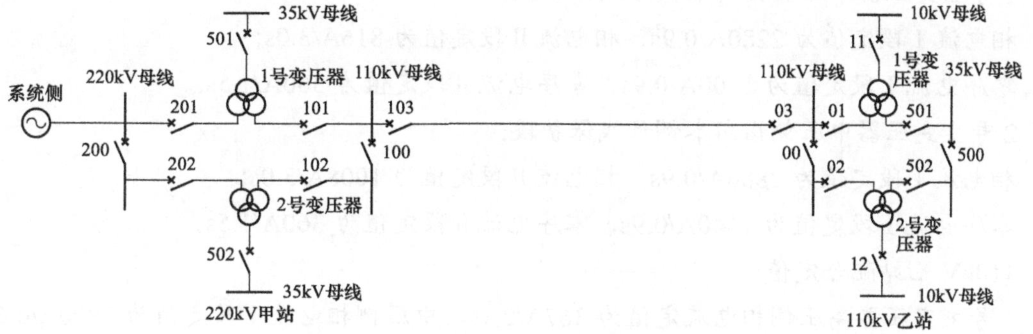

图 2-4 110kV 线路定值整定图示

【答案】

（一）参数计算

（1）220kV 甲站 103 开关相关元件参数计算：

基准容量 S_B=100MVA，基准电压 U_B=115kV、37kV。

110kV 线路：JL/GIA-150/6.288km，水平排列，相间距离 3.5m，经计算，线路阻抗标幺值 0.01997pu。

（2）110kV 乙站两台主变压器参数计算：

1 号主变压器：额定容量 50/50/50MVA，额定电压 110+8 × 1.25%/38.5+2×2.5%/10.5kV，短路阻抗 $U_{K12}\%$=9.98，$U_{K13}\%$=18.2，$U_{K23}\%$=6.4。

经计算，变压器三侧阻抗标幺值：

高压侧 $X_{H乙1}$=0.1993pu，中压侧 $X_{M乙1}$=−0.01665pu，低压侧 $X_{L乙1}$=0.1338pu。

2 号主变压器：额定容量 31.5/31.5/31.5MVA，额定电压 110+8×1.25%/38.5+2×2.5%/10.5kV，短路阻抗 $U_{K12}\%$=10.7，$U_{K13}\%$=18.2，$U_{K23}\%$=6.65。

经计算，变压器三侧阻抗标幺值：

高压侧 $X_{H乙2}$=0.3231pu，中压侧 $X_{M乙2}$=−0.0123pu，低压侧 $X_{L乙2}$=0.2055pu。

（3）已知计算参数：

220kV 甲站 110kV 母线等值母线阻抗：

正序最大阻抗 X_{S1max}=0.05241pu，正序最小阻抗 X_{S1min}=0.18548pu；

零序最大阻抗 X_{S0max}=0.01909pu，零序最小阻抗 X_{S0min}=0.05717pu。

220kV 甲站系统供电 220kV 母线等值阻抗最大正序阻抗 X'_{S1max} =0.01048pu。

220kV 甲站两台主变压器各侧阻抗标幺值：

1 号主变压器高压侧 $X_{H甲1}$=0.124pu，中压侧 $X_{M甲1}$=–0.006pu，低压侧 $X_{L甲1}$=0.06517pu；

2 号主变压器高压侧 $X_{H甲2}$=0.0959pu，中压侧 $X_{M甲2}$=–0.00583pu，低压侧 $X_{L甲2}$=0.0549pu。

（4）配合定值：

220kV 甲站配合定值：

1 号主变压器中压侧指向本侧母线保护段：

相电流Ⅰ段定值为 2280A/0.9s，相电流Ⅱ段定值为 816A/3.0s；

零序电流Ⅰ段定值为 1200A/0.9s，零序电流Ⅱ段定值为 360A/1.5s。

2 号主变压器中压侧指向本侧母线保护段：

相电流Ⅰ段定值为 2880A/0.9s，相电流Ⅱ段定值为 1008A/3.0s；

零序电流Ⅰ段定值为 1440A/0.9s，零序电流Ⅱ段定值为 360A/1.5s。

110kV 乙站配合定值：

1 号主变压器高压侧相电流定值为 367A/2.1s，中压侧相电流Ⅰ段定值为 1800A/0.6s；

2 号主变压器高压侧相电流定值为 231A/2.1s，中压侧相电流Ⅰ段定值为 1400A/0.6s。

（5）运行方式：

220kV 甲站、110kV 乙站两台主变压器各侧均分列运行，220kV 甲站 1 号主变压器高压侧中性点直接接地，2 号主变压器高压侧中性点间隙接地，两台主变压器中压侧中性点均直接接地，110kV 乙站两台主变压器高压侧中性点均间隙接地。

（6）各设备标幺值参数如图 2-5 所示。

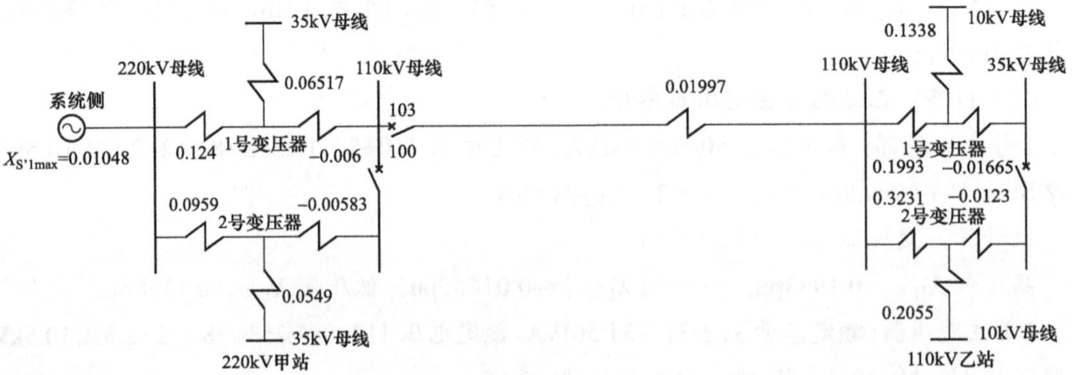

图 2-5　各设备标幺阻抗值图示

简化等值计算如图 2-6 所示。

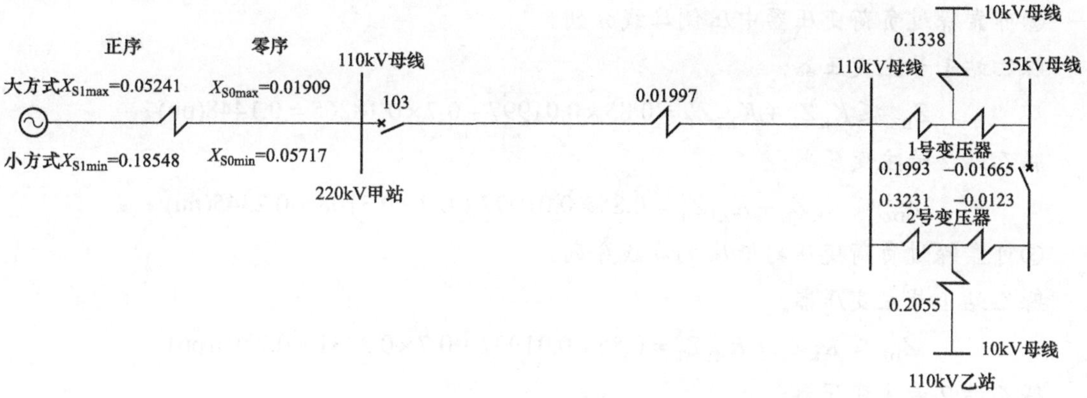

图 2-6 简化等值计算图示

（二）保护定值计算

（1）相间距离：

1）Ⅰ段：本场景为单回线带终端负荷变电站的接线方式，优先选用Ⅰ段保护范围伸入负荷变压器内部，并兼顾全线故障可以最短时间切除，Ⅰ段按保证全线故障有足够灵敏度整定，并校验能可靠躲过负荷变压器中低压侧母线并列故障。

①保证最长线末故障有足够灵敏度：

$$Z_{DZ} \geqslant K_{LM}Z_L = 1.5\times0.01997 = 0.03(\text{pu})$$

②可靠躲过负荷变压器中压侧母线并列：

$$Z_{DZ} \leqslant K_K Z_L + K_{KT}Z'_T = 0.85\times0.01997 + 0.7\times(0.18265 \,\|\, 0.3108) = 0.0975(\text{pu})$$

③可靠躲过负荷变压器低压侧母线并列：

$$Z_{DZ} \leqslant K_K Z_L + K_{KT}Z'_T = 0.85\times0.01997 + 0.7\times(0.3331 \,\|\, 0.5286) = 0.16(\text{pu})$$

综上，Ⅰ段取值：4Ω/0s，标幺值 0.0302pu/0s。

2）Ⅱ段：按保本线路末端相间故障有不小于规定的灵敏系数整定，并校验可靠躲过负荷变压器中低压侧母线故障。躲负荷变压器中低压侧并列运行母线故障困难时，按躲负荷变压器中低压侧分列运行母线故障整定，此时限定变压器运行方式；躲负荷变压器中低压侧分列运行母线故障困难时，与负荷变压器对应侧限时速断保护配合。

①与 220kV 甲站两台主变压器中压侧相电流Ⅰ段配合：

$$\frac{I_{Tdz}}{K_K I_B} \geqslant \frac{1}{X_{1Smax} + X_{Tmax} + Z_{2dz}} \Rightarrow Z_{2dz}$$

与 220kV 甲站 1 号主变压器中压侧相电流Ⅰ段配合：

$$\frac{2280}{1.3\times502} \geqslant \frac{1}{0.01048 + 0.118 + Z_{2dz}} \Rightarrow Z_{2dz} \geqslant 0.1577\text{pu}$$

与 220kV 甲站 2 号主变压器中压侧相电流Ⅰ段配合：

$$\frac{2280}{1.3\times502} \geqslant \frac{1}{0.01048 + 0.09007 + Z_{2dz}} \Rightarrow Z_{2dz} \geqslant 0.12605\text{pu}$$

②可靠躲过负荷变压器中压侧母线分列。

躲乙站1号主变压器：

$$Z_{DZ} \leqslant K_K Z_L + K_{KT} Z'_T = 0.85 \times 0.01997 + 0.7 \times 0.18265 = 0.1448(pu)$$

躲乙站2号主变压器：

$$Z_{DZ} \leqslant K_K Z_L + K_{KT} Z'_T = 0.85 \times 0.01997 + 0.7 \times 0.3108 = 0.2345(pu)$$

③可靠躲过负荷变压器低压侧母线分列。

躲乙站1号主变压器：

$$Z_{DZ} \leqslant K_K Z_L + K_{KT} Z'_T = 0.85 \times 0.01997 + 0.7 \times 0.3331 = 0.2501(pu)$$

躲乙站2号主变压器：

$$Z_{DZ} \leqslant K_K Z_L + K_{KT} Z'_T = 0.85 \times 0.01997 + 0.7 \times 0.5286 = 0.3869(pu)$$

④保证最长线末故障有足够灵敏度：

$$Z_{DZ} \geqslant K_{LM} Z_L = 1.5 \times 0.01997 = 0.03(pu)$$

⑤为与220kV甲站1号主变压器定值配合，伸出110kV乙站1号主变压器中压侧，需与1号主变压器中压侧限时速断保护配合，限时速断保护最小保护范围 Z_{bh}：

$$Z_{bh} = \frac{\sqrt{3}U_\varphi}{2I} / Z_B - X_{s\min} = \frac{35 \times 1000}{2 \times 1800} / 13.69 - (0.18548 + 0.0453) = 0.18265(pu)$$

$$Z'_t = 0.3220pu$$

$$Z_{DZ} \leqslant K_K Z_L + K_{KT} Z'_T + K_{Zbh} Z_{bh} = 0.85 \times 0.01997 + 0.7 \times 0.3220 + 0.8 \times 0.18265 = 0.3885(pu)$$

综上，Ⅱ段取值：23Ω/0.6s，标幺值为0.1739pu/0.6s。

3）Ⅲ段：可靠躲过本线路的事故过负荷最小阻抗整定，并与负荷变压器过电流保护配合。考虑作为相邻变压器中低压侧保护的远后备，应校验对相邻变压器中低压侧相间故障的灵敏度。

①躲最大负荷，比较保护TA、测量TA、线路载流量、定值配合等允许值，兼顾实际可能最大负荷并留有一定裕度，取其中最小值445A为最大负荷：

$$Z_{DZ} \leqslant 0.7 \times \frac{U_{\varphi\varphi\min}}{1.732 I_{\max}} = 0.7 \times \frac{0.9 \times 110 \times 1000}{1.732 \times 445} = 89.9(\Omega)$$

为便于比较，89.9Ω换算为标幺值为0.6799pu。

②与负荷变压器高压侧过电流定值配合，负荷变压器高压侧过电流保护最小保护范围 Z_{bh}：

$$Z_{bh} = \frac{\sqrt{3}U_\varphi}{2I} / Z_B - X_{s\min} = \frac{110 \times 1000}{2I} / 132.25 - (0.18548 + 0.0453) = 1.1837(pu)$$

$$Z_{DZ} \leqslant K_K Z_L + K_{Zbh} Z_{bh} = 0.85 \times 0.01997 + 0.8 \times 0.9227 = 0.7591(pu)$$

③与220kV甲站主变压器中压侧相电流Ⅱ段配合：

$$\frac{I_{Tdz}}{K_K I_B} \geqslant \frac{1}{X_{1S\max} + X_{T\max} + Z_{3dz}} \Rightarrow Z_{3dz}$$

与 220kV 甲站 1 号主变压器中压侧相电流Ⅱ段配合：

$$\frac{1008}{1.3\times 502} \geqslant \frac{1}{0.01048+0.09007+Z_{3dz}} \Rightarrow Z_{3dz} \geqslant 0.5469(\text{pu})$$

与 220kV 甲站 2 号主变压器中压侧相电流Ⅱ段配合：

$$\frac{816}{1.3\times 502} \geqslant \frac{1}{0.01048+0.118+Z_{3dz}} \Rightarrow Z_{3dz} \geqslant 0.6713(\text{pu})$$

④保负荷变压器中压侧母线灵敏度。

保乙站 1 号主变压器：

$$Z_{DZ} \geqslant K_{LM}(Z_L+Z_T)=1.2\times(0.01997+0.18265)=0.2432(\text{pu})$$

保乙站 2 号主变压器：

$$Z_{DZ} \geqslant K_{LM}(Z_L+Z_T)=1.2\times(0.01997+0.3108)=0.3969(\text{pu})$$

⑤保负荷变压器低压侧母线灵敏度。

保乙站 1 号主变压器：

$$Z_{DZ} \geqslant K_{LM}(Z_L+Z_T)=1.2\times(0.01997+0.3331)=0.4237(\text{pu})$$

保乙站 2 号主变压器：

$$Z_{DZ} \geqslant K_{LM}(Z_L+Z_T)=1.2\times(0.01997+0.5286)=0.6583(\text{pu})$$

综上，Ⅲ段取值：89.5Ω/2.4s，标幺值 0.6767pu/2.4s。

（2）接地距离：

1）Ⅰ段：本场景为单回线带终端负荷变电站的接线方式，优先选用Ⅰ段保护范围伸入负荷变压器内部，并兼顾全线故障可以最短时间切除，Ⅰ段按保证全线故障有足够灵敏度整定，并校验能可靠躲过负荷变压器中低压侧母线并列故障。

①保证最长线末故障有足够灵敏度。

计算同相间距离，$Z_{0DZ} \geqslant 0.03$pu。

②可靠躲过负荷变压器中压侧母线并列。

计算同相间距离，$Z_{0DZ} \leqslant 0.0975$pu。

③可靠躲过负荷变压器低压侧母线并列。

计算同相间距离，$Z_{0DZ} \leqslant 0.16$pu。

综上，与相间距离Ⅰ段取相同值：4Ω/0s，标幺值 0.0302pu/0s。

2）Ⅱ段：按保本线路末端相间故障有不小于规定的灵敏系数整定，并校验可靠躲过负荷变压器中低压侧母线故障。躲负荷变压器中低压侧并列运行母线故障困难时，按躲负荷变压器中低压侧分列运行母线故障整定，此时限定变压器运行方式；躲负荷变压器中低压侧分列运行母线故障困难时，与负荷变压器对应侧限时速断保护配合。

①与 220kV 甲站两台主变中压侧相电流Ⅰ段配合：

计算同相间距离，$Z_{0DZ} \geqslant 0.1577$pu。

②可靠躲过负荷变压器中压侧母线分列。

躲乙站 1 号主变压器：

$$Z_{0DZ} \leqslant K_K Z_L + K_{KT} Z_T' = 0.8 \times 0.1997 + 0.8 \times 0.18265 = 0.1620(pu)$$

躲乙站 2 号主变压器：

$$Z_{0DZ} \leqslant K_K Z_L + K_{KT} Z_T' = 0.8 \times 0.1997 + 0.8 \times 0.3108 = 0.2646(pu)$$

③可靠躲过负荷变压器低压侧母线分列。

躲乙站 1 号主变压器：

$$Z_{0DZ} \leqslant K_K Z_L + K_{KT} Z_T' = 0.8 \times 0.1997 + 0.8 \times 0.3331 = 0.2824(pu)$$

躲乙站 2 号主变压器：

$$Z_{0DZ} \leqslant K_K Z_L + K_{KT} Z_T' = 0.8 \times 0.1997 + 0.8 \times 0.5286 = 0.4388(pu)$$

④保证最长线末故障有足够灵敏度。

计算同相间距离，$Z_{DZ} \geqslant 0.03$pu。

综上，Ⅱ段取值：21Ω/0.6s，标幺值 0.1588pu/0.6s。

3）Ⅲ段：可靠躲过本线路的事故过负荷最小阻抗整定，并与负荷变压器过电流保护配合。考虑作为相邻变压器中低压侧保护的远后备，应校验对相邻变压器中低压侧相间故障的灵敏度。

①躲最大负荷。

计算同相间距离，$Z_{0DZ} \leqslant 0.6799$pu。

②与负荷变压器高压侧过电流定值配合，负荷变压器高压侧过电流保护最小保护范围 Z_{bh} 计算同相间距离，Z_{bh}=0.9277pu。

$$Z_{0DZ} \leqslant K_K Z_L + K_{Zbh} Z_{bh} = 0.8 \times 0.01997 + 0.8 \times 0.9227 = 0.7581(pu)$$

③与 220kV 甲站主变压器中压侧相电流Ⅱ段配合。

计算同相间距离，$Z_{0DZ} \geqslant 0.6713$pu。

④保负荷变压器中压侧母线灵敏度。

计算同相间距离，$Z_{0DZ} \geqslant 0.3969$pu。

⑤保负荷变压器低压侧母线灵敏度。

计算同相间距离，$Z_{0DZ} \geqslant 0.6583$pu。

综上，Ⅲ段取值：89Ω/2.4s，标幺值 0.673pu/2.4s。

（3）零序电流保护：

1）保最长线末故障有足够灵敏度。

$$X_{0\Sigma} = X_{S0\min} + 3X_L = 0.05717 + 3 \times 0.01997 = 0.1171(pu)$$

$$X_{1\Sigma} = X_{S1\min} + X_L = 0.18548 + 0.01997 = 0.20545(pu)$$

$$\beta = \frac{X_{0\Sigma}}{X_{1\Sigma}} = \frac{0.1171}{0.20545} = 0.57$$

因（2β+1=2.14）＜（2+β=2.57），线末故障最小零序电流为单相接地短路方式。

$$3I_{0\min}=\frac{3}{\beta+2}\times\frac{1}{X_{1\Sigma}}\times I_B=\frac{3\times502}{2.57\times0.20545}=2852(A)$$

$$I_{0DZ}\leqslant\frac{3I_{0\min}}{K_{LM}}=\frac{2852}{1.5}=1901(A)$$

2）负荷站变压器中性点间隙接地，开关三相不同期合闸最大零序电流很小，不计（若负荷站变压器中性点直接接地，开关三相不同期合闸最大零序电流很大，须躲 $1.3\times3\times I_{fhmax}$）。

3）躲负荷变压器其他侧母线相间短路最大不平衡电流。

躲乙站中压侧母线三相短路电流（并列）：

$$I_{0DZ}\geqslant0.26I_{d\max}=0.26\frac{I_B}{X_{S1\max}+X_L+X_{T\max}}=0.26\times\frac{502}{0.05241+0.01997+0.115}=696.6(A)$$

躲乙站中压侧母线三相短路电流（分列）：

$$I_{0DZ}\geqslant0.26I_{d\max}=0.26\frac{I_B}{X_{S1\max}+X_L+X_{T\max}}=0.26\times\frac{502}{0.05241+0.01997+0.18265}=512(A)$$

躲乙站低压侧母线三相短路电流（并列）：

$$I_{0DZ}\geqslant0.26I_{d\max}=0.26\frac{I_B}{X_{S1\max}+X_L+X_{T\max}}=0.26\times\frac{502}{0.05241+0.01997+0.2043}=472(A)$$

躲乙站低压侧母线三相短路电流（分列）：

$$I_{0DZ}\geqslant0.26I_{d\max}=0.26\frac{I_B}{X_{S1\max}+X_L+X_{T\max}}=0.26\times\frac{502}{0.05241+0.01997+0.3331}=322(A)$$

4）与 110kV 乙站主变压器中压侧零序过电流Ⅰ段配合：

$$I_{0DZ}\leqslant\frac{I_{0T}}{K_K}=\frac{1200}{1.2}=1000(A)$$

5）与 110kV 乙站主变压器中压侧零序过电流Ⅱ段配合：

$$I_{0DZ}\leqslant\frac{I_{0T}}{K_K}=\frac{360}{1.2}=300(A)$$

综上，零序Ⅰ段取值 1800A/0s，零序Ⅱ段取值 960A/0.6s，零序Ⅲ段取值 600A/0.9s，零序Ⅳ段取值 300A/1.2s。

（六）阶段式电流保护

（1）电流速断保护，按躲过本线路末端最大三相短路电流整定，对于本场景中单回线带终端负荷变电站的接线方式，当负荷变压器装有差动保护时，实际处理中宜优先选用伸入变压器内，可靠躲过变压器其他侧母线整定。躲变压器并列运行整定困难时，按躲变压器分列运行其他侧母线整定，此时应限定变压器运行方式。计算如下：

1）按躲线末最大三相短路电流整定：

$$I_{DZI}\geqslant K_K I_{d\max}^{(3)} \tag{2-82}$$

$$t_I=0 \tag{2-83}$$

式中：$I_{\mathrm{dmax}}^{(3)}$ ——本线路末端最大三相短路电流（A）；

K_{K} ——可靠系数，取不小于 1.3。

2）当负荷变压器有差动保护时，按伸入变压器内，躲变压器并列运行时其他侧故障流过本开关的最大三相短路电流整定：

$$I_{\mathrm{DZI}} \geqslant K_{\mathrm{K}} I_{\mathrm{dmax}}^{(3)} \tag{2-84}$$

$$t_{\mathrm{I}} = 0 \tag{2-85}$$

式中：$I_{\mathrm{dmax}}^{(3)}$ ——变压器并列运行时其他侧故障流过本开关的最大三相短路电流（A）；

K_{K} ——可靠系数，取不小于 1.3。

3）躲变压器并列运行整定困难时，按躲变压器分列运行其他侧母线整定，此时应限定变压器运行方式：

$$I_{\mathrm{DZI}} \geqslant K_{\mathrm{K}} I_{\mathrm{dmax}}^{(3)} \tag{2-86}$$

$$t_{\mathrm{I}} = 0 \tag{2-87}$$

式中：$I_{\mathrm{dmax}}^{(3)}$ ——变压器分列运行时其他侧故障流过本开关的最大三相短路电流（A）；

K_{K} ——可靠系数，取不小于 1.3。

4）当负荷变压器没有差动保护，且按躲线末整定困难时，按伸入变压器内，与电流速断保护配合整定：

$$I_{\mathrm{DZI}} \geqslant K_{\mathrm{K}}' K_{\mathrm{z}} I_{\mathrm{DZ}}' \tag{2-88}$$

式中：K_{K}' ——可靠系数，取不小于 1.1；

I_{DZ}' ——并联运行变压器装设的单台变压器电流速断定值（A）；

K_{z} ——分支系数。

5）对发电厂或重要用户的单电源配电线，可根据厂用电或用户需求，按保证母线残压不低于 60%～70%额定电压整定：

$$I_{\mathrm{DZI}} \leqslant (0.26\sim0.346)\frac{I_{\mathrm{j}}}{Z_{\mathrm{xt.min}}} \tag{2-89}$$

式中：I_{j} ——该电压等级下基准电流（A）；

$Z_{\mathrm{xt.min}}$ ——系统最小方式下母线短路阻抗标幺值。

6）校核最小保护范围：

$$l_i^{(2)} = \frac{1}{Z_{\mathrm{xl}}}\left(\frac{\sqrt{3}I_{\mathrm{j}}}{2I_{\mathrm{dz}}} - Z_{\mathrm{xt}}\right) \tag{2-90}$$

$$l_i^{(3)} = \frac{1}{Z_{\mathrm{xl}}}\left(\frac{I_{\mathrm{j}}}{I_{\mathrm{dz}}} - Z_{\mathrm{xt}}\right) \tag{2-91}$$

式中：$l_i^{(2)}$ ——两相短路时电流保护最小保护区百分值；

$l_i^{(3)}$ ——三相短路时电流保护最小保护区百分值；

I_{j} ——该电压等级下基准电流（A）；

I_{dz} ——电流速断保护定值（A）；

Z_{xt} ——系统阻抗标幺值；

Z_{xl} ——线路阻抗标幺值。

（2）限时电流速断保护，按保本线路末端故障时有规定的灵敏度，并可靠躲过变压器其他侧母线整定。躲变压器并列运行整定困难时，按躲变压器分列运行其他侧母线整定，此时应限定变压器运行方式。躲不过其他侧母线时，与变压器该侧限时速断保护配合。计算如下：

1）按保本线路末端故障时有规定的灵敏度整定：

$$I_{DZII} \leqslant \frac{K_{FZ} I_{min}}{K_{LM}} \tag{2-92}$$

式中：I_{min} ——本线路末端故障时最小故障电流（A）；

K_{LM} ——灵敏系数；

K_{FZ} ——最小分支系数，此处取 1。

2）躲变压器并列运行时其他侧故障时最大三相短路电流整定：

$$I_{DZII} \geqslant K_K I_{dmax}^{(3)} \tag{2-93}$$

$$t_{II} \geqslant \Delta t \tag{2-94}$$

式中：$I_{dmax}^{(3)}$ ——变压器并列运行时其他侧故障流过本开关的最大三相短路电流（A）；

K_K ——可靠系数，取不小于 1.3。

3）躲变压器并列运行整定困难时，按躲变压器分列运行其他侧母线整定，此时应限定变压器运行方式：

$$I_{DZII} \geqslant K_K I_{dmax}^{(3)} \tag{2-95}$$

$$t_{II} \geqslant \Delta t \tag{2-96}$$

式中：$I_{dmax}^{(3)}$ ——变压器分列运行时其他侧故障流过本开关的最大三相短路电流（A）；

K_K ——可靠系数，取不小于 1.3。

4）躲不过其他侧母线时，与变压器该侧限时速断保护配合整定：

$$I_{DZII} \geqslant K_K K_Z I_{dZ} \tag{2-97}$$

$$t_{II} \geqslant t'_T + \Delta t \tag{2-98}$$

式中：K_K ——可靠系数，取不小于 1.3；

K_Z ——分支系数；

I_{dz} ——变压器该侧限时速断保护定值（归算至本侧）（A）；

t'_T ——相邻变压器限时速断保护的动作时间（s）。

（3）过电流保护，按躲最大负荷电流整定，与相邻变压器高压侧复压闭锁过电流保护配合。计算如下：

1）按躲过最大负荷电流整定：

$$I_{DZIII} \geqslant \frac{K_K K_{ZQD}}{K_F} I_{FH.max} \tag{2-99}$$

式中：K_K——可靠系数，取不小于 1.2；

K_F——返回系数，取 0.85～0.95；

K_{ZQD}——电动机自启动系数，取 1.5～2.5；

$I_{FH.max}$——本线路的最大负荷电流（A）。

2）按与相邻变压器高压侧复压闭锁过电流保护配合整定：

$$I_{DZIII} \geqslant K_K K_Z I_{dz} \tag{2-100}$$

$$t_{III} \geqslant t'_T + \Delta t \tag{2-101}$$

式中：K_K——可靠系数，取不小于 1.2；

K_Z——分支系数；

I_{dz}——相邻变压器高压侧复压闭锁过电流保护定值（A）；

t'_T——相邻变压器高压侧复压闭锁过电流的动作时间（s）。

3）校验过电流保护对本线路末端及相邻元件远后备的灵敏度：

$$K_{LM} = \frac{K_{FZ} I_{min}}{I_{DZIII}} \tag{2-102}$$

式中：I_{min}——相邻线路末端或相邻变压器低压侧故障时最小故障电流（A）；

K_{LM}——灵敏系数，近后备不小于 1.3，远后备不小于 1.2；

K_{FZ}——最小分支系数，此处取 1。

（七）其他辅助定值

（1）振荡闭锁过电流按躲过线路最大负荷电流整定。此场景下该保护不投。

（2）正序灵敏角、零序灵敏角按线路的正序、零序阻抗角整定。

（3）为扩大测量过渡电阻能力，接地距离、相间距离Ⅰ、Ⅱ段的特性圆向第一象限偏移的角度，可按保护说明书的建议值整定。接地距离偏移角：线路长度大于等于 40km 时取 0°，大于等于 10km 且小于 40km 时取 15°，小于 10km 时取 30°。相间距离偏移角：线路长度大于等于 10km 时取 0°，大于等于 2km 且小于 10km 时取 15°，小于 2km 时取 30°。

（4）TV 断线过电流按躲过线路最大负荷电流整定。

（5）重合闸时间按除应大于故障点断电去游离时间外，还应大于断路器及操作机构复归原状准备发再次动作的时间，一般整定为大于 1.0s。不检启动。

（6）选择加速距离、零序、过电流某段时，一般按该段是否满足线末故障有 1.5 倍以上的灵敏度整定。

（7）过负荷定值，按躲过正常负荷的电流整定，计算如下：

$$I_{GFH} = \frac{K_K}{K_F} I_{FH.max} \tag{2-103}$$

$$t_{GFH} \geqslant 4s \tag{2-104}$$

式中：K_K——可靠系数，取不小于 1.05；

K_F——返回系数，取 0.85～0.95；

$I_{FH.max}$——本线路的最大负荷电流（A）；

t_{GFH}——过负荷告警时间（s）。

【例 2.4】 求图 2-7 中 35kV 线路（503 开关）的过电流Ⅰ、Ⅱ、Ⅲ段和过负荷整定值。乙站 35kV 母线最大短路阻抗 j0.07，最小短路阻抗 j0.16；35kV 线路型号为 JL/G1A-185 允许最大负荷电流 15A，阻抗值为 1+j2Ω；甲站 35kV 母线最大短路阻抗为 j0.07（标幺值），最小短路阻抗为 j0.16（标幺值）；甲站至 35kV 丙站线路为线路 1，型号为 JL/G1A-185，允许最大负荷电流为 515A，阻抗值为 1+j2Ω（有名值）；503 开关的 TA 电流比为 800/5。35kV 小电源站两台变压器型号为 SF9-16/35、SZ9-20/35，阻抗值：$X_1\%=8.1$；$X_2\%=7.9$；乙站主变压器 35kV 定值：2400A/1.0s；1300A/2.0s；35kV 丙站两台主变压器 35kV 限时速断、过电流定值都是 3600A/0.4s；360A/1.4s（以上均是一次有名值）。

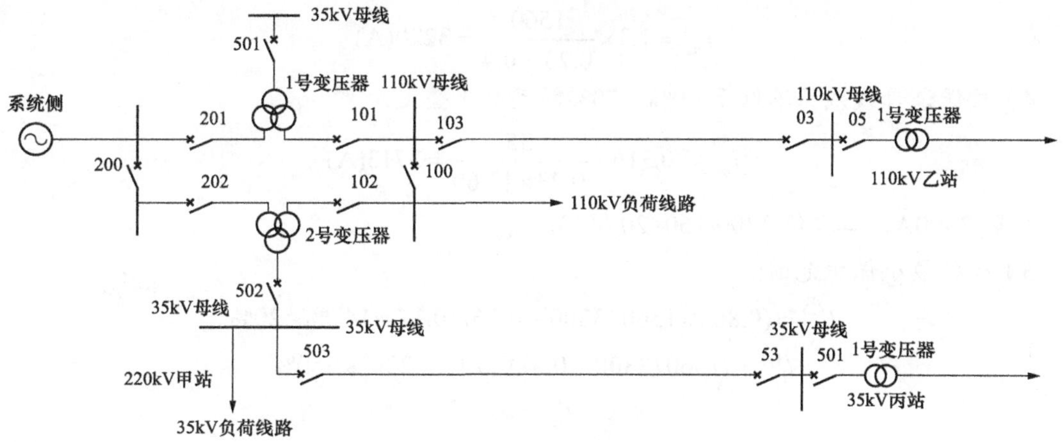

图 2-7 35kV 线路定值整定图示

【答案】（此为标幺值计算参考答案，也可按有名值计算。）

（一）参数计算

35kV 线路阻抗计算：$Z_{l*}=(1+j2)/13.69=0.07+j0.15=0.17$

35kV 丙站的 35kV 母线阻抗：

大方式：$Z_{d*}=j0.07+(1+j2)/13.69=0.07+j0.22=0.23$

小方式：$Z_{x*}=j0.16+(1+j2)/13.69=0.07+j0.31=0.32$

35kV 丙站的 35kV 1 号、2 号主变压器阻抗：

$$X_{T*}=\frac{U_k\%U_N^2}{100S_N}\times\frac{S_B}{U_B^2}=\frac{8.1\times(37\times10^3)^2}{100\times16000\times10^3}\times\frac{100}{37^2}=\frac{8.1}{16}=j0.5$$

$$X_{T*}=\frac{U_k\%U_N^2}{100S_N}\times\frac{S_B}{U_B^2}=\frac{7.9\times(35\times10^3)^2}{100\times20000\times10^3}\times\frac{100}{35^2}=\frac{7.9}{20}=j0.4$$

并列运行时阻抗为

$$X_{T*}=\frac{0.4\times0.5}{0.4+0.5}=j0.22$$

（二）保护定值计算

（1）过电流Ⅰ段：

1）按躲线路1线末三相短路：

$$I_{\text{jdz}}=1.3\times\frac{1560}{0.23}=8817(\text{A})$$

2）联络线系统电源侧按伸入变压器内，按躲变压器并列运行时其他侧故障时本线路最大三相短路电流整定：

$$I_{\text{jdz}}=1.3\times\frac{1560}{0.23+0.22}=4506(\text{A})$$

3）躲变压器并列运行整定困难时，按躲变压器分列运行其他侧母线整定，此时应限定变压器运行方式：

$$I_{\text{jdz}}=1.3\times\frac{1560}{0.23+0.4}=3220(\text{A})$$

4）按保证母线残压不低于60%～70%额定电压整定：

$$I_{\text{dz}}\leqslant 0.316\times\frac{35}{0.23\times 13.69}=3713(\text{A})$$

实取3300A，二次值3300/160=20.6(A)。

5）校核最小保护范围：

$$l_i^{(2)}=(0.866\times1560/3300-0.16)/0.17=147\%>20\%$$

$$l_i^{(3)}=(1560/3300-0.07)/0.17=236\%>50\%$$

$$T_{\text{dz}}=0\text{s}$$

（2）过电流Ⅱ段：

1）按保本线路末端故障时有规定的灵敏度整定：

$$I_{\text{jdz}}=0.866\times1560/0.32/1.5=2814(\text{A})$$

2）按躲变压器其他侧故障时本线路最大三相短路电流整定：

$$I_{\text{jdz}}=1.3\times\frac{1560}{0.23+0.22}=4506(\text{A})\text{（并列运行）}$$

$$I_{\text{jdz}}=1.3\times\frac{1560}{0.23+0.4}=3220(\text{A})\text{（分列运行）}$$

3）躲不过其他侧母线时，按与乙站变压器限时速断配合整定：

$$I_{\text{jdz}}=2400/1.1=2181(\text{A})$$

4）躲不过其他侧母线时，按与35kV小电源站变压器低压侧限时速断配合整定：

$$I_{\text{jdz}}=1.1\times(3600\times10.5/35)=1188(\text{A})$$

实取2400A，二次值2400/160=15（A）。

$T_{\text{dz}}=0.7\text{s}$。

（3）过电流Ⅲ段：

1）按躲最大负荷电流：

线路最大允许电流为 515A，TA 允许最大电流为 800A，取 $I_{fh}=515A$。

$$I_{jdz}=\frac{1.2\times1.5\times515}{0.95}=975(A)$$

2）按与 35kV 小电源站主变压器过电流配合：360A/1.4s。

$$I_{jdz}=1.1\times360=396(A)$$

3）按乙站主变压器 35kV 侧复合电压过电流（定值：1300A/2.0s）与该段配合，过电流可取的最大值为

$$I_{jdz}=\frac{1300}{1.1}=1181(A)$$

实取：$I_{dz}=1000A$，二次值 1000/160=6.3（A），$T_{dz}=1.7s$。

4）校验远后备灵敏度：

小方式下，本线路末端灵敏度：

$$K_{lm}=\frac{0.866\times1560}{0.32\times1000}=4.2$$

灵敏度满足。

小方式下，35kV 小电源站主变压器低压侧两相故障时灵敏度：

$$K_{lm}=\frac{0.866\times1560}{(0.32+0.5)\times1000}=1.6$$

灵敏度满足，可以给 35kV 小电源站主变压器做远后备。

（4）过负荷：

按躲线路最大负荷电流整定：

$$I_{dz}=\frac{1.05\times515}{0.95}=570(A)$$

实取：$I_{jdz}=570/160=3.6(A)$，$T_{dz}=9.0s$。

四、系统侧变压器保护

（一）差动保护

（1）差动速断保护，应按躲变压器空投及外部故障后电压恢复时的励磁涌流，变压器外部故障时在变压器保护中所引起的最大不平衡电流整定，也可参考保护说明书上的整定公式整定。计算如下：

1）按躲变压器励磁涌流整定：

$$I_{dz}\geqslant K_K I_e \tag{2-105}$$

式中：I_e——变压器额定一次电流（A）；

K_K——可靠系数，取 4～12，对于小容量变压器取较大值，反之取较小值。

2）按躲变压器外部故障时的最大不平衡电流整定：

$$I_{cdqd}\geqslant K_K(K_{tx}f_iK_{FZQ}+\Delta U+\Delta f)I_{d.max} \tag{2-106}$$

式中：K_K——可靠系数，取 1.3～1.5；

K_{tx}——电流互感器（TA）同型系数（同型号时，取 0.5；异型号时，取 1）；

f_i——电流互感器误差，取 0.1；

K_{FZQ}——非周期分量系数，取 1.5～2；

ΔU——电压分接头调节，取调节范围之半；

Δf——平衡不准确产生的误差，取 0.05；

I_{dmax}——外部故障时的最大不平衡电流（A）。

3）差动速断保护灵敏度校验：

$$K_{LM}=\frac{I_{d.min}}{I_{dz}} \tag{2-107}$$

式中：$I_{d.min}$——变压器高压侧故障时的最小短路电流（A）；

I_{dz}——差动速断保护动作电流值（A）；

K_{LM}——灵敏系数，应不小于 1.5。

（2）比率差动保护，按可靠躲过变压器正常运行时的最大不平衡电流整定，一般取 I_{cdqd}=（0.2～0.5）I_e，计算如下：

$$I_{cdqd}\geqslant K_K(K_{tx}f_iK_{FZQ}+\Delta U+\Delta f)I_e \tag{2-108}$$

式中：K_K——可靠系数，取 1.3～1.5；

K_{tx}——电流互感器同型系数（同型号时，取 0.5；异型号时，取 1）；

f_i——电流互感器误差，取 0.1；

K_{FZQ}——非周期分量系数，取 1.5～2；

ΔU——电压分接头调节，取调节范围之半；

Δf——平衡不准确产生的误差，取 0.05；

I_e——变压器额定一次电流（A）。

（3）二次谐波制动系数，一般取 0.15。

（二）低压侧后备保护

（1）低压侧限时速断保护，按躲变压器自启动时的最大工作电流，与低压出线电流保护配合，并保证低压侧母线有可靠的灵敏度整定。当考虑低压侧有电源时，可经方向闭锁，方向指向母线。计算如下：

1）按躲变压器自启动时的最大工作电流整定：

$$I_{dz}\geqslant K_KK_{ZQD}I_e \tag{2-109}$$

式中：K_K——可靠系数，取 1.2～1.3；

K_{ZQD}——自启动系数，取 1.5～2；

I_e——变压器低压侧额定电流（A）。

2）按与低压出线电流速断保护配合整定：

$$I_{dz}\geqslant K_KI'_{dz} \tag{2-110}$$

$$t_b \geqslant \Delta t \quad (2\text{-}111)$$

式中：K_K ——可靠系数，取 1.1～1.3；

I'_{dz} ——变压器低压出线速断保护定值，应取各出线中的最大者（A）；

t_b ——变压器低压侧限时速断保护时间（s）。

3）与低压出线电流速断保护配合困难时，可按与低压出线限时速断保护配合整定：

$$I_{dz} \geqslant K_K I'_{dz} \quad (2\text{-}112)$$

$$t_b \geqslant t' + \Delta t \quad (2\text{-}113)$$

式中：K_K ——可靠系数，取 1.1～1.3；

I'_{dz} ——变压器低压出线限时速断保护定值，应取各出线中的最大者（A）；

t_b ——变压器低压侧限时速断保护时间（s）。

t' ——变压器低压出线限时速断保护时间，应取各出线中的最大者（s）。

4）按低压侧母线故障有足够的灵敏度整定：

$$I_{dz} \leqslant \frac{I_{d.min}}{K_{LM}} \quad (2\text{-}114)$$

式中：$I_{d.min}$ ——变压器低压母线故障时流经本开关的最小短路电流（A）；

K_{LM} ——灵敏系数，应不小于 1.5。

5）时间元件：

①$t_1 = t_b$，跳低压侧分段开关；

②$t_2 = t_b + \Delta t$，跳本侧开关；

③$t_3 = t_2 + \Delta t$，跳各侧开关。

（2）低压侧复合电压过电流保护，按躲变压器低压侧额定电流整定，并与低压出线过电流保护配合。当考虑低压侧有电源时，可经方向闭锁，方向指向母线。计算如下：

1）按躲变压器低压侧额定电流整定：

$$I_{dz} \geqslant \frac{K_K}{K_F} I_e \quad (2\text{-}115)$$

式中：I_e ——变压器低压侧额定电流（A）；

K_K ——可靠系数，取 1.15～1.2；

K_F ——返回系数，取 0.95。

注：如果低后备采用不经复压闭锁的过电流保护，此时 K_K 应适当提高，以躲过正常运行负荷电流。

2）按与低压出线过电流保护配合整定：

$$I_{dz} \geqslant K_K I'_{dz} \quad (2\text{-}116)$$

$$t_b \geqslant t' + \Delta t \quad (2\text{-}117)$$

式中：K_K ——可靠系数，取 1.1～1.3；

I'_{dz} ——变压器低压出线过电流保护定值，应取各出线中的最大者（A）；

t_b ——变压器低压侧复压过电流保护时间（s）。

t' ——变压器低压出线过电流保护时间，应取各出线中的最大者（s）。

3）校验低压侧出线线末灵敏度：

$$I_{dz} \leqslant \frac{I_{d.min}}{K_{LM}} \tag{2-118}$$

式中：$I_{d.min}$ ——变压器出线线末故障时流经本开关的最小短路电流；

K_{LM} ——灵敏系数，应不小于 1.2。

4）低电压元件：

$$U_{dz} = \frac{U_{e.min}}{K_K K_F} \tag{2-119}$$

式中：$U_{e.min}$ ——系统最低运行电压，取 $0.9U_e$（V）；

K_K ——可靠系数，取 1.2～1.25；

K_F ——返回系数，取 1.15～1.2。

5）负序电压元件：

$$U_{dz2} = (0.04 \sim 0.08)U_e \tag{2-120}$$

6）时间元件：

①$t_1 = t_b$，跳低压侧分段开关；

②$t_2 = t_b + \Delta t$，跳本侧开关；

③$t_3 = t_2 + \Delta t$，跳各侧开关。

（三）中压侧后备保护

（1）中压侧后备保护，应优先选取相间阻抗保护、接地阻抗保护、复压过电流保护、零序过电流保护等后备保护，电压宜取自专用变压器电压互感器，当保护装置未配置阻抗保护时，可使用限时速断保护。

（2）中压侧限时速断保护，按躲变压器自启动时的最大工作电流，与中压出线阻抗保护或电流保护配合，并保证中压侧母线有可靠的灵敏度整定。当考虑中压侧有电源时，可经方向闭锁，方向指向母线。计算如下：

1）按躲变压器自启动时的最大工作电流整定：

$$I_{dz} \geqslant K_K K_{ZQD} I_e \tag{2-121}$$

式中：K_K ——可靠系数，取 1.2～1.3；

K_{ZQD} ——自启动系数，取 1.5～2；

I_e ——变压器中压侧额定电流（A）。

2）中压出线为阻抗保护时，按与中压出线相间距离Ⅰ段保护配合整定：

$$I_{dz} \geqslant K_K K_{FZ} \frac{U_n}{(X_{xt} + X_{dz})} \tag{2-122}$$

$$t_b \geqslant \Delta t \tag{2-123}$$

式中：K_K ——可靠系数，取 1.2～1.3；

K_{FZ} ——最大分支系数；

U_n ——额定电压（V）；

X_{xt} ——最大方式下的母线等值阻抗（Ω）；

X_{dz} ——中压出线相间距离 I 段保护定值，应取各出线中的最小值（Ω）；

t_b ——变压器中压侧限时速断保护时间（s）。

3）与中压出线相间距离 I 段保护配合困难时，可按与中压出线相间距离 II 段保护配合整定：

$$I_{dz} \geqslant K_K K_{FZ} \frac{U_n}{(X_{xt} + X_{dz})} \tag{2-124}$$

$$t_b \geqslant t' + \Delta t \tag{2-125}$$

式中：K_K ——可靠系数，取 1.2～1.3；

K_{FZ} ——最大分支系数；

U_n ——额定电压（V）；

X_{xt} ——最大方式下的母线等值阻抗（Ω）；

X_{dz} ——中压出线相间距离 I 段保护定值，应取各出线中的最小值（Ω）；

t_b ——变压器中压侧限时速断保护时间（s）。

t' ——中压出线相间距离 II 段保护时间，应取各出线中的最大值（s）。

4）按中压侧母线故障有足够的灵敏度整定：

$$I_{dz} \leqslant \frac{I_{d.min}}{K_{LM}} \tag{2-126}$$

式中：$I_{d.min}$ ——变压器中压母线故障时的最小短路电流（A）；

K_{LM} ——灵敏系数，取不小于 1.5。

5）时间元件：

①$t_1 = t_b$，跳中压侧分段开关；

②$t_2 = t_b + \Delta t$，跳本侧开关；

③$t_3 = t_2 + \Delta t$，跳各侧开关。

（3）中压侧复合电压过流保护 I 段（指向母线），按躲变压器中压侧额定电流整定，并与中压出线相间距离保护III段配合。经方向闭锁，方向指向母线。计算如下：

1）按躲变压器中压侧额定电流整定：

$$I_{dz} \geqslant \frac{K_K}{K_F} I_e \tag{2-127}$$

式中：I_e ——变压器中压侧额定电流（A）；

K_K ——可靠系数，取 1.15～1.2；

K_F ——返回系数，取 0.95。

2）按与中压出线相间距离保护Ⅲ段配合整定：

$$I_{dz} \geqslant K_K K_{FZ} \frac{U_n}{(X_{xt}+X_{dz})} \tag{2-128}$$

$$t_b \geqslant t' + \Delta t \tag{2-129}$$

式中：K_K ——可靠系数，取 1.2～1.3；

K_{FZ} ——最大分支系数；

U_n ——额定电压（V）；

X_{xt} ——最大方式下的母线等值阻抗（Ω）；

X_{dz} ——中压出线相间距离Ⅲ段保护定值，应取各出线中的最小值（Ω）；

t_b ——变压器中压侧复压过电流保护Ⅰ段时间（s）；

t' ——中压出线相间距离Ⅲ段保护时间，应取各出线中的最大值（s）。

3）按中压侧出线线末故障有足够的灵敏度整定：

$$I_{dz} \leqslant \frac{I_{d.min}}{K_{LM}} \tag{2-130}$$

式中：$I_{d.min}$ ——变压器中压侧出线线末故障时的最小短路电流（A）；

K_{LM} ——灵敏系数，应不小于 1.2。

4）低电压元件：

$$U_{dz} = \frac{U_{e.min}}{K_K K_F} \tag{2-131}$$

式中：$U_{e.min}$ ——系统最低运行电压（V），取 $0.9U_e$；

K_K ——可靠系数，取 1.2～1.25；

K_F ——返回系数，取 1.15～1.2。

5）负序电压元件：

$$U_{dz2} = (0.04 \sim 0.08)U_e \tag{2-132}$$

6）时间元件：

①$t_1 = t_b$，跳中压侧母联开关；

②$t_2 = t_b + \Delta t$，跳本侧开关；

③$t_3 = t_2 + \Delta t$，跳各侧开关。

（4）中压侧复合电压过电流保护Ⅱ段（不带方向），按躲变压器中压侧额定电流整定，可参考中压侧复合电压过电流保护Ⅰ段整定，也可与变压器高压侧复压过电流保护Ⅱ段取“相同值”整定。计算如下：

1）按躲变压器中压侧额定电流整定：

$$I_{dz} \geqslant \frac{K_K}{K_F} I_e \tag{2-133}$$

式中：I_e ——变压器中压侧额定电流（A）；

K_K ——可靠系数，取 1.15～1.2；

K_F——返回系数，取 0.95。

2）按与变压器高压侧过电流保护Ⅱ段定值取“相同值”，时间相同整定：

$$t_b = t' \tag{2-134}$$

式中：t_b——变压器中压侧复压过电流保护Ⅱ段时间（s）；

t'——变压器高压侧复压过电流Ⅱ段保护时间（s）。

3）低电压元件：

$$U_{dz} = \frac{U_{e.min}}{K_K K_F} \tag{2-135}$$

式中：$U_{e.min}$——系统最低运行电压（V），取 $0.9U_e$；

K_K——可靠系数，取 1.2～1.25；

K_F——返回系数，取 1.15～1.2。

4）负序电压元件：

$$U_{dz2} = (0.04 \sim 0.08)U_e \tag{2-136}$$

5）时间元件：$t = t_b$，跳各侧。

（5）中压侧零序方向Ⅰ段（指向母线），按与中压出线零序电流Ⅱ段配合，并保证中压侧母线接地故障时，有足够的灵敏度整定。经方向闭锁，方向指向母线。计算如下：

1）与中压出线零序电流Ⅱ段配合整定：

$$I_{dz} \geqslant K_K K_{FZ} I'_{dz} \tag{2-137}$$

$$t_b \geqslant t' + \Delta t \tag{2-138}$$

式中：K_K——可靠系数，取 1.1～1.3；

K_{FZ}——分支系数；

I_{dz}——变压器中压出线零序电流Ⅱ段定值（A）；

t_b——变压器中压侧零序方向Ⅰ段时间（s）；

t'——变压器中压出线零序电流Ⅱ段时间，应取各出线中的最大者（s）。

注：式中中压出线零序定值取 $K_{F2}I'_{dz}$ 的最大值。

2）中压侧零序方向Ⅰ段灵敏度校验：

$$K_{LM} = \frac{3I_{0.min}}{I_{dz}} \tag{2-139}$$

式中：$3I_{0.min}$——变压器中压母线接地故障时流经本开关的最小零序电流（A）；

I_{dz}——中压侧零序方向Ⅰ段保护定值（A）；

K_{LM}——灵敏系数，应不小于 1.5。

3）时间元件：

①$t_1 = t_b$，跳中压侧母联开关；

②$t_2 = t_b + \Delta t$，跳本侧开关；

③$t_3 = t_2 + \Delta t$，跳各侧开关。

（6）中压侧零序方向Ⅱ段（指向母线），按与中压出线零序电流Ⅲ段配合整定。经方向闭锁，方向指向母线。计算如下：

1）按与中压出线零序电流Ⅲ段配合整定：

$$I_{dz} \geqslant K_K K_{FZ} I'_{dz} \tag{2-140}$$

$$t_b \geqslant t' + \Delta t \tag{2-141}$$

式中：K_K ——可靠系数，取 1.1～1.3；

K_{FZ} ——分支系数；

I'_{dz} ——变压器中压出线零序电流Ⅲ段定值（A）；

t_b ——变压器中压侧零序方向Ⅱ段时间（s）；

t' ——变压器中压出线零序电流Ⅲ段时间，应取各出线中的最大者（s）。

注：式中中压出线零序定值取 $K_{FZ}I'_{dz}$ 的最大值。

2）中压侧零序方向Ⅱ段出线灵敏度校验：

$$K_{LM} = \frac{3I_{0.min}}{I_{dz}} \tag{2-142}$$

式中：$3I_{0.min}$ ——变压器中压出线线末接地故障时流经本开关的最小零序电流（A）；

I_{dz} ——中压侧零序方向Ⅱ段保护定值（A）；

K_{LM} ——灵敏系数，应不小于 1.2。

3）时间元件：

① $t_1 = t_b$，跳中压侧母联开关；

② $t_2 = t_b + \Delta t$，跳本侧开关；

③ $t_3 = t_2 + \Delta t$，跳各侧开关。

（7）中压侧零序过电流（不带方向），按与中压出线零序电流Ⅳ段及主变压器高压侧零序方向过电流Ⅱ段配合整定，也可按与高压侧零序过电流取“相同值”整定。实际计算中，可按躲不平衡电流，不超过 400A/6.5s 整定。计算如下：

1）按与中压出线零序电流最末一段配合整定：

$$I_{dz} \geqslant K_K K_{FZ} I'_{dz} \tag{2-143}$$

$$t_b \geqslant t' + \Delta t \tag{2-144}$$

式中：K_K ——可靠系数，取 1.2～1.3；

K_{FZ} ——分支系数；

I'_{dz} ——变压器中压出线零序电流Ⅳ段定值（A）；

t_b ——变压器中压侧零序过电流时间（s）；

t' ——变压器中压出线零序电流Ⅳ段时间，应取各出线中的最大者（s）。

注：式中中压出线零序定值取 $K_{FZ}I'_{dz}$ 的最大值。

2）按与主变压器高压侧零序过电流取“相同”定值整定：

$$I_{dz} \geqslant K_K K_{FZ} I'_{dz} \tag{2-145}$$

$$t_b \geqslant t' + \Delta t \tag{2-146}$$

式中：K_K——可靠系数，取1.1～1.3；

K_{FZ}——分支系数，取最大值；

I'_{dz}——式（2-181）得到的高压侧零序过电流定值（按同容量倍数归算至中压侧）（A）；

t'——高、中压侧出线保护最末一段最长时间（s）。

3）时间元件：$t = t_b$，跳各侧。

（8）中压侧相间距离保护正向阻抗（指向母线），优先使用相间距离保护代替传统限时速断保护，解决与中压出线距离保护配合造成灵敏度不满足要求的问题，一般作为本侧系统后备保护，方向指向母线，此时按与中压出线相间距离Ⅰ段或Ⅱ段配合整定。计算如下：

1）按与中压出线相间距离Ⅰ段配合整定：

$$Z_{dz} \leqslant K_K K_Z Z'_{dz} \tag{2-147}$$

$$t_b \geqslant \Delta t \tag{2-148}$$

式中：K_K——可靠系数，取0.8～0.85；

K_Z——助增系数；

Z'_{dz}——中压出线相间距离Ⅰ段定值（Ω）；

t_b——变压器中压侧相间距离保护正向阻抗的动作时间（s）。

注：式中中压出线距离定值应取$K_Z Z'_{dz}$的最小值。

2）中压出线相间距离Ⅰ段配合困难时，可按与中压出线相间距离Ⅱ段配合整定：

$$Z_{dz} \leqslant K_K K_Z Z'_{dz} \tag{2-149}$$

$$t_b \geqslant t' + \Delta t \tag{2-150}$$

式中 K_K——可靠系数，取0.8～0.85；

K_Z——助增系数；

Z'_{dz}——中压出线相间距离Ⅱ段定值（Ω）；

t_b——变压器中压侧相间距离保护正向阻抗的动作时间（s）；

t'——中压出线相间距离Ⅱ段时限，应取各出线中的最大者（s）。

注：式中中压出线距离定值应取$K_Z Z'_{dz}$的最小值。

3）时间元件：

①$t_1 = t_b$，跳中压侧母联开关；

②$t_2 = t_b + \Delta t$，跳本侧开关；

③$t_3 = t_2 + \Delta t$，跳各侧开关。

（9）中压侧相间距离保护反向阻抗（指向变压器），按躲其他侧母线整定，并保证偏移度不超过10%。计算如下：

1）按躲其他侧母线整定：

$$Z_{dz} \leqslant K_{KT} K_Z Z'_T \tag{2-151}$$

$$t_b \geqslant \Delta t \tag{2-152}$$

式中：K_{KT}——可靠系数，取不大于0.7；

K_Z——助增系数，取最小值；

Z'_T——其他侧母线故障时，最小等效阻抗（Ω）；

t_b——变压器中压侧相间距离保护反向阻抗的动作时间（s）。

2）按偏移度不超过 10%整定：

$$Z_{dz} \leqslant K_{KT} Z'_{dz} \tag{2-153}$$

式中：K_{KT}——可靠系数，取 3%～10%；

Z'_{dz}——中压侧相间距离保护正向阻抗（指向母线）定值（Ω）。

3）时间元件：

①$t_1 = t_b$，跳中压侧母联开关；

②$t_2 = t_b + \Delta t$，跳本侧开关；

③$t_3 = t_2 + \Delta t$，跳各侧开关。

（10）中压侧接地距离保护正向阻抗（指向母线），按与中压出线接地距离Ⅰ段或Ⅱ段配合整定。计算如下：

1）按与中压出线接地距离Ⅰ段配合整定：

$$Z_{dz} \leqslant K_K K_Z Z'_{dz} \tag{2-154}$$

$$t_b \geqslant \Delta t \tag{2-155}$$

式中：K_K——可靠系数，取 0.7～0.8；

K_Z——助增系数；

Z'_{dz}——中压出线接地距离Ⅰ段定值（Ω）；

t_b——变压器中压侧接地距离保护正向阻抗的动作时间（s）。

注：式中中压出线距离定值应取 $K_Z Z'_{dz}$ 的最小值。

2）与中压出线接地距离Ⅰ段配合困难时，可按与中压出线接地距离Ⅱ段配合整定：

$$Z_{dz} \leqslant K_K K_Z Z'_{dz} \tag{2-156}$$

$$t_b \geqslant t' + \Delta t \tag{2-157}$$

式中：K_K——可靠系数，取 0.7～0.8；

K_Z——助增系数；

Z'_{dz}——中压出线接地距离Ⅱ段定值（Ω）；

t'——中压出线接地距离Ⅱ段时间，应取各出线中的最大者（s）；

t_b——变压器中压侧接地距离保护正向阻抗的动作时间（s）。

注：式中中压出线距离定值应取 $K_Z Z'_{dz}$ 的最小值。

3）时间元件：

①$t_1 = t_b$，跳中压侧母联开关；

②$t_2 = t_b + \Delta t$，跳本侧开关；

③$t_3 = t_2 + \Delta t$，跳各侧开关。

（11）中压侧接地距离保护反向阻抗（指向变压器），按躲其他侧母线整定，并保证偏移度不超过 10%。计算如下：

1）按躲其他侧母线整定：

$$Z_{dz} \leqslant K_{KT}K_{Z}Z_{T}' \tag{2-158}$$

$$t_{b} \geqslant \Delta t \tag{2-159}$$

式中：K_{KT} ——可靠系数，取不大于 0.7；

K_{Z} ——助增系数，取最小值；

Z_{T}' ——其他侧母线故障时，最小等效阻抗（Ω）；

t_{b} ——变压器中压侧接地距离保护反向阻抗的动作时间（s）。

2）按偏移度不超过 10%整定：

$$Z_{dz} \leqslant K_{KT}Z_{dz}' \tag{2-160}$$

式中：K_{KT} ——可靠系数，取 3%～10%；

Z_{dz}' ——中压侧接地距离保护正向阻抗（指向母线）定值（Ω）。

3）时间元件：

①$t_{1}=t_{b}$，跳中压侧母联开关；

②$t_{2}=t_{b}+\Delta t$，跳本侧开关；

③$t_{3}=t_{2}+\Delta t$，跳各侧开关。

4）接地阻抗零序补偿系数：按小于所有出线的零序补偿系数整定。

（四）高压侧后备保护

（1）高压侧复压过电流保护Ⅰ段（带方向指向本侧母线），宜采用简化计算，计算如下：

1）按躲变压器高压侧额定电流整定：

$$I_{dz} \geqslant \frac{K_{K}}{K_{F}}I_{e} \tag{2-161}$$

$$t_{b} \geqslant t'+\Delta t \tag{2-162}$$

式中：I_{e} ——变压器高压侧额定电流（A）；

K_{K} ——可靠系数，取 1.15～1.2；

K_{F} ——返回系数，取 0.95；

t_{b} ——变压器高压侧复压过电流保护Ⅰ段时间（s）；

t' ——高压出线相间距离Ⅲ段时间，应取各出线中的最大者（s）。

2）灵敏度校验，应不小于 1.5：

$$K_{LM}=\frac{I_{d.min}}{I_{dz}} \tag{2-163}$$

式中：$I_{d.min}$ ——变压器高压母线故障时流过本开关的最小值（A）；

I_{dz} ——高压侧复压过电流Ⅰ段保护定值（A）。

3）低电压元件：

$$U_{dz}=\frac{U_{e.min}}{K_{K}K_{F}} \tag{2-164}$$

$$K_{LM}=\frac{U_{dz}}{U_{cy.max}} \tag{2-165}$$

式中：$U_{e.min}$ ——系统最低运行电压（V），取 $0.9U_e$；

K_K ——可靠系数，取 1.2～1.25；

K_F ——返回系数，取 1.15～1.2；

K_{LM} ——灵敏系数，应不小于 1.25；

$U_{cy.max}$ ——高压侧母线故障时最大残压（V）。

4）负序电压元件：

$$U_{dz2}=(0.04～0.08)U_e \tag{2-166}$$

$$K_{LM}=\frac{U_{cy.2.min}}{U_{dz2}} \tag{2-167}$$

式中：K_{LM} ——灵敏系数，应不小于 1.25；

$U_{cy.2.min}$ ——高压侧母线故障时最低负序电压（V）。

5）时间元件：

①$t_1=t_b$，跳本侧开关；

②$t_2=t_1+\Delta t$，跳各侧开关。

注：为防止 220kV 电网结构破坏，高后备保护动作不跳 220kV 母联开关。

（2）高压侧复压过电流保护Ⅱ段（不带方向），按与中、低压侧复压过电流保护配合整定，可按与高压侧复压过电流保护Ⅰ段定值取同值；时间配合整定。应注意中、低压侧故障时电流、低电压、负序电压各元件的灵敏度检验。计算如下：

1）按与中压侧复压过电流定值配合整定：

$$I_{dz}\geqslant K_K I'_{dz} \tag{2-168}$$

$$t_b\geqslant t'+\Delta t \tag{2-169}$$

式中：K_K ——可靠系数，取 1.05～1.1；

I'_{dz} ——变压器中压侧复压过电流定值（归算至本侧）（A）；

t_b ——变压器高压侧复压过电流保护Ⅱ段时间（s）；

t' ——变压器中压侧复压过电流时间（s）。

2）按与低压侧复压过电流定值配合整定：

$$I_{dz}\geqslant K_K I'_{dz} \tag{2-170}$$

$$t_b\geqslant t'+\Delta t \tag{2-171}$$

式中：K_K ——可靠系数，取 1.05～1.1；

I'_{dz} ——变压器低压侧复压过电流定值（归算至本侧）（A）；

t_b ——变压器高压侧复压过电流保护Ⅱ段时间（s）；

t' ——变压器低压侧复压过电流时间（s）。

3）按与高压侧复压过电流保护Ⅰ段定值取同值，时间完全配合整定：

$$t_b \geqslant t' + \Delta t \tag{2-172}$$

式中：t_b ——变压器高压侧复压过电流保护Ⅱ段时间（s）；

t' ——变压器高压侧复压过电流保护Ⅰ段时间（s）。

4）各母线灵敏度校验：

$$K_{LM} = \frac{I_{d.min}}{I_{dz}} \tag{2-173}$$

式中：$I_{d.min}$ ——变压器各母线故障时流过本开关的最小值（A）；

I_{dz} ——高压侧复压过电流Ⅱ段保护定值（A）；

K_{LM} ——灵敏系数，应不小于1.5。

5）低电压元件：

$$U_{dz} = \frac{U_{e.min}}{K_K K_F} \tag{2-174}$$

$$K_{LM} = \frac{U_{dz}}{U_{cy.max}} \tag{2-175}$$

式中：$U_{e.min}$ ——系统最低运行电压（V），取$0.9U_e$；

K_K ——可靠系数，取1.2～1.25；

K_F ——返回系数，取1.15～1.2；

K_{LM} ——灵敏系数，应不小于1.25；

$U_{cy.max}$ ——中、低压侧母线故障时，高压侧母线最大残压（V）。

6）负序电压元件：

$$U_{dz2} = (0.04\sim0.08)U_e \tag{2-176}$$

$$K_{LM} = \frac{U_{cy.2.min}}{U_{dz2}} \tag{2-177}$$

式中：K_{LM} ——灵敏系数，应不小于1.25；

$U_{cy.2.min}$ ——中、低压侧母线故障时，高压侧反应的最低负序电压（V）。

7）时间元件：$t=t_b$，跳各侧。

（3）高压侧零序方向Ⅰ段（指向母线），按与高压出线零序电流Ⅱ段配合。计算如下：

1）按与高压出线零序电流Ⅱ段配合整定：

$$I_{dz} \geqslant K_K K_{FZ} I'_{dz} \tag{2-178}$$

$$t_b \geqslant t' + \Delta t \tag{2-179}$$

式中：K_K ——可靠系数，取1.1～1.3；

K_{FZ} ——分支系数；

I'_{dz} ——变压器高压出线零序电流Ⅱ段定值（A）；

t_b ——变压器高压侧零序方向Ⅰ段时间（s）；

t' ——变压器高压出线零序电流Ⅱ段时间，应取各出线中的最大者（s）。

注：式中高压出线零序定值应取 $K_{FZ}I'_{dz}$ 的最大值。

2）高压侧零序方向Ⅰ段灵敏度校验：

$$K_{LM}=\frac{3I_{0.min}}{I_{dz}} \tag{2-180}$$

式中：$3I_{0.min}$——变压器高压母线接地故障时流经本变压器的最小零序电流（A）；

I_{dz}——高压侧零序方向Ⅰ段保护定值（A）；

K_{LM}——灵敏系数，应不小于 1.5。

3）时间元件：

①$t_1=t_b$，跳本侧开关；

②$t_2=t_1+\Delta t$，跳各侧开关。

注：为防止 220kV 电网结构破坏，高后备保护动作不跳 220kV 母联开关。

（4）高压侧零序方向Ⅱ段（指向母线），按与高压出线零序电流Ⅲ段配合整定。计算如下：

1）按与高压出线零序电流Ⅲ段配合整定：

$$I_{dz}\geqslant K_K K_{FZ}I'_{dz} \tag{2-181}$$

$$t_b\geqslant t'+\Delta t \tag{2-182}$$

式中：K_K——可靠系数，取 1.1～1.3；

K_{FZ}——分支系数；

I'_{dz}——变压器高压出线零序电流Ⅲ段定值（A）；

t_b——变压器高压侧零序方向Ⅱ段时间（s）；

t'——变压器高压出线零序电流Ⅲ段时间，应取各出线中的最大者（s）。

注：式中高压出线零序定值应取 $K_{FZ}I'_{dz}$ 的最大值。

2）高压侧零序方向Ⅱ段灵敏度校验：

$$K_{LM}=\frac{3I_{0.min}}{I_{dz}} \tag{2-183}$$

式中：$3I_{0.min}$——变压器高压母线接地故障时流经本开关的最小零序电流（A）；

I_{dz}——高压侧零序方向Ⅱ段保护定值（A）；

K_{LM}——灵敏系数，应不小于 1.5。

3）时间元件：

①$t_1=t_b$，跳本侧开关；

②$t_2=t_1+\Delta t$，跳各侧开关。

注：为防止 220kV 电网结构破坏，高后备保护动作不跳 220kV 母联开关。

（5）高压侧零序过电流（不带方向），按与高压出线零序过电流Ⅲ段及主变压器中压侧零序方向Ⅱ段配合整定。计算如下：

1）按与高压侧出线零序电流Ⅲ段配合整定：

$$I_{dz} \geqslant K_K K_{FZ} I'_{dz} \tag{2-184}$$

$$t_b \geqslant t' + \Delta t \tag{2-185}$$

式中：K_K ——可靠系数，取 1.1～1.3；

K_{FZ} ——分支系数；

I'_{dz} ——变压器高压出线零序电流Ⅲ段定值（A）；

t_b ——变压器高压侧零序过电流保护时间（s）；

t' ——变压器高压出线零序电流Ⅲ段时间，应取各出线中的最大者（s）。

注：式中高压出线零序定值应取 $K_{FZ}I'_{dz}$ 的最大值。

2）按与主变压器中压零序过电流保护Ⅱ段配合整定：

$$I_{dz} \geqslant K_K K_{FZ} I'_{dz} \tag{2-186}$$

$$t_b = t' \tag{2-187}$$

式中：K_K ——可靠系数，取 1.05～1.1；

K_{FZ} ——分支系数，取最大值；

I'_{dz} ——式（2-140）计算得到的中压侧零序过电流定值（归算至高压侧）（A）；

t_b ——变压器高压侧零序过电流保护时间（s）；

t' ——中压侧零序过电流时间（s）。

3）时间元件：$t = t_b$，跳各侧。

【例 2.5】 求图 2-8 中 220kV 甲站 1 号主变压器保护定值。

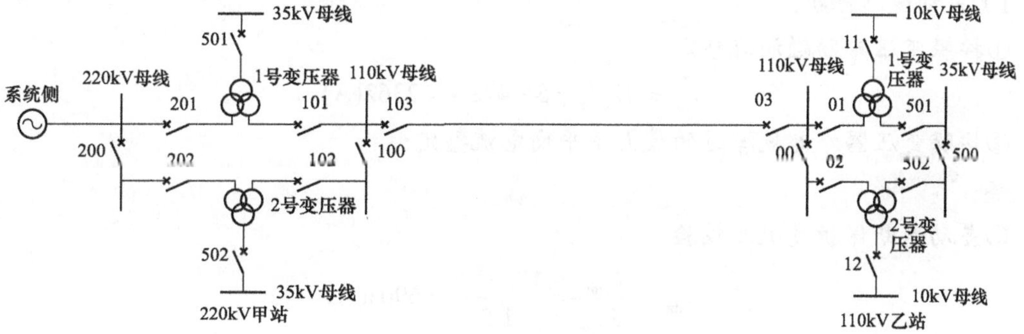

图 2-8 220kV 电源变压器定值整定图示

【答案】

（一）参数计算

（1）基准容量 S_B=100MVA，基准电压 U_B=220kV，115kV，37kV。

1 号主变压器：额定容量 180/180/90MVA，额定电压 220±8×1.25%/121/38.5kV，短路阻抗 $U_{K12}\%$=12.38，$U_{K13}\%$=21.43，$U_{K23}\%$=7.34，经计算，三侧额定电流 I_{eh}=472.4A，I_{em}=858.9A，I_{el}=1349.7A，变压器三侧阻抗标幺值：高压侧 X_H=0.07353pu，中压侧 X_M=−0.00475pu，低压侧 X_L=0.04553pu，系统电源最大方式正序阻抗 X_{S1max}=0.0086pu。

（2）配合定值：

220kV 线路 1 零序保护：Ⅰ段 7200A/0s，Ⅱ段 3000A/1.0s，Ⅲ段 864A/3.0 s，Ⅳ段 312A/5.0s。

220kV 线路 2 零序保护：Ⅰ段 7200A/0s，Ⅱ段 2280A/1.5s，Ⅲ段 432A/3.5s，Ⅳ段 240A/5.5s。

220kV 线路 3 零序保护：Ⅰ段 14400A/0s，Ⅱ段 2880A/1.0s，Ⅲ段 840A/3.0s，Ⅳ段 288A/5.0s。

220kV 线路 4 零序保护：Ⅰ段 8400A/0s，Ⅱ段 1080A/1.5s，Ⅲ段 360A/3.5s，Ⅳ段 240A/5.5s。

110kV 线路最小配合相间距离保护：

Ⅰ段 5.5Ω（0.0416pu）/0s，Ⅱ段 27.5Ω（0.2079pu）/0.6s，Ⅲ段 64.17Ω（0.4852pu）/2.4s。

110kV 线路最小配合接地距离保护：

Ⅰ段 4.58Ω（0.0346pu）/0s，Ⅱ段 22.95Ω（0.1735pu）/0.6s，Ⅲ段 55Ω（0.4158pu）/2.4s。

110kV 线路最大配合零序保护：

Ⅰ段 8400A/0s，Ⅱ段 1200A/0.6s，Ⅲ段 600A/0.9s，Ⅳ段 300A/1.2s。

35kV 线路最大配合相电流保护：7500A/0s，3000A/0.3s，720A/1.5s。

（二）保护定值计算

（1）差动保护：

1）差动速断保护：

①按躲变压器励磁涌流整定：

$$I_{dz} \geqslant K_K I_e = 5 \times 472.4 = 2362(A)$$

②按躲变压器外部故障时的最大不平衡电流整定：

略

③差动速断保护灵敏度校验：

$$I_{dz} \leqslant \frac{I_{d\min}}{K_{LM}} = \frac{10351.5}{1.5} = 6901(A)$$

综上，差动速断定值可取 2400A。

2）比率差动保护：

启动电流：

①按躲变压器正常运行时的最大不平衡电流整定：

$$I_{cdqd} \geqslant K_K(K_{er} + \Delta U + \Delta m)I_e = 1.5 \times (0.03 \times 2 + 0.1 + 0.05)I_e = 0.315I_e$$

②斜率 K_{KID}：与不同厂家产品制动原理算法有关，经验值为 0.4~0.5。

（2）低压侧后备保护：

1）相电流Ⅰ段：

①躲变压器自启动时的最大工作电流：

$$I_{dz} \geqslant K_K I_{ZQD} I_e = 1.2 \times 1.5 \times 1349.7 = 2429.5(A)$$

②与低压出线电流Ⅰ段保护配合:

$$I_{dz} \geqslant K_K I'_{dz} = 1.1 \times 7500 = 8250(A)$$

③与低压出线电流Ⅱ段保护配合:

$$I_{dz} \geqslant K_K I'_{dz} = 1.1 \times 3000 = 3300(A)$$

④保证低压侧母线故障有足够灵敏度:

$$I_{dz} \leqslant \frac{I_{d\min}}{K_{LM}} = \frac{9032.4}{1.5} = 6021.6(A)$$

综上，相电流Ⅰ段可取6000A。

2）相电流Ⅱ段:

①躲变压器低压侧额定电流:

$$I_{dz} \geqslant \frac{K_K I_e}{K_F} = \frac{1.2 \times 1349.7}{0.85} = 1905.5(A)$$

②与低压出线电流Ⅱ段保护配合:

同相电流Ⅰ段计算结果，$I_{dz} \geqslant 3300A$。

③与低压出线电流Ⅲ段保护配合:

$$I_{dz} \geqslant K_K I'_{dz} = 1.1 \times 720 = 792(A)$$

④保证低压侧出线故障有足够灵敏度:

$$I_{dz} \leqslant \frac{I'_{d\min}}{K_{LM}} = \frac{2924}{1.2} = 2436.6(A)$$

综上，相电流Ⅱ段可取1906A。

（3）中压侧后备保护:

1）相电流Ⅰ段:

①躲变压器自启动时的最大工作电流:

$$I_{dz} \geqslant K_K I_{ZQD} I_e = 1.2 \times 1.5 \times 858.9 = 1546.1(A)$$

②与中压侧出线距离Ⅰ段保护配合:

$$I_{dz} \geqslant 1.3 \times 502/(0.0086 + 0.07353 - 0.00475 + 0.0416) = 5485(A)$$

③与中压侧出线距离Ⅱ段保护配合:

$$I_{dz} \geqslant 1.3 \times 502/(0.0086 + 0.07353 - 0.00475 + 0.2079) = 2287.6(A)$$

④保证中压侧母线故障有足够灵敏度:

$$I_{dz} \leqslant \frac{I_{d\min}}{K_{LM}} = \frac{4498.1}{1.5} = 2298.7(A)$$

综上，相电流Ⅰ段可取2900A。

2）相电流Ⅱ段:

①躲变压器中压侧额定电流:

$$I_{dz} \geqslant \frac{K_K I_e}{K_F} = \frac{1.2 \times 858.9}{0.85} = 1212.6(A)$$

②与中压侧出线距离Ⅱ段保护配合：

同相电流Ⅰ段计算结果，$I_{dz} \geqslant 2287.6A$。

③与中压侧出线距离Ⅲ段保护配合：

$$I_{dz} \geqslant 1.3 \times 502/(0.0086 + 0.07353 - 0.00475 + 0.4852) = 1161(A)$$

④保证中压侧出线故障有足够灵敏度：

$$I_{dz} \leqslant \frac{I'_{d\min}}{K_{LM}} = \frac{2215}{1.2} = 1845(A)$$

综上，相电流Ⅱ段可取 1220A。

3）相间阻抗保护：

①指向母线：

a）与中压出线相间距离Ⅰ段保护配合：

$$Z_{dz} \leqslant K_K Z'_{dz} = 0.8 \times 0.0416 = 0.03328(pu)$$

b）与中压出线相间距离Ⅱ段保护配合：

$$Z_{dz} \leqslant K_K Z'_{dz} = 0.8 \times 0.2079 = 0.16632(pu)$$

可取 8Ω，标幺值 0.0604pu。

②指向变压器：

a）躲其他侧母线：

$$Z_{dz} \leqslant K_K Z'_{dz} = 0.7 \times 0.04078 = 0.02854(pu) = 3.77(\Omega)$$

b）偏移度不超过 10%：

$$Z_{dz} \leqslant K_{KT} Z'_{dz} = 0.1 \times 8 = 0.8(\Omega)$$

考虑一定的躲过渡电阻能力，可取 0.8Ω。

4）接地阻抗保护：

①指向母线：

a）与中压出线接地距离Ⅰ段保护配合：

$$Z_{dz} \leqslant K_K Z'_{dz} = 0.7 \times 0.0346 = 0.02422(pu)$$

b）与中压出线接地距离Ⅱ段保护配合：

$$Z_{dz} \leqslant K_K Z'_{dz} = 0.7 \times 0.1735 = 0.12145(pu)$$

可取 7Ω，标幺值 0.0529pu。

②指向变压器：

a）躲其他侧母线：

$$Z_{dz} \leqslant K_K Z'_{dz} = 0.7 \times 0.04078 = 0.02854(pu) = 3.77(\Omega)$$

b）偏移度不超过 10%：

$$Z_{dz} \leqslant K_{KT} Z_{dz} = 0.1 \times 7 = 0.7(\Omega)$$

考虑一定的躲过渡电阻能力，可取0.7Ω。

5）零序电流Ⅰ段：

①与中压出线零序电流Ⅰ段配合：

$$I_{0dz} \geqslant K_K I'_{0dz} = 1.1 \times 8400 = 9240(A)$$

②与中压出线零序电流Ⅱ段配合：

$$I_{0dz} \geqslant K_K I'_{0dz} = 1.1 \times 1200 = 1320(A)$$

③保证中压侧母线故障有足够灵敏度：

$$I_{0dz} \leqslant \frac{3I_{0\min}}{K_{LM}} = \frac{3748.8}{1.5} = 2499.2(A)$$

综上，零序电流Ⅰ段可取1400A。

6）零序电流Ⅱ段：

①与中压出线零序电流Ⅲ段配合：

$$I_{0dz} \geqslant K_K I'_{0dz} = 1.1 \times 600 = 660(A)$$

②与中压出线零序电流Ⅳ段配合：

$$I_{0dz} \geqslant K_K I'_{0dz} = 1.1 \times 300 = 330(A)$$

③保证中压侧出线故障有足够灵敏度：

$$I_{0dz} \leqslant \frac{3I_{0\min}}{K_{LM}} = \frac{1697.8}{1.2} = 1414(A)$$

综上，零序电流Ⅱ段可取330A。

7）零序电流Ⅲ段：

①与中压出线零序电流Ⅳ段配合：

$$I_{0dz} \geqslant K_K I'_{0dz} = 1.1 \times 300 = 330(A)$$

②保证中压侧母线故障有足够灵敏度：

$$I_{0dz} \leqslant \frac{3I_{0\min}}{K_{LM}} = \frac{3748.8}{1.5} = 2499.2(A)$$

③保证中压侧出线故障有足够灵敏度：

$$I_{0dz} \leqslant \frac{3I_{0\min}}{K_{LM}} = \frac{1697.8}{1.2} = 1414(A)$$

④保证高压侧母线故障有足够灵敏度：

$$I_{0dz} \leqslant \frac{3I_{0\min}}{K_{LM}} = \frac{2542.8}{1.2} = 2119(A)$$

⑤与中后备零序电流Ⅱ段配合：

$$I_{0dz} \geqslant K_K I'_{0dz} = 1.1 \times 330 = 363(A)$$

⑥与高后备零序电流Ⅱ段配合：

$$I_{0dz} \geqslant K_K K_{FZ} I'_{0dz} = 1.1 \times 0.548 \times 300 \times 220/121 = 328.8(A)$$

综上，零序电流Ⅲ段可取365A/7.0s，跳各侧。

（4）高压侧后备保护：

1）相电流Ⅰ段：

①与中压侧相过流Ⅱ定值配合整定：

$$I_{dz} \geqslant K_K I'_{dz} = 1.1 \times 1220 \times 121/220 = 738.1(A)$$

②与低压侧相过流Ⅱ定值配合整定：

$$I_{dz} \geqslant K_K I'_{dz} = 1.1 \times 1960 \times 38.5/220 = 367(A)$$

③躲变压器高压侧额定电流：

$$I_{dz} \geqslant \frac{K_K I_e}{K_F} = 1.1 \times 472.4/0.85 = 667(A)$$

④保证中压侧母线故障有足够灵敏度：

$$I_{dz} \leqslant \frac{3I_{min}}{K_{LM}} = \frac{2083}{1.2} = 1735(A)$$

⑤保证低压侧母线故障有足够灵敏度：

$$I_{dz} \leqslant \frac{3I_{min}}{K_{LM}} = \frac{828.5}{1.2} = 690.4(A)$$

若灵敏度不足，可用相间故障滞后相最小电流校验：

$$I_{dz} \leqslant \frac{3I_{min}}{K_{LM}} = \frac{1657.1}{1.2} = 1380(A)$$

2）零序电流Ⅰ段：

①与高压出线零序电流Ⅱ段配合：

与 220kV 线路 1 配合：

$$I_{0dz} \geqslant K_K K_{FZ} I'_{0dz} = 1.1 \times 0.78 \times 3000 = 2574(A)$$

与 220kV 线路 2 配合：

$$I_{0dz} \geqslant K_K K_{FZ} I'_{0dz} = 1.1 \times 0.24 \times 2280 = 602(A)$$

与 220kV 线路 3 配合：

$$I_{0dz} \geqslant K_K K_{FZ} I'_{0dz} = 1.1 \times 0.295 \times 2880 = 935(A)$$

与 220kV 线路 4 配合：

$$I_{0dz} \geqslant K_K K_{FZ} I'_{0dz} = 1.1 \times 0.223 \times 1080 = 265(A)$$

$I_{0dz} \geqslant 2574A/2.0s$

②与中压出线零序电流Ⅲ段配合：

与 220kV 线路 1 配合：

$$I_{0dz} \geqslant K_K K_{FZ} I'_{0dz} = 1.1 \times 0.78 \times 864 = 742(A)$$

与 220kV 线路 2 配合：

$$I_{0dz} \geqslant K_K K_{FZ} I'_{0dz} = 1.1 \times 0.24 \times 432 = 115(A)$$

与 220kV 线路 3 配合：

$$I_{0dz} \geqslant K_K K_{FZ} I'_{0dz} = 1.1 \times 0.295 \times 840 = 273(A)$$

与 220kV 线路 4 配合：

$$I_{0dz} \geqslant K_K K_{FZ} I'_{0dz} = 1.1 \times 0.223 \times 360 = 88.4(A)$$

I_{0dz}≥742A/4.0s

③保证高压侧母线故障有足够灵敏度

$$I_{0dz} \leqslant \frac{3I_{0\min}}{K_{LM}} = \frac{2136}{1.5} = 1424(A)$$

综上，零序电流Ⅰ段可取 1200A/4.0s，跳本侧；1200A/4.5s，跳各侧。

3）零序电流Ⅱ段：

①与高压出线零序电流Ⅲ段配合：

与零序电流Ⅰ段计算结果相同，I0dz≥742A/4.0s。

②与高压出线零序电流Ⅳ段配合：

与 220kV 线路 1 配合：

$$I_{0dz} \geqslant K_K K_{FZ} I'_{0dz} = 1.1 \times 0.78 \times 312 = 268(A)$$

与 220kV 线路 2 配合：

$$I_{0dz} \geqslant K_K K_{FZ} I'_{0dz} = 1.1 \times 0.24 \times 240 = 63.4(A)$$

与 220kV 线路 3 配合：

$$I_{0dz} \geqslant K_K K_{FZ} I'_{0dz} = 1.1 \times 0.295 \times 288 = 93.5(A)$$

与 220kV 线路 4 配合：

$$I_{0dz} \geqslant K_K K_{FZ} I'_{0dz} = 1.1 \times 0.223 \times 240 = 58.9(A)$$

I_{0dz}≥268A/6.0s

③保证高压侧出线故障有足够灵敏度：

$$I_{0dz} \leqslant \frac{3I_{0\min}}{K_{LM}} = \frac{488.7}{1.2} = 407.2(A)$$

综上，零序电流Ⅱ段可取 300A/6.0s，跳本侧；可取 300A/6.5s，跳各侧。

4）零序电流Ⅲ段：

①与高压出线零序电流Ⅳ段配合：

与零序电流Ⅱ段计算结果相同，I_{0dz}≥268A。

②保证高压侧母线故障有足够灵敏度：

$$I_{0dz} \leqslant \frac{3I_{0\min}}{K_{LM}} = \frac{2136}{1.5} = 1424(A)$$

③保证高压出线故障有足够灵敏度：

$$I_{0dz} \leqslant \frac{3I_{0\min}}{K_{LM}} = \frac{488.7}{1.2} = 407.2(A)$$

④保证中压侧母线故障有足够灵敏度：

$$I_{0dz} \leqslant \frac{3I_{0\min}}{K_{LM}} = \frac{887.1}{1.2} = 739(A)$$

⑤与高后备零序电流Ⅱ段配合：

$$I_{0dz} \geqslant K_K I'_{0dz} = 1.1 \times 300 = 330(A)$$

⑥与中后备零序电流Ⅱ段配合：

$$I_{0dz} \geqslant K_K K_{FZ} I'_{0dz} = 1.1 \times 0.337 \times 330 \times 121/120 = 67.3(A)$$

综上，零序电流Ⅲ段可取 330A/7.0s，跳各侧。

第二节 “供电线路带 T 接终端负荷变电站”接线方式的整定计算

本节考虑的接线方式，是由一个 220kV 电源带一条 110kV 的 T 接线路及两个 110kV 变电站的方式，也可以是一个 110kV 电源带一条 35kV 的 T 接线路及两个 35kV 变电站的方式。如图 2-9 所示，保护定值应从 110kV 变压器、110kV 线路到 220kV 变压器依次计算。

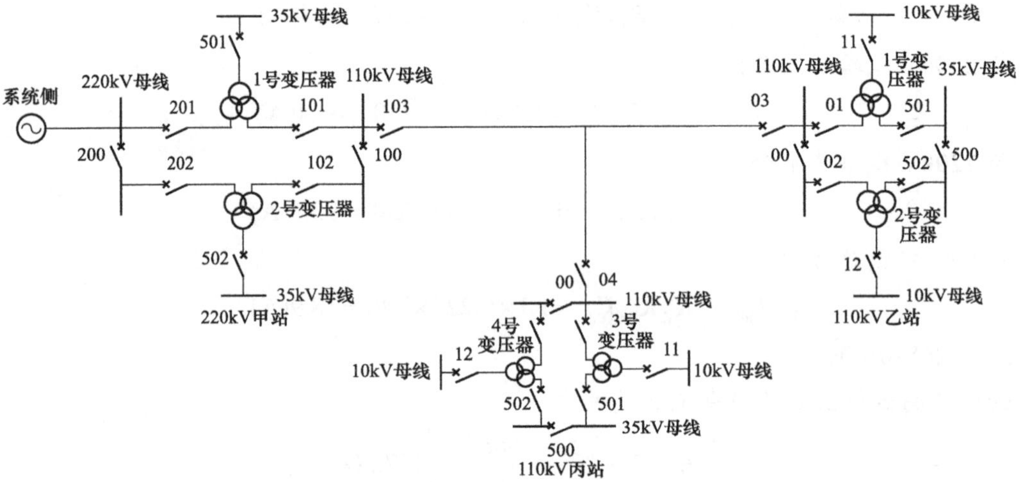

图 2-9 供电线路带 T 接终端负荷变电站示意图

一、适用的保护功能配置

对于供电线路带 T 接终端负荷变电站接线方式，变压器保护可采用差动保护和后备保护的常规配置；110kV 线路保护宜配置三段相间距离、三段接地距离、四段零序过电流保护；35kV 线路保护宜配置三段阶段式过电流保护。

二、负荷侧变压器保护

参照负荷侧变压器保护的常规配置及计算方法（第一节“供电线路带单一负荷变电站”接线方式的整定计算第二条负荷变压器保护）。

三、线路保护

（一）方式限制

以下计算方法对方式的限制如下：

（1）线路保护不经振荡闭锁、方向闭锁；

（2）不考虑线路有互感的情况。

（二）启动元件

启动元件的定值应保证在本线路末端和保护动作区末端非对称故障时有足够的灵敏系数，并保证在本线路末端发生三相短路时能可靠启动，其灵敏系数具体取值如下：

（1）负序电流分量启动元件在本线路末端金属性两相短路故障时，灵敏系数大于4。

（2）单独的零序或负序电流分量启动元件在本线路末端金属性单相和两相接地故障时，灵敏系数大于4。

（3）负序电流分量启动元件在距离Ⅲ段动作区末端金属性两相短路故障时，灵敏系数大于2。

（4）单独的零序或负序电流分量启动元件在距离Ⅲ段动作区末端金属性单相和两相接地故障时，灵敏系数大于2。

（5）相电流突变量启动元件在本线路末端各类金属性短路故障时，灵敏系数大于 4；在距离Ⅲ段动作区末端各类金属性故障时，灵敏系数大于2。

（三）相间距离保护

（1）相间距离Ⅰ段，按可靠躲过本线路末端相间故障整定。对于带T接终端负荷变电站的接线方式，相间距离Ⅰ段按可靠躲过本线路所有末端相间故障整定，减少对其他变电站的影响。如果变压器容量较大或离电源点过近造成Ⅰ段二次数值太小，可采取修改 TA 电流比或伸入电气距离较近变压器内部的方式处理。躲变压器并列运行整定困难时，按躲变压器分列运行其他侧母线整定，此时应限定变压器运行方式。计算如下：

1）按躲本线路所有末端故障整定：

$$Z_{DZI} \leqslant K_K Z_{L.min} \tag{2-188}$$

$$\angle\theta = \angle\theta_L \tag{2-189}$$

$$t_I = 0 \tag{2-190}$$

式中：$Z_{L.min}$ ——线路正序阻抗的最小值（Ω）；

$\angle\theta_L$ ——被保护线路正序阻抗角；

K_K ——可靠系数，取0.8～0.85。

2）伸入变压器内部时，按躲变压器其他侧母线整定（变压器中、低压侧并列运行）：

$$Z'_{DZI} = K_K Z_{L1} + K_{KT} K_Z Z'_{T1} \tag{2-191}$$

$$Z''_{DZI} = K_K Z_{L2} + K_{KT} K_Z Z'_{T2} \tag{2-192}$$

$$Z'''_{DZI} = K_K Z_{L3} + K_{KT} K_Z Z'_{T3} \tag{2-193}$$

……

$$Z_{DZI} \leqslant \min(Z'_{DZI}, Z''_{DZI}, Z'''_{DZI}, \cdots) \tag{2-194}$$

$$\angle\theta = \angle\theta_{Lmin} \tag{2-195}$$

$$t_I = 0 \tag{2-196}$$

式中：Z_L——到各变电站高压侧母线的线路正序阻抗（Ω）；

K_K——可靠系数，取 0.8～0.85；

Z'_T——各变电站变压器并联等值正序阻抗（Ω）；

K_{KT}——躲变压器可靠系数，取不大于 0.7；

$\angle\theta_{Lmin}$——线路正序阻抗角；

K_Z——助增系数，取 1。

3）躲变压器并列运行整定困难时，按躲变压器分列运行其他侧母线整定，此时应限定变压器运行方式：

$$Z'_{DZI} = K_K Z_{L1} + K_{KT} K_Z Z_{T1} \tag{2-197}$$

$$Z''_{DZI} = K_K Z_{L2} + K_{KT} K_Z Z_{T2} \tag{2-198}$$

$$Z'''_{DZI} = K_K Z_{L3} + K_{KT} K_Z Z_{T3} \tag{2-199}$$

……

$$Z_{DZI} \leqslant \min(Z'_{DZI}, Z''_{DZI}, Z'''_{DZI}, \cdots) \tag{2-200}$$

$$\angle\theta = \angle\theta_{Lmin} \tag{2-201}$$

$$t_I = 0 \tag{2-202}$$

式中：Z_L——到各变电站高压侧母线的线路正序阻抗（Ω）；

K_K——可靠系数，取 0.8～0.85；

Z_T——各变压器等值正序阻抗（Ω）；

K_{KT}——躲变压器可靠系数，取不大于 0.7；

$\angle\theta_{Lmin}$——正序阻抗角；

K_Z——助增系数，取 1。

（2）相间距离Ⅱ段，按保本线路末端相间故障有不小于规定的灵敏系数整定。此外，还应可靠躲过变压器其他侧母线。对于带 T 接终端负荷变电站的接线方式，相间距离Ⅱ段按可靠躲所有变压器其他侧母线整定，尽量不要采用与变压器中低压侧限时速断保护配合的方式，减少对其他变电站的影响。确实躲其他侧母线整定困难时，可与变压器该侧限时速断保护配合。计算如下：

1）按本线故障有规定的灵敏系数整定：

$$Z_{DZII} \geqslant K_{LM} Z_{Lmax} \tag{2-203}$$

式中：Z_{Lmax}——线路正序阻抗的最大值（Ω）；

K_{LM}——灵敏系数。

2）按躲所有变压器其他侧母线整定（变压器中、低压侧并列运行时）：

$$Z'_{DZII} = K_K Z_{L1} + K_{KT} K_Z Z'_{T1} \tag{2-204}$$

$$Z''_{DZII} = K_K Z_{L2} + K_{KT} K_Z Z'_{T2} \tag{2-205}$$

$$Z'''_{DZII} = K_K Z_{L3} + K_{KT} K_Z Z'_{T3} \tag{2-206}$$

……

$$Z_{DZII} \leqslant \min(Z'_{DZII}, Z''_{DZII}, Z'''_{DZII}, \cdots) \tag{2-207}$$

$$\angle\theta = \angle\theta_{Lmin} \tag{2-208}$$

$$t_{II} \geqslant \Delta t \tag{2-209}$$

式中：Z_L——到各变电站高压侧母线的线路正序阻抗（Ω）；

K_K——可靠系数，取 0.8～0.85；

Z'_T——各 T 接变电站变压器并联等值正序阻抗（Ω）；

K_{KT}——躲变压器可靠系数，取不大于 0.7；

$\angle\theta_{Lmin}$——线路正序阻抗角；

K_Z——助增系数，取 1。

3）躲变压器并列运行困难时，按躲变压器其他侧母线分列运行整定：

$$Z'_{DZII} = K_K Z_{L1} + K_{KT} K_Z Z_{T1} \tag{2-210}$$

$$Z''_{DZII} = K_K Z_{L2} + K_{KT} K_Z Z_{T2} \tag{2-211}$$

$$Z'''_{DZII} = K_K Z_{L3} + K_{KT} K_Z Z_{T3} \tag{2-212}$$

……

$$Z_{DZII} \leqslant \min(Z'_{DZII}, Z''_{DZII}, Z'''_{DZII}, \cdots) \tag{2-213}$$

$$\angle\theta = \angle\theta_{Lmin} \tag{2-214}$$

$$t_{II} \geqslant \Delta t \tag{2-215}$$

式中：Z_L——到各变压器高压侧母线的线路正序阻抗（Ω）；

K_K——可靠系数，取 0.8～0.85；

Z_T——各变压器等值正序阻抗（Ω）；

K_{KT}——躲变压器可靠系数，取不大于 0.7；

$\angle\theta_{Lmin}$——线路正序阻抗角；

K_Z——助增系数，取 1。

4）确实躲不开变压器其他侧母线时，与变压器该侧限时速断保护配合整定：

$$Z_{DZII} \leqslant K_K \left(K_Z \frac{E_{\phi-\phi\min}}{2I'_{DZ}} - Z_C \right) \tag{2-216}$$

$$t_{II} \geqslant t'_T + \Delta t \tag{2-217}$$

式中：$E_{\phi-\phi\min}$——距离保护安装处背侧最低等值相间电势（V）；

Z_C——背侧最小方式下等值阻抗（Ω）；

I'_{DZ}——相邻变压器该侧限时速断保护定值（归算至本侧）（A）；

K_K——可靠系数，取 0.8～0.85；

K_Z——助增系数，取 1；

t'_T——相邻变压器限时速断保护的动作时间（s）。

（3）相间距离III段，按可靠躲过本线路的事故过负荷最小阻抗整定，并与相邻变压器过电流保护配合。考虑作为相邻变压器低压侧保护的远后备，宜校验对相邻变压器低压侧相间故障的灵敏度。计算如下：

1）按躲负荷阻抗（全阻抗启动元件）整定：

$$Z_{DZIII} \leqslant \frac{Z_{FH}}{K_K K_F K_{ZQD}} = \frac{(0.9\sim0.95)U_e}{\sqrt{3}K_K K_F K_{ZQD} I_{FH}} \tag{2-218}$$

式中：Z_{FH}——最小负荷阻抗值（Ω）；

K_K——可靠系数，取 1.2～1.25；

K_F——返回系数，取 1.15～1.25；

K_{ZQD}——负荷的自启动系数，取 1.5～2.5；

I_{FH}——最大负荷电流（A）；

U_e——额定运行相间电压（V）。

注：此处也可直接按整定规程公式 $Z_{DZIII} \leqslant K_K Z_{FH}$ 进行计算（ $K_K \leqslant 0.7$ ）。

2）按与所有变压器过电流保护配合整定（新规程只要求动作时间的配合）：

$$Z'_{DZIII} \leqslant K_K\left(K_Z\frac{E_{\phi\text{-}\phi\min}}{2I'_{DZ}} - Z_{C1}\right) \tag{2-219}$$

$$Z''_{DZIII} \leqslant K_K\left(K_Z\frac{E_{\phi\text{-}\phi\min}}{2I'_{DZ}} - Z_{C2}\right) \tag{2-220}$$

$$Z'''_{DZIII} \leqslant K_K\left(K_Z\frac{E_{\phi\text{-}\phi\min}}{2I'_{DZ}} - Z_{C3}\right) \tag{2-221}$$

……

$$Z_{DZIII} \leqslant \min(Z'_{DZIII}, Z''_{DZIII}, Z'''_{DZIII}, \cdots) \tag{2-222}$$

$$t_{III} \geqslant t'_{T\max} + \Delta t \tag{2-223}$$

式中：$E_{\phi\text{-}\phi\min}$——距离保护安装处背侧最低等值相间电势（V）；

Z_C——距离保护安装处背侧等值阻抗（Ω）；

I'_{DZ}——相邻变压器过电流保护定值（A）；

K_K——可靠系数，取 0.8～0.85；

K_Z——助增系数，取 1；

$t'_{T\max}$——相邻变压器被配合保护的动作时间的最大值（s）。

3）对终端变压器其他侧故障灵敏度的校验：

$$K_{LM} = \frac{Z_{DZIII}}{Z_L + K_Z Z_{T\max}} \tag{2-224}$$

式中：Z_L——线路正序阻抗（Ω）；

K_Z——助增系数，取 1；

$Z_{T\max}$——终端变压器等值正序阻抗的最大值（Ω）；

K_{LM}——灵敏系数，不小于 1.2。

（四）接地距离保护

（1）接地距离Ⅰ段，按可靠躲过本线路末端接地故障整定。对于带T接终端负荷变电站的接线方式，接地距离Ⅰ段按可靠躲过本线路所有末端接地故障整定，减少对其他变电站的影响。如果变压器容量较大或离电源点过近造成Ⅰ段二次数值太小，可采取修改TA电流比或伸入较近变压器内部的方式处理。躲变压器并列运行整定困难时，按躲变压器分列运行其他侧母线整定，此时应限定变压器运行方式。优先选取与相间距离保护相同的原则。计算如下：

1）按躲所有T接线末端故障整定：

$$Z_{DZI} \leqslant K_K Z_{Lmin} \tag{2-225}$$

$$t_I = 0 \tag{2-226}$$

式中：Z_{Lmin} ——线路正序阻抗的最小值（Ω）；

K_K ——可靠系数，取不大于0.7。

2）伸入某并列变压器时，按躲变压器其他侧母线整定（变压器中、低压侧并列运行时）：

$$Z'_{DZI} = K_K Z_{L1} + K_{KT} K_Z Z'_{T1} \tag{2-227}$$

$$Z''_{DZI} = K_K Z_{L2} + K_{KT} K_Z Z'_{T2} \tag{2-228}$$

$$Z'''_{DZI} = K_K Z_{L3} + K_{KT} K_Z Z'_{T3} \tag{2-229}$$

……

$$Z_{DZI} \leqslant \min(Z'_{DZI}, Z''_{DZI}, Z'''_{DZI}, \cdots) \tag{2-230}$$

$$\angle\theta = \angle\theta_{Lmin} \tag{2-231}$$

$$t_I = 0 \tag{2-232}$$

式中：Z_L ——线路正序阻抗（Ω）；

K_K ——可靠系数，取0.8～0.85；

Z'_T ——各变电站变压器并联等值正序阻抗（Ω）；

K_Z ——助增系数，此处取1；

K_{KT} ——躲变压器可靠系数，取不大于0.7。

3）躲变压器并列运行整定困难时，按躲变压器分列运行其他侧母线整定，此时应限定变压器运行方式：

$$Z'_{DZI} = K_K Z_{L1} + K_{KT} K_Z Z_{T1} \tag{2-233}$$

$$Z''_{DZI} = K_K Z_{L2} + K_{KT} K_Z Z_{T2} \tag{2-234}$$

$$Z'''_{DZI} = K_K Z_{L3} + K_{KT} K_Z Z_{T3} \tag{2-235}$$

……

$$Z_{DZI} \leqslant \min(Z'_{DZI}, Z''_{DZI}, Z'''_{DZI}, \cdots) \tag{2-236}$$

$$\angle\theta = \angle\theta_{Lmin} \tag{2-237}$$

$$t_I = 0 \tag{2-238}$$

式中：Z_L ——线路正序阻抗（Ω）；

K_K ——可靠系数，取 0.8～0.85；

Z_T ——变压器等值正序阻抗（Ω）；

K_Z ——助增系数，此处取 1；

K_{KT} ——躲变压器可靠系数，取不大于 0.7。

（2）接地距离Ⅱ段，按保本线路末端接地故障有不小于规定的灵敏系数整定。此外，还应可靠躲过变压器其他侧母线。躲其他侧母线整定困难时，动作时间与变压器该侧限时速断保护时间配合，阻抗定值按躲该侧母线三相短路整定。计算如下：

1）按本线故障有规定的灵敏系数整定：

$$Z_{DZII} \geqslant K_{LM} Z_{Lmax} \tag{2-239}$$

式中：Z_{Lmax} ——线路正序阻抗的最大值（Ω）；

K_{LM} ——灵敏系数。

2）按躲所有变压器其他不接地侧母线三相短路整定（变压器中、低压侧分列运行时）：

$$Z'_{DZII} = K_K Z_{L1} + K_K K_Z Z_{T1} \tag{2-240}$$

$$Z''_{DZII} = K_K Z_{L2} + K_K K_Z Z_{T2} \tag{2-241}$$

$$Z'''_{DZII} = K_K Z_{L3} + K_K K_Z Z_{T3} \tag{2-242}$$

……

$$Z_{DZII} \leqslant \min(Z'_{DZII}, Z''_{DZII}, Z'''_{DZII}, \cdots) \tag{2-243}$$

$$t_{II} \geqslant \Delta t \tag{2-244}$$

式中：Z_L ——线路正序阻抗（Ω）；

K_K ——可靠系数，取 0.7～0.8；

Z_T ——各变压器等值正序阻抗的最小值（Ω）；

K_Z ——助增系数，此处取 1。

（3）接地距离Ⅲ段，按可靠躲过本线路的事故过负荷最小阻抗整定。计算如下：

$$Z_{DZIII} \leqslant \frac{Z_{FH}}{K_K K_F K_{ZQD}} = \frac{(0.9\sim0.95)U_e}{\sqrt{3} K_K K_F K_{ZQD} I_{FH}} \tag{2-245}$$

式中：Z_{FH} ——最小负荷阻抗值（Ω）；

K_K ——可靠系数，取 1.2～1.25；

K_F ——返回系数，取 1.15～1.25；

K_{ZQD} ——负荷的自启动系数，取 1.5～2.5；

I_{FH} ——最大负荷电流（A）；

U_e ——额定运行相电压（V）。

注：此处也可直接按整定规程公式 $Z_{DZIII} \leqslant K_K Z_{FH}$ 进行计算（$K_K \leqslant 0.7$）。

（五）零序电流保护

（1）此场景中零序电流一般为四段式，最后一段一般不大于 300A（一次值）。

（2）零序电流Ⅰ段（不带方向），按躲线末故障最大三倍零序电流整定。当躲线路末端困难时，可伸入变压器内，此时按躲变压器中、低压侧母线相间短路的最大不平衡电流整定，优先选取与距离保护相同的原则。动作值躲不过断路器合闸三相不同步最大零序电流（$3I_{0btmax}$）时，重合闸过程中带0.1s延时或退出运行。计算如下：

1）按躲线路末端接地故障最大零序电流（$3I_0$）整定：

$$I_{DZI} \geqslant K_K 3I_{0max} \tag{2-246}$$

$$t_I = 0 \tag{2-247}$$

式中：$I_{0.max}$——各变电站高压侧母线故障最大零序电流（A）；

K_K——可靠系数，取不小于1.3。

2）按躲线路断路器三相不同时合闸的最大零序电流整定：

$$I_{DZI} \geqslant K_K 3I_{0btmax} \tag{2-248}$$

$$t_I = 0 \tag{2-249}$$

式中：K_K——可靠系数，取1.1～1.2；

$I_{0bt\,max}$——断路器三相不同时合闸所产生的零序电流最大值（A）。整定如下：

两相先接通时：

$$I_{0btmax} = \frac{-2I_j}{Z_{1\Sigma} + 2Z_{0\Sigma}} \tag{2-250}$$

一相先接通时：

$$I_{0btmax} = \frac{2I_j}{2Z_{1\Sigma} + Z_{0\Sigma}} \tag{2-251}$$

式中：I_j——该电压等级下的基准电流（A）；

$Z_{1\Sigma}$——综合正序阻抗标幺值；

$Z_{0\Sigma}$——综合零序阻抗标幺值。

3）当躲线路末端困难时，可伸入变压器内，此时按躲变压器中、低压侧母线相间短路的最大不平衡电流整定：

$$I_{DZI} \geqslant K_K K_{BP} K_{FZQ} I_{dmax}^{(3)} \tag{2-252}$$

式中：K_K——可靠系数，取不小于1.3；

K_{BP}——不平衡系数，取0.15；

K_{FZQ}——非周期分量，取2；

$I_{dmax}^{(3)}$——各变压器中、低压侧三相短路最大短路电流的最大值（A）。

4）当线路太短导致零序Ⅰ段保护范围很小，甚至无保护范围时，则零序Ⅰ段应停用。

（3）零序电流Ⅱ段（不带方向），按保本线路末端故障时有规定的灵敏度整定，并可靠躲开变压器低压侧母线相间短路的最大不平衡电流。计算如下：

1）按线末接地故障有规定的灵敏度整定：

$$I_{DZII} \leqslant \frac{K_F 3I_{0.min}}{K_{LM}} \tag{2-253}$$

式中：$I_{0.min}$ ——本线路末端故障时最小零序电流（A）；

K_{LM} ——灵敏系数；

K_F ——最大分支系数，此处取 1。

2）躲变压器中、低压侧母线相间短路的最大不平衡电流整定：

$$I_{DZII} \geqslant K_K K_{BP} K_{FZQ} I_{dmax}^{(3)} \tag{2-254}$$

式中：K_K ——可靠系数，取不小于 1.3；

K_{BP} ——不平衡系数，取 0.15；

K_{FZQ} ——非周期分量，取 2；

$I_{dmax}^{(3)}$ ——变压器中、低压侧三相短路最大短路电流的最大值（A）。

（4）零序电流Ⅲ、Ⅳ段（不带方向）按不大于 300A（一次值）整定。

（六）阶段式电流保护

（1）电流速断保护，按躲过本线路末端最大三相短路电流整定，对 T 接线路速断保护不宜采用伸入变压器内部的方式。躲线末整定困难时，可按躲变压器其他侧整定。躲变压器并列运行整定困难时，按躲变压器分列运行其他侧母线整定，此时应限定变压器运行方式。计算如下：

1）按躲线末最大三相短路电流整定：

$$I_{DZI} \geqslant K_K I_{dmax}^{(3)} \tag{2-255}$$

$$t_I = 0 \tag{2-256}$$

式中：$I_{dmax}^{(3)}$ ——本线路末端各变电站高压侧母线最大三相短路电流的最大值（A）；

K_K ——可靠系数，取不小于 1.3。

2）当负荷变压器有差动保护时，按伸入变压器内，躲变压器并列运行时其他侧故障时本线路最大三相短路电流整定：

$$I_{DZI} \geqslant K_K I_{dmax}^{(3)} \tag{2-257}$$

$$t_I = 0 \tag{2-258}$$

式中：$I_{dmax}^{(3)}$ ——变压器并列运行时其他侧故障本线路最大三相短路电流（A）；

K_K ——可靠系数，取不小于 1.3。

3）躲变压器并列运行整定困难时，按躲变压器分列运行其他侧母线整定，此时应限定变压器运行方式：

$$I_{DZI} \geqslant K_K I_{dmax}^{(3)} \tag{2-259}$$

$$t_I = 0 \tag{2-260}$$

式中：$I_{dmax}^{(3)}$ ——变压器分列运行时其他侧故障本线路最大三相短路电流（A）；

K_K ——可靠系数，取不小于 1.3。

4）当负荷变压器没有差动保护，且按躲线末整定困难时，按伸入变压器内，与电流速断保护配合整定：

$$I_{DZI} \geqslant K_K' K_Z I_{DZ}' \tag{2-261}$$

式中：K_K' ——可靠系数，取不小于 1.1；

I_{DZ}' ——并联运行变压器装设的单台变压器的电流速断定值（A）；

K_Z ——分支系数。

5）对发电厂或重要用户的单电源配电线，可根据厂用电或用户需求，按保证母线残压不低于 60%～70%额定电压整定：

$$I_{dz} \leqslant (0.26 \sim 0.346)\frac{I_j}{Z_{xt.min}} \tag{2-262}$$

式中：I_j ——该电压等级下基准电流（A）；

$Z_{xt.min}$ ——系统最小方式下母线短路阻抗标幺值。

6）校核最小保护范围：

$$l_i^{(2)} = \frac{1}{Z_{xl}}\left(\frac{\sqrt{3}I_j}{2I_{dz}} - Z_{xt}\right) \tag{2-263}$$

$$l_i^{(3)} = \frac{1}{Z_{xl}}\left(\frac{I_j}{I_{dz}} - Z_{xt}\right) \tag{2-264}$$

式中：$l_i^{(2)}$ ——两相短路时电流保护最小保护区百分值；

$l_i^{(3)}$ ——三相短路时电流保护最小保护区百分值；

I_j ——该电压等级下基准电流（A）；

I_{dz} ——电流速断保护定值（A）；

Z_{xt} ——系统阻抗标幺值；

Z_{xl} ——线路阻抗标幺值。

（2）限时电流速断保护，按保本线路末端故障时有规定的灵敏度，并可靠躲过变压器其他侧母线整定。躲变压器并列运行整定困难时，按躲变压器分列运行其他侧母线整定，此时应限定变压器运行方式。躲不过其他侧母线时，与变压器该侧限时速断配合（考虑与△侧限时速断保护配合时，应考虑 Y-△转换系数）。计算如下：

1）按保本线路末端故障时有规定的灵敏度整定：

$$I_{DZII} \leqslant \frac{K_{FZ}I_{min}}{K_{LM}} \tag{2-265}$$

式中：I_{min} ——本线路末端变电站高压侧母线故障时的最小故障电流（A）；

K_{LM} ——灵敏系数；

K_{FZ} ——最小分支系数，此处取 1。

2）按躲变压器并列运行时其他侧故障时本线路最大三相短路电流整定：

$$I_{DZII} \geqslant K_K I_{dmax}^{(3)} \tag{2-266}$$

$$t_{II} \geqslant \Delta t \tag{2-267}$$

式中：$I_{dmax}^{(3)}$ ——变压器并列运行时其他侧故障本线路最大三相短路电流（A）；

K_K ——可靠系数，取不小于 1.3。

3）躲变压器并列运行整定困难时，按躲变压器分列运行其他侧母线整定，此时应限定变压器运行方式：

$$I_{DZII} \geqslant K_K I_{dmax}^{(3)} \tag{2-268}$$

$$t_{II} \geqslant \Delta t \tag{2-269}$$

式中：$I_{dmax}^{(3)}$ ——变压器分列运行时其他侧故障本线路最大三相短路电流（A）；

K_K ——可靠系数，取不小于 1.3。

4）躲不过其他侧母线时，与变压器该侧限时速断保护配合整定：

$$I_{DZII} \geqslant K_K K_Z I_{dz} \tag{2-270}$$

$$t_{II} \geqslant t'_T + \Delta t \tag{2-271}$$

式中：K_K ——可靠系数，取不小于 1.3；

K_Z ——分支系数；

I_{dz} ——变压器该侧限时速断保护定值（归算至本侧）（A）；

t'_T ——相邻变压器限时速断保护的动作时间（s）。

（3）过电流保护，按躲最大负荷电流整定，与相邻变压器高压侧复合闭锁过电流保护配合计算如下：

1）按躲过最大负荷电流整定：

$$I_{DZIII} \geqslant \frac{K_K K_{ZQD}}{K_F} I_{FH.max} \tag{2-272}$$

式中：K_K ——可靠系数，取不小于 1.2；

K_F ——返回系数，取 0.85～0.95；

K_{ZQD} ——电动机自启动系数，取 1.5～2.5；

$I_{FH.max}$ ——本线路的最大负荷电流（A）。

2）按与相邻变压器高压侧复压闭锁过电流保护配合整定：

$$I_{DZIII} \geqslant K_K K_Z I_{dz} \tag{2-273}$$

$$t_{III} \geqslant t'_T + \Delta t \tag{2-274}$$

式中：K_K ——可靠系数，取不小于 1.2；

K_Z ——分支系数；

I_{dz} ——相邻变压器高压侧复压闭锁过电流保护定值（A）；

t'_T ——相邻变压器高压侧复压闭锁过电流的动作时间（s）。

3）按过电流保护对本线路末端及相邻元件远后备有灵敏度整定：

$$K_{LM} = \frac{K_{FZ} I_{min}}{I_{DZIII}} \tag{2-275}$$

式中：I_{min} ——相邻线路末端或相邻变压器低压侧故障时最小故障电流（A）；

K_{LM} ——灵敏度，近后备不小于1.3，远后备不小于1.2；

K_{FZ} ——最大分支系数，此处取1。

（七）其他辅助定值

（1）振荡闭锁过电流按躲过线路最大负荷电流整定。此场景下该保护不投。

（2）正序灵敏角、零序灵敏角按线路的正序、零序阻抗角整定。

（3）为扩大测量过渡电阻能力，接地距离、相间距离Ⅰ、Ⅱ段的特性圆向第一象限偏移的角度，可按保护说明书的建议值整定。接地距离偏移角：线路长度大于等于40km时取0°，大于等于10km且小于40km时取15°，小于10km时取30°。相间距离偏移角：线路长度大于等于10km时取0°，大于等于2km且小于10km时取15°，小于2km时取30°。

（4）TV断线过电流按躲过线路最大负荷电流整定。

（5）重合闸时间除应大于故障点断电去游离时间外，还应大于断路器及操作机构复归原状准备发再次动作的时间，一般整定为大于1.0s。不检启动。

（6）选择加速距离、零序、过电流某段时，一般按该段是否满足线末故障有2倍以上的灵敏度整定。

（7）过负荷按躲过正常负荷的电流整定，计算如下：

$$I_{GFH}=\frac{K_K}{K_F}I_{FH.max} \tag{2-276}$$

$$t_{GFH}\geqslant 4s \tag{2-277}$$

式中：K_K ——可靠系数，取不小于1.05；

K_F ——返回系数，取0.85～0.95；

$I_{FH.max}$ ——本线路的最大负荷电流（A）；

t_{GFH} ——过负荷告警时间（s）。

四、系统侧变压器保护

参照系统侧变压器保护的常规配置及计算方法（第一节“供电线路带单一负荷变电站”接线方式的整定计算第四条系统侧变压器保护）。

第三节 “供电线路有相邻串供负荷线路”接线方式的整定计算

本节考虑的接线方式，是由一个220kV电源带一条110kV线路及一个110kV变电站，并通过相邻串供110kV线路带另一110kV变电站的方式，也可以是由一个110kV电源带一条35kV线路及一个35kV变电站，并通过相邻串供35kV线路带另一35kV变电站的方式。如图2-10所示，保护定值应从110kV变压器、两条110kV线路到220kV变压器依次计算。

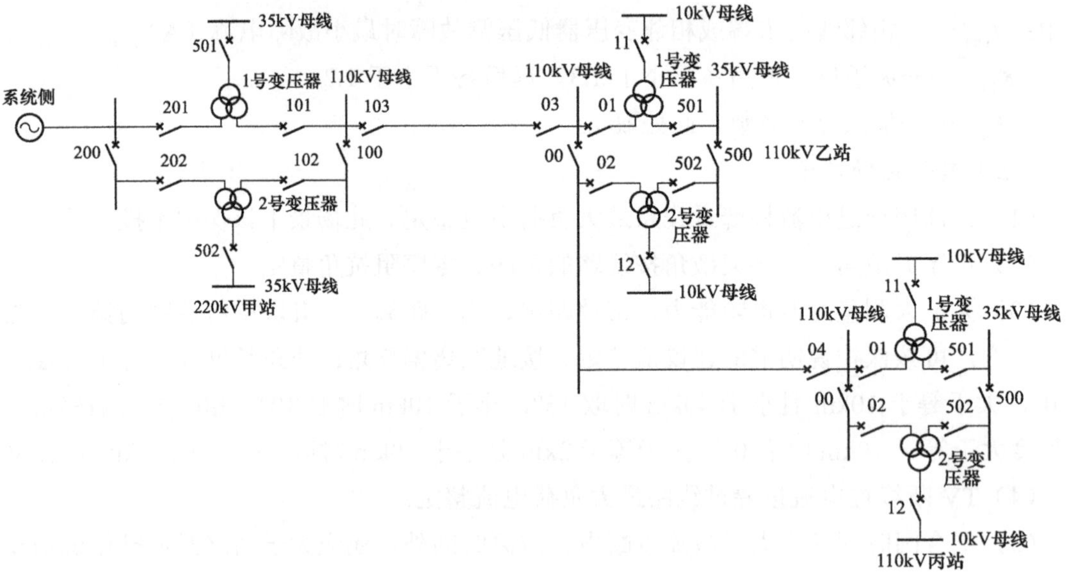

图 2-10　供电线路有相邻串供负荷线路示意图

一、适用的保护功能配置

对于供电线路有相邻串供负荷线路接线方式，变压器保护可采用差动保护和后备保护的常规配置；110kV 线路保护宜配置三段相间距离、三段接地距离、四段零序过电流保护；35kV 线路保护宜配置三段阶段式过电流保护。本线路与相邻串供负荷线路宜采用相同原理的保护。

二、负荷侧变压器保护

负荷侧变压器保护参照常规配置及计算方法（第一节“供电线路带单一负荷变电站”接线方式的整定计算第二条负荷变压器保护）。

三、线路保护

（一）方式限制

以下计算对电网方式的限制如下：

（1）线路保护不经振荡闭锁、方向闭锁；

（2）不考虑线路有互感的情况。

（二）启动元件

启动元件的定值应保证在本线路末端和保护动作区末端非对称故障时有足够的灵敏系数，并保证在本线路末端发生三相短路时能可靠启动，其灵敏系数具体取值如下：

（1）负序电流分量启动元件在本线路末端金属性两相短路故障时，灵敏系数大于 4。

（2）单独的零序或负序电流分量启动元件在本线路末端金属性单相和两相接地故障时，灵敏系数大于 4。

（3）负序电流分量启动元件在距离Ⅲ段动作区末端金属性两相短路故障时，灵敏系数大于 2。

（4）单独的零序或负序电流分量启动元件在距离Ⅲ段动作区末端金属性单相和两相接地故障时，灵敏系数大于2。

（5）相电流突变量启动元件在本线路末端各类金属性短路故障时，灵敏系数大于4；在距离Ⅲ段动作区末端各类金属性故障时，灵敏系数大于2。

（三）相间距离保护

（1）相间距离Ⅰ段，按可靠躲过本线路末端相间故障整定。计算如下：

$$Z_{DZI} \leqslant K_K Z_L \tag{2-278}$$

$$\angle\theta = \angle\theta_L \tag{2-279}$$

$$t_I = 0 \tag{2-280}$$

式中：Z_L ——线路正序阻抗（Ω）；

$\angle\theta_L$ ——被保护线路正序阻抗角；

K_K ——可靠系数，取0.8～0.85。

（2）相间距离Ⅱ段，按保本线路末端相间故障有不小于规定的灵敏系数整定，并与相邻线路相间距离Ⅰ段或Ⅱ段配合，此外还应可靠躲过变压器其他侧母线。躲其他侧母线整定困难时，可与变压器该侧限时速断保护配合。计算如下：

1）按本线故障有规定的灵敏系数整定：

$$Z_{DZII} \geqslant K_{LM} Z_L \tag{2-281}$$

式中：Z_L ——线路正序阻抗（Ω）；

K_{LM} ——灵敏系数。

2）按躲变压器其他侧母线整定（变压器中、低压侧并列运行）：

$$Z_{DZII} \leqslant K_K Z_L + K_{KT} K_Z Z'_T \tag{2-282}$$

$$\angle\theta = \angle\theta_L \tag{2-283}$$

$$t_{II} \geqslant \Delta t \tag{2-284}$$

式中：Z_L ——线路正序阻抗（Ω）；

K_K ——可靠系数，取0.8～0.85；

Z'_T ——终端变压器并联等值正序阻抗（Ω）；

K_{KT} ——躲变压器可靠系数，取不大于0.7；

K_Z ——助增系数，此处取1。

3）躲变压器并列运行整定困难时，按躲变压器分列运行其他侧母线整定，此时应限定变压器运行方式：

$$Z_{DZII} \leqslant K_K Z_L + K_{KT} K_Z Z_{Tmin} \tag{2-285}$$

$$\angle\theta = \angle\theta_L \tag{2-286}$$

$$t_{II} \geqslant \Delta t \tag{2-287}$$

式中：Z_L ——线路正序阻抗（Ω）；

K_K ——可靠系数，取0.8～0.85；

$Z_{\mathrm{T\,min}}$——终端变压器等值正序阻抗的最小值（Ω）；

K_{KT}——躲变压器可靠系数，取不大于 0.7；

K_{Z}——助增系数，此处取 1。

4）按与相邻线路距离保护 I 段配合整定：

$$Z_{\mathrm{DZII}} \leqslant K_{\mathrm{K}} Z_{\mathrm{L}} + K'_{\mathrm{K}} K_{\mathrm{Z}} Z'_{\mathrm{DZI}} \tag{2-288}$$

$$\angle\theta = \angle\theta_{\mathrm{L}} \tag{2-289}$$

$$t_{\mathrm{II}} \geqslant \Delta t \tag{2-290}$$

式中：Z_{L}——本线路正序阻抗（Ω）；

K_{K}——可靠系数，取 0.8～0.85；

Z'_{DZI}——相邻线路距离保护 I 段动作阻抗（Ω）；

K_{Z}——助增系数，此处取 1；

K'_{K}——可靠系数，取不大于 0.8。

5）与相邻线路距离保护 I 段配合困难时，与相邻线路距离保护 II 段配合整定：

$$Z_{\mathrm{DZII}} \leqslant K_{\mathrm{K}} Z_{\mathrm{L}} + K'_{\mathrm{K}} K_{\mathrm{Z}} Z'_{\mathrm{DZII}} \tag{2-291}$$

$$\angle\theta = \angle\theta_{\mathrm{L}} \tag{2-292}$$

$$t_{\mathrm{II}} \geqslant t'_{\mathrm{II}} + \Delta t \tag{2-293}$$

式中：Z_{L}——本线路正序阻抗（Ω）；

K_{K}——可靠系数，取 0.8～0.85；

Z'_{DZII}——相邻线路距离保护 II 段动作阻抗（Ω）；

K_{Z}——助增系数，此处取 1；

K'_{K}——可靠系数，取不大于 0.8；

t'_{II}——相邻线路距离 II 段动作时间（s）。

6）躲不开变压器其他侧母线，与变压器该侧限时速断保护配合整定：

$$Z_{\mathrm{DZII}} \leqslant K_{\mathrm{K}} \left(K_{\mathrm{Z}} \frac{E_{\phi\text{-}\phi\,\mathrm{min}}}{2I'_{\mathrm{DZ}}} - Z_{\mathrm{C}} \right) \tag{2-294}$$

$$t_{\mathrm{II}} \geqslant t'_{\mathrm{T}} + \Delta t \tag{2-295}$$

式中：$E_{\phi\text{-}\phi\,\mathrm{min}}$——距离保护安装处背侧最低等值相间电势（V）；

Z_{C}——背侧最小方式下等值阻抗（Ω）；

I'_{DZ}——相邻变压器该侧限时速断保护定值（A）；

K_{K}——可靠系数，取 0.8～0.85；

K_{Z}——助增系数，此处取 1；

t'_{T}——相邻变压器限时速断保护的动作时间（s）。

（3）相间距离III段，按可靠躲过本线路的事故过负荷最小阻抗整定，与相邻线路相间距离 II 段或III段配合，与相邻变压器过电流保护配合。考虑作为相邻变压器低压侧保护的远后备，宜校验对相邻变压器低压侧相间故障的灵敏度。计算如下：

1）按躲负荷阻抗（全阻抗启动元件）整定：

$$Z_{DZIII} \leqslant \frac{Z_{FH}}{K_K K_F K_{ZQD}} = \frac{(0.9 \sim 0.95)U_e}{\sqrt{3} K_K K_F K_{ZQD} I_{FH}} \tag{2-296}$$

式中：Z_{FH} ——最小负荷阻抗值（Ω）；

K_K ——可靠系数，取 1.2～1.25；

K_F ——返回系数，取 1.15～1.25；

K_{ZQD} ——负荷的自启动系数，取 1.5～2.5；

I_{FH} ——最大负荷电流（A）；

U_e ——额定运行相间电压（V）。

注：此处也可直接按整定规程公式 $Z_{DZIII} \leqslant K_K Z_{FH}$ 进行计算（$K_K \leqslant 0.7$）。

2）按与变压器过电流保护配合整定（新规程只要求动作时间的配合）：

$$Z_{DZIII} \leqslant K_K \left(K_Z \frac{E_{\phi-\phi\min}}{2I'_{DZ}} - Z_C \right) \tag{2-297}$$

$$t_{III} \geqslant t'_T + \Delta t \tag{2-298}$$

式中：$E_{\phi-\phi\min}$ ——距离保护安装处背侧最低等值相间电势（V）；

Z_C ——背侧等值阻抗（Ω）；

I'_{DZ} ——相邻变压器该侧复压过电流保护定值（A）；

K_K ——可靠系数，取 0.8～0.85；

K_Z ——助增系数，此处取 1；

t'_T ——相邻变压器过电流保护的动作时间（s）。

3）按与相邻线路距离保护Ⅱ段配合整定：

$$Z_{DZIII} \leqslant K_K Z_L + K'_K K_Z Z'_{DZII} \tag{2-299}$$

$$t_{III} \geqslant t'_{II} + \Delta t \tag{2-300}$$

式中：Z_L ——本线路正序阻抗（Ω）；

K_K ——可靠系数，取 0.8～0.85；

Z'_{DZII} ——相邻线路距离保护Ⅱ段动作阻抗（Ω）；

K_Z ——助增系数，此处取 1；

K'_K ——可靠系数，取不大于 0.8；

t'_{II} ——相邻线路距离Ⅱ段动作时间（s）。

4）按与相邻线路距离保护Ⅲ段配合整定：

$$Z_{DZIII} \leqslant K_K Z_L + K'_K K_Z Z'_{DZIII} \tag{2-301}$$

$$t_{III} \geqslant t'_{III} + \Delta t \tag{2-302}$$

式中：Z_L ——本线路正序阻抗（Ω）；

K_K ——可靠系数，取 0.8～0.85；

Z'_{DZIII} ——相邻线路距离保护Ⅲ段动作阻抗（Ω）；

K_Z ——助增系数，此处取 1；

K'_K ——可靠系数，取不大于 0.8；

t'_{III} ——相邻线路距离III段动作时间（s）。

5）对相邻变压器和相邻线路配合保护段末端灵敏度的校验：

$$K_{LM}=\frac{Z_{DZIII}}{Z_L+K_ZZ_{T\max}} \tag{2-303}$$

式中：Z_L ——线路正序阻抗（Ω）；

K_Z ——助增系数，此处取 1；

$Z_{T\max}$ ——终端变压器等值正序阻抗的最大值或相邻线路阻抗（Ω）；

K_{LM} ——灵敏系数，不小于 1.2。

（四）接地距离保护

（1）接地距离 I 段，按可靠躲过本线路末端接地故障整定。计算如下：

$$Z_{DZI}\leqslant K_KZ_L \tag{2-304}$$

$$t_I=0 \tag{2-305}$$

式中：Z_L ——线路正序阻抗（Ω）；

K_K ——可靠系数，取不大于 0.7。

（2）接地距离II段，按保本线路末端接地故障有不小于规定的灵敏系数整定，并与相邻线路接地距离 I 段或II段配合，此外还应可靠躲过变压器其他侧母线。躲其他侧母线整定困难时，动作时间与变压器该侧限时速断保护时间配合，阻抗定值按躲该侧母线三相短路整定。计算如下：

1）按本线故障有规定的灵敏系数整定：

$$Z_{DZII}\geqslant K_{LM}Z_L \tag{2-306}$$

式中：Z_L ——线路正序阻抗（Ω）；

K_{LM} ——灵敏系数。

2）按躲变压器其他侧母线整定（变压器中、低压侧并列运行）：

$$Z_{DZII}\leqslant K_KZ_L+K_KK_{Z1}Z'_T \tag{2-307}$$

$$t_{II}\geqslant \Delta t \tag{2-308}$$

式中：Z_L ——线路正序阻抗（Ω）；

K_K ——可靠系数，取 0.7～0.8；

Z'_T ——终端变压器并联等值正序阻抗（Ω）；

K_{Z1} ——正序助增系数，此处取 K_{Z1}=1。

3）躲变压器并列运行整定困难时，按躲变压器分列运行其他侧母线整定，此时应限定变压器运行方式：

$$Z_{DZII}\leqslant K_KZ_L+K_KK_{Z1}Z_{T\min} \tag{2-309}$$

$$t_{II}\geqslant \Delta t \tag{2-310}$$

式中：Z_L——线路正序阻抗（Ω）；

K_K——可靠系数，取 0.7～0.8；

Z_{Tmin}——终端变压器等值正序阻抗的最小值（Ω）；

K_{Z1}——正序助增系数，此处取 $K_{Z1}=1$。

4）按与相邻线路接地距离Ⅰ段配合整定：

$$Z_{DZII} \leqslant K_K Z_L + K'_K K_Z Z'_{DZI} \tag{2-311}$$

$$t_{II} \geqslant \Delta t \tag{2-312}$$

式中：Z_L——本线路正序阻抗（Ω）；

K_K——可靠系数，取 0.7～0.8；

Z'_{DZI}——相邻线路接地距离Ⅰ段动作阻抗（Ω）；

K_Z——助增系数，选用正序助增系数与零序助增系数两者中的较小值，此处取 1。

5）与相邻线路接地距离Ⅰ段配合困难时，与相邻线路接地距离Ⅱ段配合整定：

$$Z_{DZII} \leqslant K_K Z_L + K_K K_Z Z'_{DZII} \tag{2-313}$$

$$t_{II} \geqslant t'_{II} + \Delta t \tag{2-314}$$

式中：Z_L——本线路正序阻抗（Ω）；

K_K——可靠系数，取 0.7～0.8；

Z'_{DZII}——相邻线路距离保护Ⅱ段动作阻抗（Ω）；

K_Z——助增系数，选用正序助增系数与零序助增系数两者中的较小值，此处取 1；

t'_{II}——相邻线路距离Ⅱ段动作时间（s）。

6）相邻线路无接地保护时，与相邻线路零序Ⅱ段配合整定：

$$Z_{DZII} \leqslant K_K Z_L + K_K K_{LM} Z'_L \tag{2-315}$$

$$t_{II} \geqslant t'_{II} + \Delta t \tag{2-316}$$

式中：Z_L——本线路正序阻抗（Ω）；

Z'_L——相邻线路正序阻抗（Ω）；

K_K——可靠系数，取 0.7～0.8；

K_{LM}——零序电流Ⅱ段在不利运行方式的灵敏系数；

t'_{II}——相邻线路零序电流Ⅱ段动作时间（s）。

7）躲不开变压器其他侧母线，动作时间与变压器该侧限时速断保护时间配合，阻抗定值按躲该侧母线三相短路整定：

$$Z_{DZII} \leqslant K_K Z_L + K_K K_{Z1} Z'_T \tag{2-317}$$

$$t_{II} \geqslant t'_T + \Delta t \tag{2-318}$$

式中：Z_L——线路正序阻抗（Ω）；

K_K——可靠系数，取 0.7～0.8；

Z'_T——终端变压器等值正序阻抗（Ω）；

K_{Z1}——正序助增系数，此处取 $K_{Z1}=1$；

t'_T ——相邻变压器限时速断保护的动作时间（s）。

（3）接地距离Ⅲ段，按可靠躲过本线路的事故过负荷最小阻抗整定，并与相邻线路相间距离Ⅱ段或Ⅲ段配合。计算如下：

1）按躲负荷阻抗整定：

$$Z_{DZIII} \leqslant \frac{Z_{FH}}{K_K K_F K_{ZQD}} = \frac{(0.9\sim0.95)U_e}{\sqrt{3}K_K K_F K_{ZQD} I_{FH}} \tag{2-319}$$

式中：Z_{FH} ——最小负荷阻抗值（Ω）；

K_K ——可靠系数，取 1.2～1.25；

K_F ——返回系数，取 1.15～1.25；

K_{ZQD} ——负荷的自启动系数，取 1.5～2.5；

I_{FH} ——最大负荷电流（A）；

U_e ——额定运行相间电压（V）。

注：此处也可直接按整定规程公式 $Z_{DZIII} \leqslant K_K Z_{FH}$ 进行计算（$K_K \leqslant 0.7$）。

2）按与相邻线路接地距离Ⅱ段配合整定：

$$Z_{DZIII} \leqslant K_K Z_L + K_K K_Z Z'_{DZII} \tag{2-320}$$

$$t_{III} \geqslant t'_{II} + \Delta t \tag{2-321}$$

式中：Z_L ——本线路正序阻抗（Ω）；

K_K ——可靠系数，取 0.7～0.8；

Z'_{DZII} ——相邻线路距离保护Ⅱ段动作阻抗（Ω）；

K_Z ——助增系数，选用正序助增系数与零序助增系数两者中的较小值；

t'_{II} ——相邻线路距离Ⅱ段动作时间（s）。

3）按与相邻线路接地距离Ⅲ段配合整定：

$$Z_{DZIII} \leqslant K_K Z_L + K_K K_Z Z'_{DZIII} \tag{2-322}$$

$$t_{III} \geqslant t'_{III} + \Delta t \tag{2-323}$$

式中：Z_L ——本线路正序阻抗（Ω）；

K_K ——可靠系数，取 0.7～0.8；

Z'_{DZIII} ——相邻线路距离保护Ⅲ段动作阻抗（Ω）；

K_Z ——助增系数，选用正序助增系数与零序助增系数两者中的较小值；

t'_{III} ——相邻线路距离Ⅲ段动作时间（s）。

（五）零序电流保护

（1）此场景中零序电流一般为四段式，最后一段一般不大于 300A（一次值）。

（2）零序电流Ⅰ段（不带方向），按躲线末故障最大三倍零序电流整定。优先选取与距离保护相同的原则。动作值躲不过断路器合闸三相不同步最大零序电流（$3I_{0btmax}$）时，重合闸过程中带 0.1s 延时或退出运行。计算如下：

1）按躲线路末端接地故障最大零序电流（$3I_0$）整定：

$$I_{DZI} \geqslant K_K 3I_{0\max} \tag{2-324}$$

$$t_I = 0 \tag{2-325}$$

式中：$I_{0\max}$ ——区外故障最大零序电流（A）；

K_K ——可靠系数，取不小于 1.3。

2）按躲线路断路器三相不同时合闸的最大零序电流整定：

$$I_{DZI} \geqslant K_K 3I_{0bt\max} \tag{2-326}$$

$$t_I = 0 \tag{2-327}$$

式中：K_K ——可靠系数，取 1.1～1.2；

$I_{0bt\max}$ ——断路器三相不同时合闸所产生的零序电流最大值（A）。计算如下：

两相先接通时：

$$I_{0bt\max} = \frac{-2I_j}{Z_{1\Sigma} + 2Z_{0\Sigma}} \tag{2-328}$$

一相先接通时：

$$I_{0bt\max} = \frac{2I_j}{2Z_{1\Sigma} + Z_{0\Sigma}} \tag{2-329}$$

式中：I_j ——该电压等级下的基准电流（A）；

$Z_{1\Sigma}$ ——综合正序阻抗标幺值；

$Z_{0\Sigma}$ ——综合零序阻抗标幺值。

3）当线路太短导致零序 I 段保护范围很小，甚至无保护范围时，则零序 I 段应停用。

（3）零序电流 II 段（不带方向），应按保本线路末端故障时有规定的灵敏度整定，与相邻线路零序 I 段或 II 段配合，并可靠躲开变压器中、低压侧母线相间短路的最大不平衡电流。计算如下：

1）按线末接地故障有规定的灵敏度整定：

$$I_{DZII} \leqslant \frac{K_{FZ} 3I_{0.\min}}{K_{LM}} \tag{2-330}$$

式中：$I_{0.\min}$ ——本线路末端故障时最小零序电流（A）；

K_{LM} ——灵敏系数；

K_{FZ} ——最大分支系数，此处取 1。

2）按与相邻线路零序 I 段配合整定：

$$I_{DZII} \geqslant K_K K_{FZ} I'_{DZI} \tag{2-331}$$

$$t_{II} \geqslant \Delta t \tag{2-332}$$

式中：I'_{DZI} ——相邻线路零序 I 段动作值（A）；

K_K ——可靠系数，取不小于 1.1；

K_{FZ} ——最大分支系数，变压器不接地时，此处为 1。

3）按与相邻线路零序 II 段配合整定：

$$I_{DZII} \geqslant K_K K_{FZ} I'_{DZII} \tag{2-333}$$

$$t_{II} \geqslant t'_{II} + \Delta t \tag{2-334}$$

式中：I'_{DZII} ——相邻线路零序Ⅱ段动作值（A）；

K_K ——可靠系数，取不小于 1.1；

K_{FZ} ——最大分支系数，变压器不接地时，此处为 1；

t'_{II} ——相邻线路零序Ⅱ段动作时间（s）。

4）按躲变压器中、低压侧母线相间短路的最大不平衡电流整定：

$$I_{DZII} \geqslant K_K K_{BP} K_{FZQ} I^{(3)}_{dmax} \tag{2-335}$$

式中：K_K ——可靠系数，取不小于 1.3；

K_{BP} ——不平衡系数，取 0.15；

K_{FZQ} ——非周期分量，取 2；

$I^{(3)}_{dmax}$ ——变压器中、低压侧三相短路最大短路电流。

（4）零序电流Ⅲ段（不带方向），应按与相邻线路零序Ⅱ段或Ⅲ段配合整定。计算如下：

1）按与相邻线路零序Ⅱ段配合整定：

$$I_{DZIII} \geqslant K_K K_{FZ} I'_{DZII} \tag{2-336}$$

$$t_{III} \geqslant t'_{II} + \Delta t \tag{2-337}$$

式中：I'_{DZII} ——相邻线路零序Ⅱ段动作值（A）；

K_K ——可靠系数，取不小于 1.1；

K_{FZ} ——最大分支系数，变压器不接地时，此处为 1；

t'_{II} ——相邻线路零序Ⅱ段动作时间（s）。

2）按与相邻线路零序Ⅲ段配合整定：

$$I_{DZIII} \geqslant K_K K_{FZ} I'_{DZIII} \tag{2-338}$$

$$t_{III} \geqslant t'_{III} + \Delta t \tag{2-339}$$

式中：I'_{DZIII} ——相邻线路零序Ⅲ段动作值（A）；

K_K ——可靠系数，取不小于 1.1；

K_{FZ} ——最大分支系数，变压器不接地时，此处为 1；

t'_{III} ——相邻线路零序Ⅲ段动作时间（s）。

（5）零序电流Ⅳ段（不带方向），应按与相邻线路零序Ⅲ段或Ⅳ段配合整定，一次值不大于 300A。计算如下：

1）按与相邻线路零序Ⅲ段配合整定：

$$I_{DZIV} \geqslant K_K K_{FZ} I'_{DZIII} \tag{2-340}$$

$$t_{IV} \geqslant t'_{III} + \Delta t \tag{2-341}$$

式中：I'_{DZIII} ——相邻线路零序Ⅲ段动作值（A）；

K_K ——可靠系数，取不小于 1.1；

K_{FZ} ——最大分支系数，变压器不接地时，此处为 1；

t'_{III} ——相邻线路零序Ⅲ段动作时间（s）。

2）按与相邻线路零序Ⅳ段配合整定：

$$I_{\mathrm{DZIV}} \geqslant K_{\mathrm{K}} K_{\mathrm{FZ}} I'_{\mathrm{DZIV}} \tag{2-342}$$

$$t_{\mathrm{IV}} \geqslant t'_{\mathrm{IV}} + \Delta t \tag{2-343}$$

式中：I'_{DZIV} ——相邻线路零序Ⅳ段动作值（A）；

K_{K} ——可靠系数，取不小于 1.1；

K_{FZ} ——最大分支系数，变压器不接地时，此处为 1；

t'_{IV} ——相邻线路零序Ⅳ段动作时间（s）。

【例 2.6】 如图 2-11 所示系统中，所标参数均是一次有名值，请计算图中 110kV 线路 1（103 开关）的相间距离Ⅰ、Ⅱ、Ⅲ段整定值，并校核其是否可以作为远后备使用。

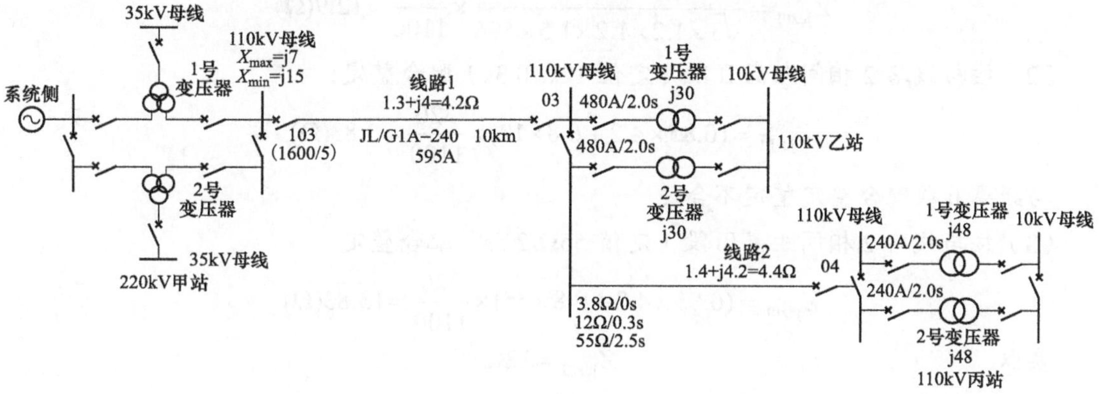

图 2-11 110kV 串供线路设备参数图示

【答案】

（一）相间距离Ⅰ段

按躲本线末端故障整定：

$$Z_{\mathrm{jdzI}} = 0.85 \times 4.2 \times \frac{320}{1100} = 1.04(\Omega)$$

实取：

$$Z_{\mathrm{jdzI}} = 1\Omega$$

$$Z_{\mathrm{dzI}} = 1 \times \frac{1100}{320} = 3.4(\Omega)$$

$$T_{\mathrm{dz}} = 0\mathrm{s}$$

（二）相间距离Ⅱ段

（1）按线末故障有足够的灵敏系数整定：

$$Z_{\mathrm{jdzII}} = 1.5 \times 4.2 \times \frac{320}{1100} = 1.83(\Omega)$$

（2）按躲 110kV 乙站低压侧母线整定：

$$Z_{\text{jdzII}}=(0.85\times 4.2+0.7\times 30)\times\frac{320}{1100}=7.15(\Omega)$$

（3）按与线路 2 相间距离 I 段（定值：3.8Ω/0s）配合整定：

$$Z_{\text{jdzII}}=(0.85\times 4.2+0.8\times 3.8)\times\frac{320}{1100}=1.92(\Omega)$$

实取

$$Z_{\text{jdzII}}=1.9(\Omega)$$

$$Z_{\text{dzII}}=1.9\times\frac{1100}{320}=6.5(\Omega)$$

$$T_{\text{dz}}=0.3\text{s}$$

（三）相间距离Ⅲ段

（1）按躲负荷阻抗整定：

$$Z_{\text{jdzIII}}=\frac{0.9\times 110000}{\sqrt{3}\times 1.2\times 1.2\times 1.5\times 596}\times\frac{320}{1100}=12.9(\Omega)$$

（2）按与线路 2 相间距离Ⅱ段（定值 12Ω/0.3s）配合整定：

$$Z_{\text{jdzIII}}=(0.85\times 4.2+0.8\times 12)\times\frac{320}{1100}=3.83(\Omega)$$

与距离Ⅱ段配合整定整定不合适

（3）按与线路 2 相间距离Ⅲ段（定值 55Ω/2.5s）配合整定：

$$Z_{\text{jdzIII}}=(0.85\times 4.2+0.8\times 55)\times\frac{320}{1100}=13.83(\Omega)$$

实取：

$$Z_{\text{jdzIII}}=12\Omega$$

$$Z_{\text{dzIII}}=12\times\frac{1100}{320}=41.25(\Omega)$$

时间与 110kV 乙站高后备复压过电流时间配合，与线路 2 相间距离Ⅲ段时间配合，取 $T_{\text{dz}}=3.0\text{s}$。

（4）灵敏度校验：

$$K_{\text{LM}}=\frac{41.25}{1.3+\text{j}4+\text{j}30}=1.2$$ 可作为 110kV 乙站主变压器保护远后备

$$K_{\text{LM}}=\frac{41.25}{1.2+\text{j}3.6+1.4+\text{j}1.2}=7.6$$ 可作为线路 2 保护远后备

【例 2.7】 请计算图 2-12 中，220kV 甲站 110kV 线路（103 开关）阻抗、零序保护定值。

【答案】

（一）相关元件参数计算

（1）基准容量 S_{B}=100MVA，基准电压 U_{B}=115kV，37kV。

110kV 甲乙线路：JL/GIA-150/14.26km，水平排列，相间距离 3.5m，经计算，线路阻抗标幺值为 0.0453pu。

110kV 乙丙线路：JL/GIA -150/7.4km，水平排列，相间距离 3.5m，经计算，线路阻抗标幺值为 0.0235pu。

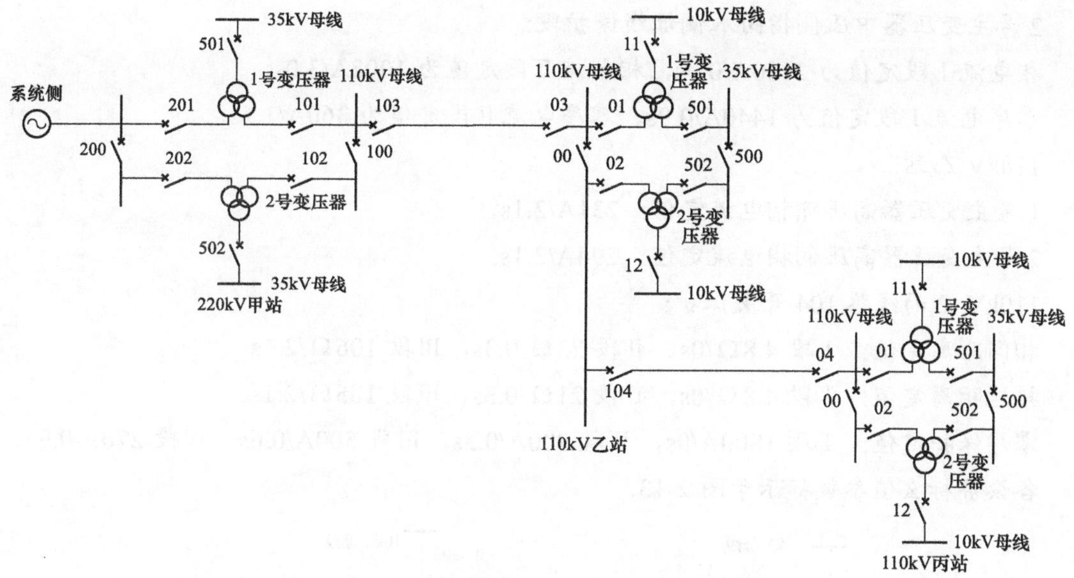

图 2-12 110kV 串供线路定值整定示意图（标幺值）

（2）110kV 乙站两台主变压器：

1号主变压器：额定容量31.5/31.5/31.5MVA，额定电压110±8×1.25%/38.5±2×2.5%/10.5kV，短路阻抗 $U_{K12}\%=9.8$，$U_{K13}\%=16.7$，$U_{K23}\%=6.2$。

经计算，变压器三侧阻抗标幺值：

高压侧 $X_{H乙1}=0.2948$pu，中压侧 $X_{M乙1}=-0.01$pu，低压侧 $X_{L乙1}=0.1902$pu

2号主变压器：$S_N=40$MVA，$U_N=110$kV，$U_{K12}\%=10.46$，$U_{K13}\%=18.22$，$U_{K23}\%=6.25$。

经计算，变压器三侧阻抗标幺值：

高压侧 $X_{H乙2}=0.2565$pu，中压侧 $X_{M乙2}=-0.0173$pu，低压侧 $X_{L乙2}=0.1602$pu

（3）已知计算参数：

220kV 甲站 110kV 母线等值母线阻抗：

正序最大阻抗 $X_{S1max}=0.05241$pu，正序最小阻抗 $X_{S1min}=0.18548$pu；

零序最大阻抗 $X_{S0max}=0.01909$ pu，零序最小阻抗 $X_{S0min}=0.05717$pu。

220kV 甲站系统供电 220kV 母线等值阻抗最大正序阻抗 $X_{S'1max}=0.01048$pu。

220kV 甲站两台主变压器各侧阻抗标幺值：

1号主变压器高压侧 $X_{H甲1}=0.124$pu，中压侧 $X_{M甲1}=-0.006$pu，低压侧 $X_{L甲1}=0.06517$pu；

2号主变压器高压侧 $X_{H甲2}=0.0959$pu，中压侧 $X_{M甲2}=-0.00583$pu，低压侧 $X_{L甲2}=0.0549$pu。

（4）配合定值：

220kV 甲站：

1号主变压器中压侧指向本侧母线保护段：

相电流Ⅰ段定值为2280A/0.9s，相电流Ⅱ段定值为816A/3.0s；

零序电流Ⅰ段定值为1200A/0.9s，零序电流Ⅱ段定值为360A/1.5s。

2 号主变压器中压侧指向本侧母线保护段：

相电流Ⅰ段定值为 2880A/0.9s，相电流Ⅱ段定值为 1008A/3.0s；

零序电流Ⅰ段定值为 1440A/0.9s，零序电流Ⅱ段定值为 360A/1.5s。

110kV 乙站：

1 号主变压器高压侧相电流定值：231A/2.1s。

2 号主变压器高压侧相电流定值：294A/2.1s。

110kV 乙丙线路 104 开关保护：

相间距离定值：Ⅰ段 4.8Ω/0s，Ⅱ段 23Ω/0.3s，Ⅲ段 106Ω/2.1s。

接地距离定值：Ⅰ段 4.8Ω/0s，Ⅱ段 21Ω/0.3s，Ⅲ段 105Ω/2.1s。

零序保护定值：Ⅰ段 1800A/0s，Ⅱ段 900A/0.3s，Ⅲ段 500A/0.6s，Ⅳ段 270A/0.9s。

各设备标幺值参数标示于图 2-13。

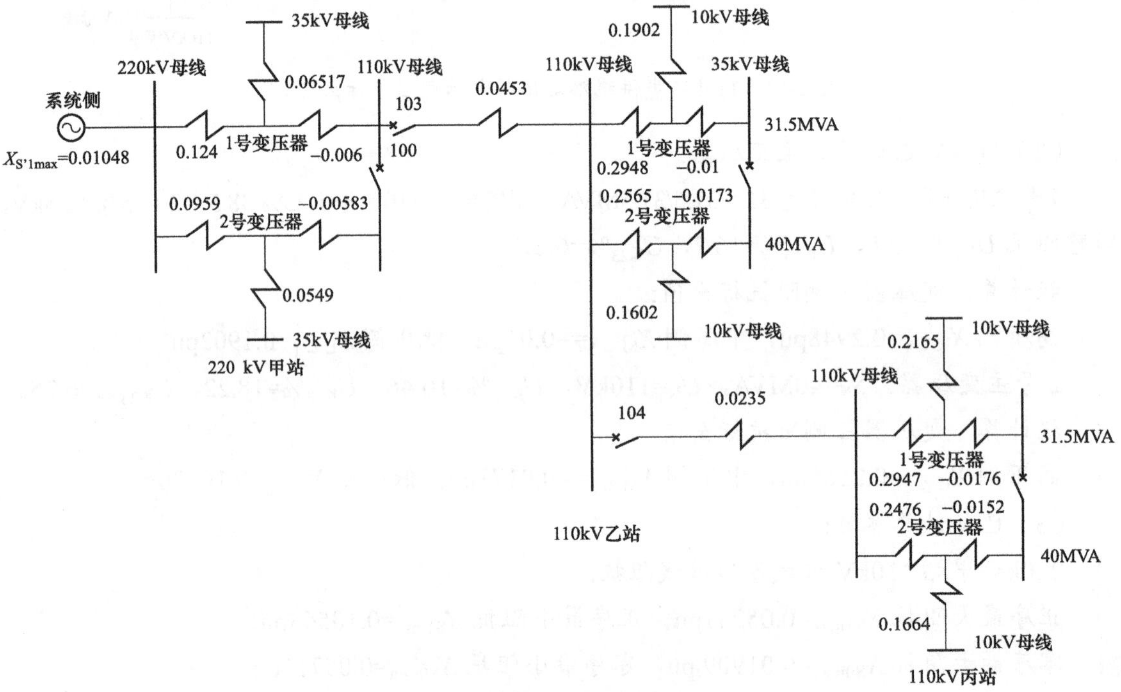

图 2-13　各设备标幺阻抗值图示

简化等值计算图如图 2-14 所示。

（二）保护定值计算

（1）相间距离：

1）Ⅰ段：本场景为有相邻串供负荷线路接线方式，Ⅰ段按可靠躲过线末或串供母线故障整定。

躲过线末或串供母线故障：

$$Z_{DZ} \leqslant K_{LM} Z_L = 0.85 \times 0.0453 = 0.0385(\text{pu})$$

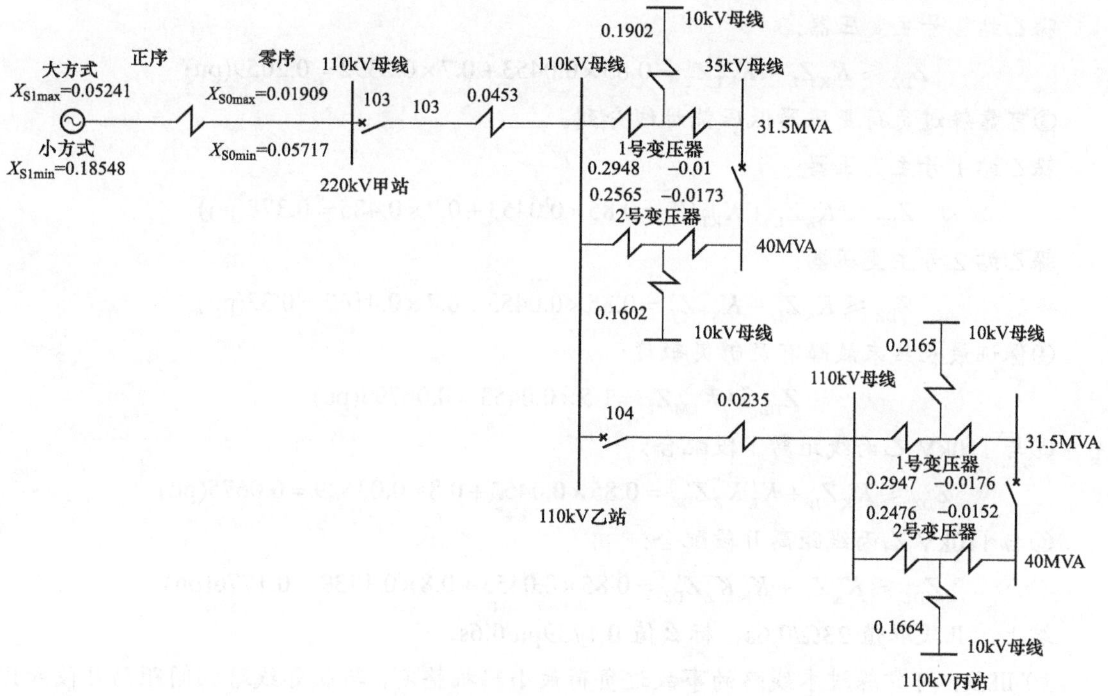

图 2-14 简化等值计算图示

综上，Ⅰ段取值 4Ω/0s，标幺值 0.0302pu/0s。

2）Ⅱ段：按保本线路末端相间故障有不小于规定的灵敏系数整定，并与相邻线路相间距离Ⅰ段或Ⅱ段配合，并校验可靠躲过负荷变压器中、低压侧母线故障。躲负荷变压器中、低压侧并列运行母线故障困难时，按躲负荷变压器中、低压侧分列运行母线故障整定，此时限定变压器运行方式；躲负荷变压器中、低压侧分列运行母线故障困难时，与负荷变压器对应侧限时速断保护配合。

①与 220kV 甲站两台主变压器中压侧相电流Ⅰ段配合：

$$\frac{I_{\mathrm{Tdz}}}{K_{\mathrm{K}}I_{\mathrm{B}}} \geqslant \frac{1}{X_{\mathrm{S1max}}+X_{\mathrm{Tmax}}+Z_{\mathrm{2dz}}} \Rightarrow Z_{\mathrm{2dz}}$$

与 220kV 甲站 1 号主变压器中压侧相电流Ⅰ段配合：

$$\frac{2280}{1.3\times 502} \geqslant \frac{1}{0.01048+0.118+Z_{\mathrm{2dz}}} \Rightarrow Z_{\mathrm{2dz}} \geqslant 0.1577\mathrm{pu}$$

与 220kV 甲站 2 号主变压器中压侧相电流Ⅰ段配合：

$$\frac{2280}{1.3\times 502} \geqslant \frac{1}{0.01048+0.09007+Z_{\mathrm{2dz}}} \Rightarrow Z_{\mathrm{2dz}} \geqslant 0.12605\mathrm{pu}$$

②可靠躲过负荷变压器中压侧母线分列。

躲乙站 1 号主变压器：

$$Z_{\mathrm{DZ}} \leqslant K_{\mathrm{K}}Z_{\mathrm{L}}+K_{\mathrm{KT}}Z_{\mathrm{T}}' = 0.85\times 0.0453+0.7\times 0.2848 = 0.2378(\mathrm{pu})$$

躲乙站 2 号主变压器：

$$Z_{DZ} \leqslant K_K Z_L + K_{KT} Z'_T = 0.85 \times 0.0453 + 0.7 \times 0.2392 = 0.2059(\text{pu})$$

③可靠躲过负荷变压器低压侧母线分列。

躲乙站 1 号主变压器：

$$Z_{DZ} \leqslant K_K Z_L + K_{KT} Z'_T = 0.85 \times 0.0453 + 0.7 \times 0.485 = 0.378(\text{pu})$$

躲乙站 2 号主变压器：

$$Z_{DZ} \leqslant K_K Z_L + K_{KT} Z'_T = 0.85 \times 0.0453 + 0.7 \times 0.4167 = 0.33(\text{pu})$$

④保证最长线末故障有足够灵敏度：

$$Z_{DZ} \geqslant K_{LM} Z_L = 1.5 \times 0.0453 = 0.06795(\text{pu})$$

⑤与 110kV 乙丙线距离 I 段配合：

$$Z_{DZ} \leqslant K_K Z_L + K'_K K_Z Z'_{DZ} = 0.85 \times 0.0453 + 0.8 \times 0.03629 = 0.0675(\text{pu})$$

⑥与 110kV 乙丙线距离 II 段配合：

$$Z_{DZ} \leqslant K_K Z_L + K'_K K_Z Z'_{DZ} = 0.85 \times 0.0453 + 0.8 \times 0.1739 = 0.1776(\text{pu})$$

综上，II 段取值 23Ω/0.6s，标幺值 0.1739pu/0.6s。

3）III 段：可靠躲过本线路的事故过负荷最小阻抗整定，与相邻线路相间距离 II 段或 III 段配合，并与负荷变压器过电流保护配合。考虑作为相邻变压器中低压侧保护的远后备，应校验对相邻线路及相邻变压器中、低压侧相间故障的灵敏度。

①躲最大负荷。

比较保护 TA、测量 TA、线路载流量、定值配合等允许值，兼顾实际可能最大负荷并留有一定裕度，取其中最小值 445A 为最大负荷。

$$Z_{DZ} \leqslant 0.7 \times \frac{U_{\Phi\Phi\min}}{1.732 I_{\max}} = 0.7 \times \frac{0.9 \times 110 \times 1000}{1.732 \times 445} = 89.9\Omega$$

为便于比较，89.9Ω 换算为标幺值为 0.6799pu。

②与负荷变压器高压侧过电流定值配合：

负荷变压器高压侧过电流保护最小保护范围 Z_{bh}：

$$Z_{bh} = \frac{\sqrt{3} U_\Phi}{2I} / Z_B - X_{s\min} = \frac{110 \times 1000}{2I} / 132.25 - (0.18548 + 0.01997) = 0.9277(\text{pu})$$

$$Z_{DZ} \leqslant K_K Z_L + K'_K Z_{bh} = 0.85 \times 0.0453 + 0.8 \times 1.1837 = 0.9854(\text{pu})$$

③与 220kV 甲站主变压器中压侧相电流 II 段配合：

$$\frac{I_{Tdz}}{K_K I_B} \geqslant \frac{1}{X_{S1\max} + X_{T\max} + Z_{3dz}} \Rightarrow Z_{3dz}$$

与 220kV 甲站 1 号主变压器中压侧相电流 II 段配合：

$$\frac{816}{1.3 \times 502} \geqslant \frac{1}{0.01048 + 0.118 + Z_{3dz}} \Rightarrow Z_{3dz} \geqslant 0.6713(\text{pu})$$

与 220kV 甲站 2 号主变压器中压侧相电流 II 段配合：

$$\frac{1008}{1.3\times502}\geqslant\frac{1}{0.01048+0.09007+Z_{3dz}}\Rightarrow Z_{3dz}\geqslant0.5469(pu)$$

④与 110kV 乙丙线距离Ⅱ段配合，同距离Ⅱ段计算结果相同，$Z_{DZ}\leqslant0.1776$pu。

⑤与 110kV 乙丙线距离Ⅲ段配合：

$$Z_{DZ}\leqslant K_K Z_L+K_K' K_Z Z_{DZ}'=0.85\times0.0453+0.8\times0.8015=0.6797(pu)$$

⑥保相邻 110kV 乙丙线线末故障灵敏度：

$$Z_{DZ}\geqslant K_{LM}(Z_L+Z_L')=1.2\times(0.0453+0.0235)=0.08256(pu)$$

⑦保负荷变压器中压侧母线灵敏度：

保乙站 1 号主变压器：

$$Z_{DZ}\geqslant K_{LM}(Z_L+Z_T)=1.2\times(0.0453+0.2848)=0.39612(pu)$$

保乙站 2 号主变压器：

$$Z_{DZ}\geqslant K_{LM}(Z_L+Z_T)=1.2\times(0.0453+0.2392)=0.3414(pu)$$

⑧保负荷变压器低压侧母线灵敏度：

保乙站 1 号主变压器：

$$Z_{DZ}\geqslant K_{LM}(Z_L+Z_T)=1.2\times(0.0453+0.485)=0.63636(pu)$$

保乙站 2 号主变压器：

$$Z_{DZ}\geqslant K_{LM}(Z_L+Z_T)=1.2\times(0.0453+0.4167)=0.5544(pu)$$

综上，Ⅲ段取值 89.5Ω/2.4s，标么值 0.6767pu/2.4s。

（2）接地距离：

1）Ⅰ段：本场景为有相邻串供负荷线路接线方式，Ⅰ段按可靠躲过线末或串供母线故障整定。

①躲过线末或串供母线故障：

$$Z_{DZ}\leqslant K_{LM}Z_L=0.7\times0.0453=0.03171(pu)$$

综上，Ⅰ段取值为 4Ω/0s，标幺值为 0.0302pu/0s。

2）Ⅱ段：按保本线路末端相间故障有不小于规定的灵敏系数整定，并与相邻线路接地距离Ⅰ段或Ⅱ段配合，并校验可靠躲过负荷变压器中、低压侧母线故障。躲负荷变压器中、低压侧并列运行母线故障困难时，按躲负荷变压器中、低压侧分列运行母线故障整定，此时限定变压器运行方式；躲负荷变压器中、低压侧分列运行母线故障困难时，与负荷变压器对应侧限时速断保护配合。

①与 220kV 甲站两台主变压器中压侧相电流Ⅰ段配合：

计算同相间距离，$Z_{0DZ}\geqslant0.1577$pu。

②可靠躲过负荷变压器中压侧母线分列：

躲乙站 1 号主变压器：

$$Z_{DZ}\leqslant K_K Z_L+K_{KT}Z_T'=0.8\times0.0453+0.8\times0.2848=0.264(pu)$$

躲乙站 2 号主变压器：

$$Z_{DZ} \leqslant K_K Z_L + K_{KT} Z'_T = 0.8 \times 0.0453 + 0.8 \times 0.2392 = 0.2276(\text{pu})$$

③可靠躲过负荷变压器低压侧母线分列：

躲乙站 1 号主变压器：

$$Z_{DZ} \leqslant K_K Z_L + K_{KT} Z'_T = 0.8 \times 0.0453 + 0.8 \times 0.485 = 0.4242(\text{pu})$$

躲乙站 2 号主变压器：

$$Z_{DZ} \leqslant K_K Z_L + K_{KT} Z'_T = 0.8 \times 0.0453 + 0.8 \times 0.4167 = 0.3696(\text{pu})$$

④保证最长线末故障有足够灵敏度：

计算同相间距离，$Z_{DZ} \geqslant 0.06795$pu。

⑤与 110kV 乙丙线距离Ⅰ段配合：

$$Z_{DZ} \leqslant K_K Z_L + K'_K K_Z Z'_{DZ} = 0.85 \times 0.0453 + 0.8 \times 0.03629 = 0.06527(\text{pu})$$

⑥与 110kV 乙丙线距离Ⅱ段配合：

$$Z_{DZ} \leqslant K_K Z_L + K'_K K_Z Z'_{DZ} = 0.85 \times 0.0453 + 0.8 \times 0.1588 = 0.16328(\text{pu})$$

综上，Ⅱ段取值 21Ω/0.6s，标幺值 0.1588pu/0.6s。

3）Ⅲ段：可靠躲过本线路的事故过负荷最小阻抗整定，与相邻线路接地距离Ⅰ段或Ⅱ段配合，并与负荷变压器过电流保护配合。考虑作为相邻变压器中、低压侧保护的远后备，应校验对相邻线路及相邻变压器中、低压侧相间故障的灵敏度。

①躲最大负荷：

计算同相间距离，$Z_{DZ} \leqslant 0.6799$pu。

②与负荷变压器高压侧过电流定值配合：

负荷变压器高压侧过电流保护最小保护范围 Z_{bh} 计算同相间距离，Z_{bh}=1.1837pu。

$$Z_{DZ} \leqslant K_K Z_L + K'_K Z_{bh} = 0.8 \times 0.0453 + 0.8 \times 1.1837 = 0.9832(\text{pu})$$

③与 220kV 甲站主变压器中压侧相电流Ⅱ段配合：

计算同相间距离，$Z_{DZ} \geqslant 0.6713$pu。

④与 110kV 乙丙线距离Ⅱ段配合：

同距离Ⅱ段计算结果相同，$Z_{DZ} \leqslant 0.16328$pu。

⑤与 110kV 乙丙线距离Ⅲ段配合：

$$Z_{DZ} \leqslant K_K Z_L + K'_K K_Z Z'_{DZ} = 0.8 \times 0.0453 + 0.8 \times 0.79395 = 0.6714(\text{pu})$$

⑥保相邻 110kV 乙丙线线末故障灵敏度：

计算同相间距离，$Z_{DZ} \geqslant 0.08256$pu。

⑦保负荷变压器中压侧母线灵敏度：

计算同相间距离，$Z_{DZ} \geqslant 0.39612$pu。

⑧保负荷变压器低压侧母线灵敏度：

计算同相间距离，$Z_{DZ} \geqslant 0.63636$pu。

综上，Ⅲ段取值 88.78Ω/2.4s，标幺值 0.6713pu/2.4s。

（3）零序电流保护：

1）躲过线末或串供母线故障：

$$X_{0\Sigma}=X_{\mathrm{S0min}}+3X_{\mathrm{L}}=0.01909+3\times0.0453=0.15499(\mathrm{pu})$$

$$X_{1\Sigma}=X_{\mathrm{S1min}}+X_{\mathrm{L}}=0.05241+0.0453=0.09771(\mathrm{pu})$$

$$\beta=\frac{X_{0\Sigma}}{X_{1\Sigma}}=\frac{0.15499}{0.0977}=1.586$$

因（$2\beta+1=4.172$）>（$2+\beta=3.586$），线末故障最大零序电流为单相接地短路方式。

$$3I_{0\max}=\frac{3}{\beta+2}\times\frac{1}{X_{1\Sigma}}\times I_B=\frac{3\times502}{3.586\times0.09771}=4298(\mathrm{A})$$

$$I_{0\mathrm{DZ}}\geqslant K_{\mathrm{K}}3I_{0\max}=1.3\times4298=5587.4(\mathrm{A})$$

2）保最长线末足够灵敏度：

$$X_{0\Sigma}=X_{\mathrm{S0min}}+3X_{\mathrm{L}}=0.05717+3\times0.0453=0.19307(\mathrm{pu})$$

$$X_{1\Sigma}=X_{\mathrm{S1min}}+X_{\mathrm{L}}=0.18548+0.0453=0.23078(\mathrm{pu})$$

$$\beta=\frac{X_{0\Sigma}}{X_{1\Sigma}}=\frac{0.19307}{0.23078}=0.8366$$

（$2\beta+1=2.673$）<（$2+\beta=2.8366$），取单相接地短路。

$$3I_{0\min}=\frac{3}{\beta+2}\times\frac{1}{X_{1\Sigma}}\times I_B=\frac{3\times502}{2.8366\times0.23078}=2300.5(\mathrm{A})$$

$$I_{0DZ}\leqslant\frac{3I_{0\min}}{K_{LM}}=\frac{2300.5}{1.5}=1533.6(\mathrm{A})$$

3）负荷站变压器中性点间隙接地，开关三相不同期合闸最大零序电流很小，不计（若负荷站变压器中性点直接接地，开关三相不同期合闸最大零序电流很大，须躲$1.3\times3\times I_{\mathrm{fhmax}}$）。

4）躲负荷变压器其他侧母线相间短路最大不平衡电流。

躲乙站中压侧母线三相短路电流（并列）：

$$I_{0\mathrm{DZ}}\geqslant0.26I_{\mathrm{dmax}}=0.26\frac{I_{\mathrm{B}}}{X_{\mathrm{S1max}}+X_{\mathrm{L}}+X_{\mathrm{Tmax}}}=0.26\times\frac{502}{0.05241+0.0453+0.13}=573.2(\mathrm{A})$$

躲乙站中压侧母线三相短路电流（分列）：

$$I_{0\mathrm{DZ}}\geqslant0.26I_{\mathrm{dmax}}=0.26\times\frac{I_{\mathrm{B}}}{X_{\mathrm{S1max}}+X_{\mathrm{L}}+X_{\mathrm{Tmax}}}=0.26\times\frac{502}{0.05241+0.0453+0.2392}=387.5(\mathrm{A})$$

躲乙站低压侧母线三相短路电流（并列）：

$$I_{0\mathrm{DZ}}\geqslant0.26I_{\mathrm{dmax}}=0.26\times\frac{I_{\mathrm{B}}}{X_{\mathrm{S1max}}+X_{\mathrm{L}}+X_{\mathrm{Tmax}}}=0.26\times\frac{502}{0.05241+0.0453+0.2241}=405.6(\mathrm{A})$$

躲乙站低压侧母线三相短路电流（分列）：

$$I_{0\mathrm{DZ}}\geqslant0.26I_{\mathrm{dmax}}=0.26\times\frac{I_{\mathrm{B}}}{X_{\mathrm{S1max}}+X_{\mathrm{L}}+X_{\mathrm{Tmax}}}=0.26\times\frac{502}{0.05241+0.0453+0.4167}=253.8(\mathrm{A})$$

5）与甲站主变压器中压侧零序过电流Ⅰ段配合：

$$I_{0DZ} \leqslant \frac{I_{0T}}{K_K} = \frac{1200}{1.2} = 1000(A)$$

6）与甲站主变压器中压侧零序过电流Ⅱ段配合：

$$I_{0DZ} \leqslant \frac{I_{0T}}{K_K} = \frac{360}{1.2} = 300(A)$$

7）与 110kV 乙丙线零序过电流Ⅱ段配合：

$$I_{0DZ} \geqslant K_K I'_{0DZ} = 1.1 \times 900 = 990(A)$$

8）与 110kV 乙丙线零序过电流Ⅲ段配合：

$$I_{0DZ} \geqslant K_K I'_{0DZ} = 1.1 \times 500 = 550(A)$$

9）与 110kV 乙丙线零序过电流Ⅳ段配合：

$$I_{0DZ} \geqslant K_K I'_{0DZ} = 1.1 \times 270 = 297(A)$$

综上，零序Ⅰ段取值 5600A/0s，零序Ⅱ段取值 1000A/0.6s，零序Ⅲ段取值 600A/0.9s，零序Ⅳ段取值 300A/1.2s。

（六）阶段式电流保护

（1）电流速断保护，按躲过本线路末端最大三相短路电流整定，对于本场景的接线方式，躲本线路线末困难时，按躲相邻线路线末和变压器其他侧故障时本线路最大三相短路电流，此时应停用相邻线路重合闸。计算如下：

1）按躲线末最大三相短路电流整定：

$$I_{DZI} \geqslant K_K I_{d\max}^{(3)} \tag{2-344}$$

$$t_I = 0 \tag{2-345}$$

式中：$I_{d\max}^{(3)}$——本线路末端最大三相短路电流（A）；

K_K——可靠系数，取不小于 1.3。

2）躲本线路线末困难时，按躲相邻线路线末最大短路电流整定：

$$I_{DZI} \geqslant K_K I_{d\max}^{(3)} \tag{2-346}$$

$$t_I = 0 \tag{2-347}$$

式中：$I_{d\max}^{(3)}$——相邻线路末端最大三相短路电流（A）；

K_K——可靠系数，取不小于 1.3。

3）躲本线路线末困难时，当负荷变压器有差动保护，按伸入变压器内，躲变压器并列运行时其他侧故障时本线路最大三相短路电流整定：

$$I_{DZI} \geqslant K_K I_{d\max}^{(3)} \tag{2-348}$$

$$t_I = 0 \tag{2-349}$$

式中：$I_{d\max}^{(3)}$——变压器并列运行时其他侧故障本线路最大三相短路电流（A）；

K_K——可靠系数，取不小于 1.3。

4）躲变压器并列运行整定困难时，按躲变压器分列运行其他侧母线整定，此时应限定变压器运行方式：

$$I_{DZI} \geqslant K_K I_{d\max}^{(3)} \tag{2-350}$$

$$t_I = 0 \tag{2-351}$$

式中：$I_{d\max}^{(3)}$ ——变压器分列运行时其他侧故障本线路最大三相短路电流（A）；

K_K ——可靠系数，取不小于 1.3。

5）当负荷变压器没有差动保护，且按躲线末整定困难时，按伸入变压器内，与电流速断保护配合整定：

$$I_{DZI} \geqslant K'_K K_Z I'_{DZ} \tag{2-352}$$

式中：K'_K ——可靠系数，取不小于 1.1；

I'_{DZ} ——并联运行变压器装设的单台变压器的电流速断定值（A）；

K_Z ——分支系数。

6）对于发电厂或重要用户的单电源配电线，可根据厂用电或用户需求，按保证母线残压不低于 60%～70%额定电压整定：

$$I_{dz} \leqslant (0.26 \sim 0.346)\frac{I_j}{Z_{xt.min}} \tag{2-353}$$

式中：I_j ——该电压等级下基准电流（A）；

$Z_{xt.min}$ ——系统最小方式下母线短路阻抗标幺值。

7）校核最小保护范围：

$$l_i^{(2)} = \frac{1}{Z_{xl}}\left(\frac{\sqrt{3}I_j}{2I_{dz}} - Z_{xt}\right) \tag{2-354}$$

$$l_i^{(3)} = \frac{1}{Z_{xl}}\left(\frac{I_j}{I_{dz}} - Z_{xt}\right) \tag{2-355}$$

式中：$l_i^{(2)}$ ——两相短路时电流保护最小保护区百分值；

$l_i^{(3)}$ ——三相短路时电流保护最小保护区百分值；

I_j ——该电压等级下基准电流（A）；

I_{dz} ——电流速断保护定值（A）；

Z_{xt} ——系统阻抗标幺值；

Z_{xl} ——线路阻抗标幺值。

（2）限时电流速断保护，按保本线路末端故障时有规定的灵敏度，并可靠躲过变压器其他侧母线整定。躲变压器并列运行整定困难时，按躲变压器分列运行其他侧母线整定，此时应限定变压器运行方式。躲不过其他侧母线时，与变压器该侧限时速断配合（考虑与△侧限时速断保护配合时，应考虑 Y-△转换系数）。此外，还应考虑与相邻线路电流速断保护配合。计算如下：

1）按保本线路末端故障时有规定的灵敏度整定：

$$I_{DZII} \leqslant \frac{K_{FZ} I_{\min}}{K_{LM}} \tag{2-356}$$

式中：$I_{\min}$ ——本线路末端故障时最小故障电流（A）；

K_{LM} ——灵敏系数；

K_{FZ} ——最大分支系数，此处取1。

2）按躲变压器并列运行时其他侧故障时本线路最大三相短路电流整定：

$$I_{DZII} \geqslant K_K I_{d\max}^{(3)} \tag{2-357}$$

$$t_{II} \geqslant \Delta t \tag{2-358}$$

式中：$I_{d\max}^{(3)}$ ——变压器并列运行时其他侧故障，本线路最大三相短路电流（A）；

K_K ——可靠系数，取不小于1.3。

3）躲变压器并列运行整定困难时，按躲变压器分列运行其他侧母线整定，此时应限定变压器运行方式：

$$I_{DZII} \geqslant K_K I_{d\max}^{(3)} \tag{2-359}$$

$$t_{II} \geqslant \Delta t \tag{2-360}$$

式中：$I_{d\max}^{(3)}$ ——变压器分列运行时其他侧故障，本线路最大三相短路电流（A）；

K_K ——可靠系数，取不小于1.3。

4）躲不过其他侧母线时，按与变压器该侧限时速断保护配合整定：

$$I_{DZII} \geqslant K_K K_Z I_{dz} \tag{2-361}$$

$$t_{II} \geqslant t'_T + \Delta t \tag{2-362}$$

式中：K_K ——可靠系数，取不小于1.3；

K_Z ——分支系数；

I_{dz} ——变压器该侧限时速断保护定值（归算至本侧）（A）；

t'_T ——相邻变压器限时速断保护的动作时间（s）。

5）与相邻线路只有电流测量元件的速断保护配合整定：

$$I_{DZII} \geqslant K_K K_{FZ} I'_{DZI} \tag{2-363}$$

$$t_{II} \geqslant \Delta t \tag{2-364}$$

式中：K_{FZ} ——最大分支系数，此处取1；

I'_{DZI} ——相邻线路电流速断保护Ⅰ段（A）；

K_K ——可靠系数，取不小于1.1。

6）与相邻线路只有电压测量元件的速断保护配合整定：

$$I_{DZII} \geqslant \frac{K_K (E_{XT} - U'_{DZI}/\sqrt{3})}{Z_{XT.\min} + Z_L} \tag{2-365}$$

$$t_{II} \geqslant \Delta t \tag{2-366}$$

式中：K_K ——可靠系数，取不小于1.1；

E_{XT} ——系统相电势（V）；

U'_{DZI} ——相邻线路速断保护电压Ⅰ段（V）；

$Z_{XT.\min}$ ——线路背侧系统在最大运行方式下的最小等值阻抗（Ω）；

Z_L ——本线路正序阻抗（Ω）。

7）当相邻线路电流、电压元件均作为测量元件时，取公式（2-363）和公式（2-365）的较大值。

8）与相邻线路限时速断保护配合，定值按公式（2-363）或公式（2-365）整定，时间按下式整定：

$$t_{\text{II}} \geqslant t'_{\text{II}} + \Delta t \tag{2-367}$$

式中：t'_{II}——相邻线路限时速断保护的动作时间（s）。

（3）过电流保护，按躲最大负荷电流整定，并与相邻线路电流保护配合。计算如下：

1）按躲过最大负荷电流整定：

$$I_{\text{DZIII}} \geqslant \frac{K_K K_{ZQD}}{K_F} I_{\text{FH.max}} \tag{2-368}$$

式中：K_K ——可靠系数，取不小于 1.2；

K_F ——返回系数，取 0.85～0.95；

K_{ZQD}——电动机自启动系数，取 1.5～2.5；

$I_{\text{FH.max}}$——本线路的最大负荷电流（A）。

2）按与相邻线路只有电流测量元件的限时速断保护配合整定：

$$I_{\text{DZIII}} \geqslant K_K K_{FZ} I'_{\text{DZII}} \tag{2-369}$$

$$t_{\text{III}} \geqslant t'_{\text{II}} + \Delta t \tag{2-370}$$

式中：K_{FZ} ——最大分支系数，此处取 1；

I'_{DZII}——相邻线路电流速断保护Ⅱ段（A）；

K_K ——可靠系数，取不小于 1.1。

3）按与相邻线路只有电压测量元件的限时速断保护配合整定：

$$I_{\text{DZIII}} \geqslant \frac{K_K(E_{XT} - U'_{\text{DZII}}/\sqrt{3})}{Z_{\text{XT.min}} + Z_L} \tag{2-371}$$

$$t_{\text{III}} \geqslant t'_{\text{II}} + \Delta t \tag{2-372}$$

式中：K_K ——可靠系数，取不小于 1.1；

E_{XT} ——系统相电势（V）；

U'_{DZII} ——相邻线路速断保护电压Ⅱ段（V）；

$Z_{\text{XT.min}}$ ——线路背侧系统在最大运行方式下的最小等值阻抗（Ω）；

Z_L ——本线路正序阻抗（Ω）。

4）当相邻线路电流、电压元件均作为测量元件时，取公式（2-369）和公式（2-371）的较大值。

5）与相邻线路过电流保护配合，定值按公式（2-369）或公式（2-371）整定，时间按下式计算：

$$t_{\text{III}} \geqslant t'_{\text{III}} + \Delta t \tag{2-373}$$

式中：t'_{III}——相邻线路过电流保护的动作时间（s）。

6）校验过电流保护对本线路末端及相邻元件远后备的灵敏度：

$$K_{LM}=\frac{K_{FZ}I_{min}}{I_{DZIII}} \tag{2-374}$$

式中：I_{min}——相邻线路末端或相邻变压器低压侧故障时最小故障电流（A）；

K_{LM}——灵敏度，近后备不小于 1.3，远后备不小于 1.2；

K_{FZ}——最大分支系数，此处取 1。

【例 2.8】 如图 2-15 所示，甲站 35kV 母线最大短路阻抗为 j2.2Ω，最小短路阻抗为 j4.86Ω；甲站至乙站线路为线路 1，型号为 JL/G1A-185，允许最大负荷电流为 496A，阻抗值为（1+j2）Ω；103 开关的 TA 电流比为 600/5。乙站两台变压器阻抗值分别为 X_1=22.7Ω，X_2=23.2Ω；乙站至丙站线路为线路 2，线路阻抗值为（1.7+j2）Ω；丙站两台变压器阻抗值为 X_3=X_4=9.4Ω。甲站主变压器 35kV 定值分别为 2800A/0.7s，1200A/2.0s；线路 2 电流Ⅰ、Ⅱ、Ⅲ段定值分别为 1200A/0s，800A/0.3s，420A/1.4s；乙站两台主变压器 35kV 过电流定值都是 180A/1.0s；丙站两台主变压器 35kV 过电流定值都是 240A/1.0s。以上均是一次有名值。计算图中 35kV 线路 1（103 开关）的过电流Ⅰ、Ⅱ、Ⅲ段和过负荷整定值。

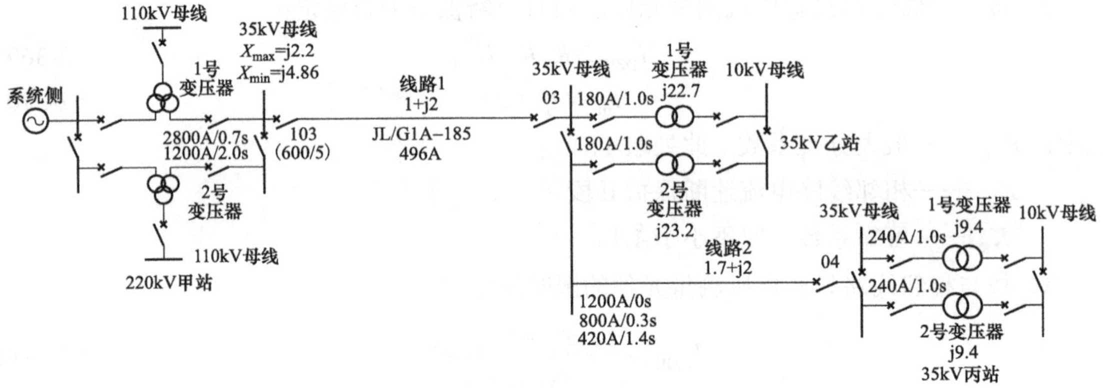

图 2-15　35kV 线路定值整定图示

【答案】（本答案为有名值计算参考答案，也可按标幺值计算。）

从电源到线路 1 末端的综合阻抗：

大方式：$Z_d=j2.2+1+j2=1+j4.2=4.32(\Omega)$

小方式：$Z_x=j4.86+1+j2=1+j6.86=6.93(\Omega)$

从电源到乙站主变压器低压侧的综合阻抗：

大方式：$Z_d=1+j4.2+j11.47=1+j15.67=15.67(\Omega)$

小方式：$Z_x=1+j6.86+j23.2=1+j30.06=30(\Omega)$

从电源到线路 2 末端的综合阻抗：

大方式：$Z_d=1+j4.2+1.7+j2=2.7+j6.2=6.76(\Omega)$

小方式：$Z_x = 1 + j6.86 + 1.7 + j2 = 2.7 + j8.86 = 9.26(\Omega)$

（一）过电流Ⅰ段

按躲线路 1 线末三相短路：

$$I_{jdz} = 1.2 \times \frac{35000}{\sqrt{3} \times 4.32 \times 120} = 46.77(A)$$

实取 $I_{jdz} = 47A$。

$$I_{dz} = 47 \times 120 = 5640(A)$$

$$T_{dz} = 0s$$

（二）过电流Ⅱ段

（1）按线路 1 线末两相短路，保证 1.5 倍灵敏度：

$$I_{jdz} = \frac{35000}{2 \times 6.93 \times 1.5 \times 120} = 14(A)$$

（2）按躲大方式下乙站 10kV 侧短路，两台变压器并列运行：

$$I_{jdz} = 1.3 \times \frac{35000}{\sqrt{3} \times 15.67 \times 120} = 13.97(A)$$

（3）按与线路 2 电流速断定值：1200A/0s 配合。

$$I_{jdz} = 1.2 \times \frac{1200}{120} = 12(A)$$

（4）按甲站主变压器 35kV 侧限时速断（定值：2800A/0.7s）与该段配合，限时速断可取的最大值为

$$I_{jdz} = \frac{2800}{1.2 \times 120} = 19.44(A)$$

实取 $I_{jdz} = 14A$。

$$I_{dz} = 14 \times 120 = 1680(A)$$

$$T_{dz} = 0.3s$$

（三）过电流Ⅲ段

（1）按躲最大负荷电流：

线路最大允许电流为 496A，TA 允许最大电流为 600A，取 $I_{fh} = 496A$。

$$I_{jdz} = \frac{1.2 \times 1.5 \times 496}{0.95 \times 120} = 7.83(A)$$

（2）按与乙站主变压器过电流配合：180A/1.0s。

$$I_{jdz} = \frac{1.2 \times 2 \times 180}{120} = 3.6(A)$$

（3）按与线路 2 过电流定值：420A/1.4s 配合。

$$I_{jdz} = 1.2 \times \frac{420}{120} = 4.2(A)$$

（4）按甲站主变压器 35kV 侧复合电压过电流（定值：1200A/2.0s）与该段配合，过电流可取的最大值为

$$I_{jdz}=\frac{1200}{1.2\times120}=8.33(A)$$

实取 $I_{jdz}=8A$。

$$I_{dz}=8\times120=960(A)$$
$$T_{dz}=1.7s$$

（5）校验远后备灵敏度：

小方式下，乙站主变压器低压侧两相故障时灵敏度：

$$K_{LM}=\frac{35000}{2\times30\times960}=0.6$$

灵敏度不足，无法给乙站主变压器做远后备。

小方式下，线路 2 末端两相故障时灵敏度：

$$K_{LM}=\frac{35000}{2\times9.26\times960}=1.97$$

灵敏度满足，可以给线路 2 做远后备。

（四）过负荷

按躲线路最大负荷电流整定：

$$I_{jdz}=\frac{1.05\times496}{0.95\times120}=4.6(A)$$

实取

$$I_{jdz}=4.6A$$
$$I_{dz}=4.6\times120=552(A)$$
$$T_{dz}=4.0s$$

（七）其他辅助定值

（1）振荡闭锁过电流，按躲过线路最大负荷电流整定。此场景下该保护不投。

（2）正序灵敏角、零序灵敏角，按线路的正序、零序阻抗角整定。

（3）为扩大测量过渡电阻能力，接地距离、相间距离Ⅰ、Ⅱ段的特性圆向第一象限偏移的角度，可按保护说明书的建议值整定。接地距离偏移角：线路长度大于等于 40km 时取 0°，大于等于 10km 且小于 40km 时取 15°，小于 10km 时取 30°。相间距离偏移角：线路长度大于等于 10km 时取 0°，大于等于 2km 且小于 10km 时取 15°，小于 2km 时取 30°。

（4）TV 断线过电流，按躲过线路最大负荷电流整定。

（5）重合闸时间除应大于故障点断电去游离时间外，还应大于断路器及操作机构复归原状准备发再次动作的时间，一般整定为大于 1.0s。不检启动。

（6）选择加速距离、零序、过电流某段时，一般按该段是否满足线末故障有 2 倍以上的灵敏度整定。

（7）过负荷按躲过正常负荷的电流整定，计算如下：

$$I_{GFH}=\frac{K_K}{K_F}I_{FH.max} \quad (2\text{-}375)$$

$$t_{GFH}\geqslant 4s \quad (2\text{-}376)$$

式中：K_K ——可靠系数，取不小于 1.05；

K_F ——返回系数，取 0.85～0.95；

$I_{FH.max}$ ——本线路的最大负荷电流（A）；

t_{GFH} ——过负荷告警时间（s）。

四、系统侧变压器保护

参照系统侧变压器保护的常规配置及计算方法（第一节“供电线路带单一负荷变电站”接线方式的整定计算第四条系统侧变压器保护）。

第四节 “供电线路有相邻串供电厂联络线路”接线方式的整定计算

本节考虑的接线方式，是由一个 220kV 电源带一条 110kV 线路、一个 110kV 变电站、一个串供的 110kV 小电源的方式，也可以是一个 110kV 电源带一条 35kV 线路、一个 35kV 变电站、一个串供的 35kV 小电源的方式。如图 2-16 所示，保护定值应从 110kV 变压器、两条 110kV 线路到 220kV 变压器依次计算。

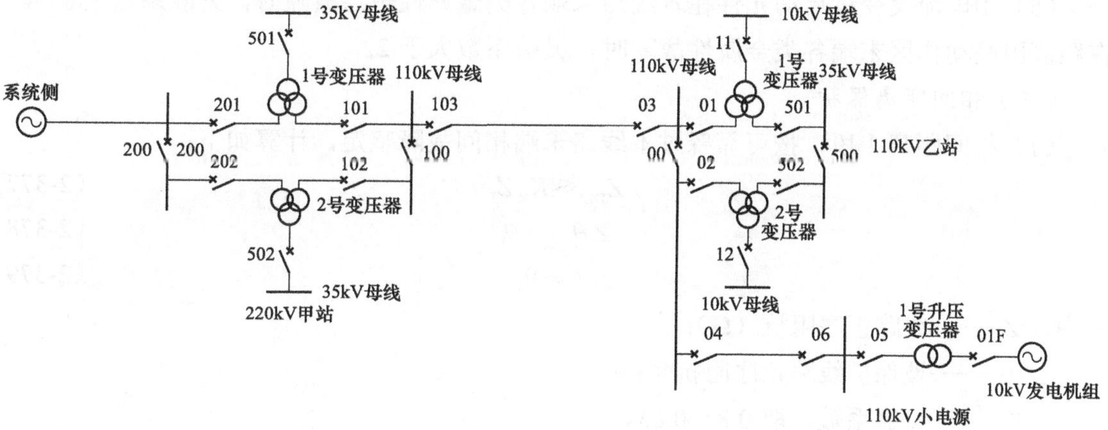

图 2-16 供电线路有相邻串供电厂联络线路示意图

一、适用的保护功能配置

对于供电线路有相邻串供负荷线路接线方式，变压器保护可采用差动保护和后备保护的常规配置；线路保护宜配置电流差动保护，后备保护 110kV 线路宜配置三段相间距离、三段接地距离、四段零序过电流保护；35kV 线路宜配置三段阶段式过电流保护。本线路与相邻串供电厂联络线路宜采用相同原理的保护。

二、负荷侧变压器保护

参照负荷侧变压器保护的常规配置及计算方法（第一节“供电线路带单一负荷变电站”接线方式的整定计算第二条负荷变压器保护）。

三、靠近系统侧线路保护

（一）方式限制

以下计算对电网方式的限制如下：

（1）线路保护经方向闭锁，通过计算振荡中心（$Z_\Sigma/2$）的位置判断是否经振荡闭锁；

（2）不考虑线路有互感的情况。

（二）启动元件

启动元件的定值应保证在本线路末端和保护动作区末端非对称故障时有足够的灵敏系数，并保证在本线路末端发生三相短路时能可靠启动，其灵敏系数具体取值如下：

（1）负序电流分量启动元件在本线路末端金属性两相短路故障时，灵敏系数大于 4。

（2）单独的零序或负序电流分量启动元件在本线路末端金属性单相和两相接地故障时，灵敏系数大于 4。

（3）负序电流分量启动元件在距离Ⅲ段动作区末端金属性两相短路故障时，灵敏系数大于 2。

（4）单独的零序或负序电流分量启动元件在距离Ⅲ段动作区末端金属性单相和两相接地故障时，灵敏系数大于 2。

（5）相电流突变量启动元件在本线路末端各类金属性短路故障时，灵敏系数大于 4；在距离Ⅲ段动作区末端各类金属性故障时，灵敏系数大于 2。

（三）相间距离保护

（1）相间距离Ⅰ段，按可靠躲过本线路末端相间故障整定，计算如下：

$$Z_{DZI} \leqslant K_K Z_L \tag{2-377}$$

$$\angle\theta = \angle\theta_L \tag{2-378}$$

$$t_I = 0 \tag{2-379}$$

式中：Z_L——线路正序阻抗（Ω）；

$\angle\theta_L$——被保护线路正序阻抗角；

K_K——可靠系数，取 0.8～0.85。

（2）相间距离Ⅱ段，按保本线路末端相间故障有不小于规定的灵敏系数整定，并与相邻线路相间距离Ⅰ段或Ⅱ段配合，此外还应可靠躲过变压器其他侧母线。躲其他侧母线整定困难时，可与变压器该侧限时速断保护配合。计算如下：

1）按本线故障有规定的灵敏系数整定：

$$Z_{DZII} \geqslant K_{LM} Z_L \tag{2-380}$$

式中：Z_L——线路正序阻抗（Ω）；

K_{LM}——灵敏系数。

2）按躲变压器其他侧母线整定（变压器中、低压侧并列运行）：

$$Z_{DZII} \leqslant K_K Z_L + K_{KT} K_Z Z'_T \quad (2\text{-}381)$$

$$\angle\theta = \angle\theta_L \quad (2\text{-}382)$$

$$t_{II} \geqslant \Delta t \quad (2\text{-}383)$$

式中：Z_L——线路正序阻抗（Ω）；

K_K——可靠系数，取 0.8～0.85；

Z'_T——终端变压器并联等值正序阻抗（Ω）；

K_{KT}——躲变压器可靠系数，取不大于 0.7；

K_Z——助增系数。

3）躲变压器并列运行整定困难时，按躲变压器分列运行其他侧母线整定，此时应限定变压器运行方式：

$$Z_{DZII} \leqslant K_K Z_L + K_{KT} K_Z Z_{Tmin} \quad (2\text{-}384)$$

$$\angle\theta = \angle\theta_L \quad (2\text{-}385)$$

$$t_{II} \geqslant \Delta t \quad (2\text{-}386)$$

式中：Z_L——线路正序阻抗（Ω）；

K_K——可靠系数，取 0.8～0.85；

Z_{Tmin}——终端变压器等值正序阻抗的最小值（Ω）；

K_{KT}——躲变压器可靠系数，取不大于 0.7；

K_Z——助增系数。

4）按与相邻线路距离保护 I 段配合整定：

$$Z_{DZII} \leqslant K_K Z_L + K'_K K_Z Z'_{DZI} \quad (2\text{-}387)$$

$$\angle\theta = \angle\theta_L \quad (2\text{-}388)$$

$$t_{II} \geqslant \Delta t \quad (2\text{-}389)$$

式中：Z_L——本线路正序阻抗（Ω）；

K_K——可靠系数，取 0.8～0.85；

Z'_{DZI}——相邻线路距离保护 I 段动作阻抗（Ω）；

K_Z——助增系数；

K'_K——可靠系数，取不大于 0.8。

5）与相邻线路距离保护 I 段配合困难时，按与相邻线路距离保护 II 段配合整定：

$$Z_{DZII} \leqslant K_K Z_L + K'_K K_Z Z'_{DZII} \quad (2\text{-}390)$$

$$\angle\theta = \angle\theta_L \quad (2\text{-}391)$$

$$t_{II} \geqslant t'_{II} + \Delta t \quad (2\text{-}392)$$

式中：Z_L——本线路正序阻抗（Ω）；

K_K——可靠系数，取 0.8～0.85；

Z'_{DZII}——相邻线路距离保护 II 段动作阻抗（Ω）；

K_Z ——助增系数；

K'_K ——可靠系数，取不大于 0.8；

t'_{II} ——相邻线路距离 II 段动作时间（s）。

6）躲不开变压器其他侧母线，按与变压器该侧限时速断保护配合整定：

$$Z_{DZII} \leqslant K_K\left(K_Z\frac{E_{\phi\text{-}\phi\min}}{2I'_{DZ}}-Z_C\right) \quad (2\text{-}393)$$

$$t_{II} \geqslant t'_T+\Delta t \quad (2\text{-}394)$$

式中：$E_{\phi\text{-}\phi\min}$ ——距离保护安装处背侧最低等值相间电势（V）；

Z_C ——背侧最小方式下等值阻抗（Ω）；

I'_{DZ} ——相邻变压器该侧限时速断保护定值（A）；

K_K ——可靠系数，取 0.8～0.85；

K_Z ——助增系数；

t'_T ——相邻变压器限时速断保护的动作时间（s）。

（3）相间距离III段，按可靠躲过本线路的事故过负荷最小阻抗整定，与相邻线路相间距离 II 段或III段配合，与相邻变压器过电流保护配合。考虑作为相邻变压器低压侧保护的远后备，宜校验对相邻变压器低压侧相间故障的灵敏度。计算如下：

1）按躲负荷阻抗（全阻抗启动元件）整定：

$$Z_{DZIII} \leqslant \frac{Z_{FH}}{K_K K_F K_{ZQD}}=\frac{(0.9\sim0.95)U_e}{\sqrt{3}K_K K_F K_{ZQD} I_{FH}} \quad (2\text{-}395)$$

式中：Z_{FH} ——最小负荷阻抗值（Ω）；

K_K ——可靠系数，取 1.2～1.25；

K_F ——返回系数，取 1.15～1.25；

K_{ZQD} ——负荷的自启动系数，取 1.5～2.5；

I_{FH} ——最大负荷电流（A）；

U_e ——额定运行相间电压（V）。

注：此处也可直接按整定规程公式 $Z_{DZIII} \leqslant K_K Z_{FH}$ 进行计算（$K_K \leqslant 0.7$）。

2）按与变压器过电流保护配合（新规程只要求动作时间的配合）整定：

$$Z_{DZIII} \leqslant K_K\left(K_Z\frac{E_{\phi\text{-}\phi\min}}{2I'_{DZ}}-Z_C\right) \quad (2\text{-}396)$$

$$t_{III} \geqslant t'_T+\Delta t \quad (2\text{-}397)$$

式中：$E_{\phi\text{-}\phi\min}$ ——距离保护安装处背侧最低等值相间电势（V）；

Z_C ——背侧等值阻抗（Ω）；

I'_{DZ} ——相邻变压器过电流保护定值（A）；

K_K ——可靠系数，取 0.8～0.85；

K_Z ——助增系数；

t'_T ——相邻变压器该侧复压过电流保护的动作时间（s）。

3）对相间距离III段保护灵敏度的校验：

$$K_{LM}=\frac{Z_{DZIII}}{Z_L+K_Z Z_{T\max}} \quad (2\text{-}398)$$

式中：Z_L ——线路正序阻抗（Ω）；

K_Z ——助增系数；

$Z_{T\max}$ ——终端变压器等值正序阻抗的最大值（Ω）；

K_{LM} ——灵敏系数，不小于1.2。

4）按与相邻线路距离保护II段配合整定：

$$Z_{DZIII}\leqslant K_K Z_L+K'_K K_Z Z'_{DZII} \quad (2\text{-}399)$$

$$t_{III}\geqslant t'_{II}+\Delta t \quad (2\text{-}400)$$

式中：Z_L ——本线路正序阻抗（Ω）；

K_K ——可靠系数，取0.8～0.85；

Z'_{DZII} ——相邻线路距离保护II段动作阻抗（Ω）；

K_Z ——助增系数；

K'_K ——可靠系数，取不大于0.8；

t'_{II} ——相邻线路距离II段动作时间（s）。

5）按与相邻线路距离保护III段配合整定：

$$Z_{DZIII}\leqslant K_K Z_L+K'_K K_Z Z'_{DZIII} \quad (2\text{-}401)$$

$$t_{III}\geqslant t'_{III}+\Delta t \quad (2\text{-}402)$$

式中：Z_L ——本线路正序阻抗（Ω）；

K_K ——可靠系数，取0.8～0.85；

Z'_{DZIII} ——相邻线路距离保护III段动作阻抗（Ω）；

K_Z ——助增系数；

K'_K ——可靠系数，取不大于0.8；

t'_{III} ——相邻线路距离III段动作时间（s）。

（四）接地距离保护

（1）接地距离I段，按可靠躲过本线中末端接地故障整定。计算如下：

$$Z_{DZI}\leqslant K_K Z_L \quad (2\text{-}403)$$

$$t_I=0 \quad (2\text{-}404)$$

式中：Z_L ——线路正序阻抗（Ω）；

K_K ——可靠系数，取不大于0.7。

（2）接地距离II段，按保本线路末端接地故障有不小于规定的灵敏系数整定，并与相邻线路相间距离I段或II段配合，此外还应可靠躲过变压器其他侧母线。躲其他侧母线整定困难时，动作时间与变压器该侧限时速断保护时间配合，阻抗定值按躲该侧母线三相短路整定。计算如下：

1）按本线故障有规定的灵敏系数整定：

$$Z_{DZII} \geqslant K_{LM} Z_L \tag{2-405}$$

式中：Z_L——线路正序阻抗（Ω）；

K_{LM}——灵敏系数。

2）按躲变压器其他侧母线整定（变压器中低压侧并列运行）：

$$Z_{DZII} \leqslant K_K Z_L + K_K K_{Z1} Z'_T \tag{2-406}$$

$$t_{II} \geqslant \Delta t \tag{2-407}$$

式中：Z_L——线路正序阻抗（Ω）；

K_K——可靠系数，取0.7～0.8；

Z'_T——终端变压器并联等值正序阻抗（Ω）；

K_{Z1}——正序助增系数。

3）躲变压器并列运行整定困难时，按躲变压器分列运行其他侧母线整定，此时应限定变压器运行方式：

$$Z_{DZII} \leqslant K_K Z_L + K_K K_{Z1} Z_{Tmin} \tag{2-408}$$

$$t_{II} \geqslant \Delta t \tag{2-409}$$

式中：Z_L——线路正序阻抗（Ω）；

K_K——可靠系数，取0.7～0.8；

Z_{Tmin}——终端变压器等值正序阻抗的最小值（Ω）；

K_{Z1}——正序助增系数。

4）按与相邻线路接地距离Ⅰ段配合整定：

$$Z_{DZII} \leqslant K_K Z_L + K_K K_Z Z'_{DZI} \tag{2-410}$$

$$t_{II} \geqslant \Delta t \tag{2-411}$$

式中：Z_L——本线路正序阻抗（Ω）；

K_K——可靠系数，取0.7～0.8；

Z'_{DZI}——相邻线路接地距离Ⅰ段动作阻抗（Ω）；

K_Z——助增系数，选用正序助增系数与零序助增系数两者中的较小值。

5）与相邻线路接地距离Ⅰ段配合困难时，按与相邻线路接地距离Ⅱ段配合整定：

$$Z_{DZII} \leqslant K_K Z_L + K_K K_Z Z'_{DZII} \tag{2-412}$$

$$t_{II} \geqslant t'_{II} + \Delta t \tag{2-413}$$

式中：Z_L——本线路正序阻抗（Ω）；

K_K——可靠系数，取0.7～0.8；

Z'_{DZII}——相邻线路距离保护Ⅱ段动作阻抗（Ω）；

K_Z——助增系数，选用正序助增系数与零序助增系数两者中的较小值；

t'_{II}——相邻线路距离Ⅱ段动作时间（s）。

6）相邻线路无接地保护时，按与相邻线路零序Ⅱ段配合整定：

$$Z_{DZII} \leqslant K_K Z_L + K_K K_{LM} Z'_L \tag{2-414}$$

$$t_{II} \geqslant t'_{II} + \Delta t \tag{2-415}$$

式中：Z_L ——本线路正序阻抗（Ω）；

Z'_L ——相邻线路正序阻抗（Ω）；

K_K ——可靠系数，取 0.7～0.8；

K_{LM} ——零序电流Ⅱ段在不利运行方式的灵敏系数；

t'_{II} ——相邻线路零序电流Ⅱ段动作时间（s）。

7）躲不开变压器其他侧母线，动作时间与变压器该侧限时速断保护时间配合，阻抗定值按躲该侧母线三相短路整定：

$$Z_{DZII} \leqslant K_K Z_L + K_K K_{Z1} Z'_T \tag{2-416}$$

$$t_{II} \geqslant t'_T + \Delta t \tag{2-417}$$

式中：Z_L ——线路正序阻抗（Ω）；

K_K ——可靠系数，取 0.7～0.8；

Z'_T ——终端变压器等值正序阻抗（Ω）；

K_{Z1} ——正序助增系数；

t'_T ——相邻变压器限时速断保护的动作时间（s）。

（3）接地距离Ⅲ段，按可靠躲过本线路的事故过负荷最小阻抗整定，并与相邻线路相间距离Ⅱ段或Ⅲ段配合。计算如下：

1）按躲负荷阻抗整定：

$$Z_{DZIII} \leqslant \frac{Z_{FH}}{K_K K_F K_{ZQD}} = \frac{(0.9 \sim 0.95)U_e}{\sqrt{3} K_K K_F K_{ZQD} I_{FH}} \tag{2-418}$$

式中：Z_{FH} ——最小负荷阻抗值（Ω）；

K_K ——可靠系数，取 1.2～1.25；

K_F ——返回系数，取 1.15～1.25；

K_{ZQD} ——负荷的自启动系数，取 1.5～2.5；

I_{FH} ——最大负荷电流（A）；

U_e ——额定运行相间电压（V）。

注：此处也可直接按整定规程公式 $Z_{DZIII} \leqslant K_K Z_{FH}$ 进行计算（$K_K \leqslant 0.7$）。

2）按与相邻线路接地距离Ⅱ段配合整定：

$$Z_{DZIII} \leqslant K_K Z_L + K_K K_Z Z'_{DZII} \tag{2-419}$$

$$t_{III} \geqslant t'_{II} + \Delta t \tag{2-420}$$

式中：Z_L ——本线路正序阻抗（Ω）；

K_K ——可靠系数，取 0.7～0.8；

Z'_{DZII} ——相邻线路距离保护Ⅱ段动作阻抗（Ω）；

K_Z ——助增系数，选用正序助增系数与零序助增系数两者中的较小值；

t'_{II} ——相邻线路距离Ⅱ段动作时间（s）。

3）按与相邻线路接地距离Ⅲ段配合整定：

$$Z_{DZIII} \leqslant K_K Z_L + K_K K_Z Z'_{DZIII} \tag{2-421}$$

$$t_{III} \geqslant t'_{III} + \Delta t \tag{2-422}$$

式中：Z_L ——本线路正序阻抗（Ω）；

K_K ——可靠系数，取 0.7～0.8；

Z'_{DZIII} ——相邻线路距离保护Ⅲ段动作阻抗（Ω）；

K_Z ——助增系数，选用正序助增系数与零序助增系数两者中的较小值；

t'_{III} ——相邻线路距离Ⅲ段动作时间（s）。

（五）零序电流保护

（1）此场景中零序电流保护一般为四段式，最后一段一般不大于 300A（一次值）。

（2）零序电流Ⅰ段（带方向），按躲线末故障最大三倍零序电流整定。优先选取与距离保护相同的原则。动作值躲不过断路器合闸三相不同步最大零序电流（$3I_{0bt\max}$）时，重合闸过程中带 0.1s 延时或退出运行。计算如下：

1）按躲线路末端接地故障最大零序电流（$3I_0$）整定：

$$I_{DZI} \geqslant K_K I_{0\max} \tag{2-423}$$

$$t_I = 0 \tag{2-424}$$

式中：$I_{0\max}$ ——区外故障最大零序电流（A）；

K_K ——可靠系数，取不小于 1.3。

2）按躲线路断路器三相不同时合闸的最大零序电流整定：

$$I_{DZI} \geqslant K_K I_{0bt\max} \tag{2-425}$$

$$t_I = 0 \tag{2-426}$$

式中：K_K ——可靠系数，取 1.1～1.2；

$I_{0bt\max}$ ——断路器三相不同时合闸所产生的零序电流最大值（A）。计算如下：

两相先接通时：

$$I_{0bt\max} = \frac{-2I_j}{2_{1\Sigma} + 2Z_{0\Sigma}} \tag{2-427}$$

一相先接通时：

$$I_{0bt\max} = \frac{2I_j}{2Z_{1\Sigma} + Z_{0\Sigma}} \tag{2-428}$$

式中：I_j ——该电压等级下的基准电流（A）；

$Z_{1\Sigma}$ ——综合正序阻抗（标幺值）；

$Z_{0\Sigma}$ ——综合零序阻抗（标幺值）。

3）当线路太短导致零序Ⅰ段保护范围很小，甚至无保护范围时，则零序Ⅰ段应停用。

（3）零序电流Ⅱ段（带方向），应按保本线路末端故障时有规定的灵敏度整定，与相邻线路零序Ⅰ段或Ⅱ段配合，并可靠躲开变压器中、低压侧母线相间短路的最大不平衡电流。计算如下：

1）按线末接地故障有规定的灵敏度整定：

$$I_{DZII} \leqslant \frac{K_{FZ} 3I_{0.min}}{K_{LM}} \tag{2-429}$$

式中：$I_{0.min}$——本线路末端故障时最小零序电流（A）；

K_{LM}——灵敏系数；

K_{FZ}——最大分支系数。

2）按与相邻线路零序Ⅰ段配合整定：

$$I_{DZII} \geqslant K_K K_{FZ} I'_{DZI} \tag{2-430}$$

$$t_{II} \geqslant \Delta t \tag{2-431}$$

式中：I'_{DZI}——相邻线路零序Ⅰ段动作值（A）；

K_K——可靠系数，取不小于1.1；

K_{FZ}——最大分支系数。

3）按与相邻线路零序Ⅱ段配合整定：

$$I_{DZII} \geqslant K_K K_{FZ} I'_{DZII} \tag{2-432}$$

$$t_{II} \geqslant t'_{II} + \Delta t \tag{2-433}$$

式中：I'_{DZII}——相邻线路零序Ⅱ段动作值（A）；

K_K——可靠系数，取不小于1.1；

K_{FZ}——最大分支系数；

t'_{II}——相邻线路零序Ⅱ段动作时间（s）。

4）按躲变压器中、低压侧母线相间短路的最大不平衡电流整定：

$$I_{DZII} \geqslant K_K K_{BP} K_{FZQ} I^{(3)}_{d\max} \tag{2-434}$$

式中：K_K——可靠系数，取不小于1.3；

K_{BP}——不平衡系数，取0.15；

K_{FZQ}——非周期分量，取2；

$I^{(3)}_{d\max}$——变压器中、低压侧三相短路最大短路电流（A）。

（4）零序电流Ⅲ段（带方向），应按与相邻线路零序Ⅱ段或Ⅲ段配合整定。计算如下：

1）按与相邻线路零序Ⅱ段配合整定：

$$I_{DZIII} \geqslant K_K K_{FZ} I'_{DZII} \tag{2-435}$$

$$t_{III} \geqslant t'_{II} + \Delta t \tag{2-436}$$

式中：I'_{DZII}——相邻线路零序Ⅱ段动作值（A）；

K_K——可靠系数，取不小于1.1；

K_{FZ}——最大分支系数；

t'_{II} ——相邻线路零序Ⅱ段动作时间（s）。

2）按与相邻线路零序Ⅲ段配合整定：

$$I_{\text{DZIII}} \geqslant K_{\text{K}} K_{\text{FZ}} I'_{\text{DZIII}} \tag{2-437}$$

$$t_{\text{III}} \geqslant t'_{\text{III}} + \Delta t \tag{2-438}$$

式中：I'_{DZIII} ——相邻线路零序Ⅲ段动作值（A）；

K_{K} ——可靠系数，取不小于 1.1；

K_{FZ} ——最大分支系数；

t'_{III} ——相邻线路零序Ⅲ段动作时间（s）。

（5）零序电流Ⅳ段（带方向），应按与相邻线路零序Ⅲ段或Ⅳ段配合整定，一次值不大于 300A。若零序电流Ⅳ段配置的是不带方向的纯零序过流保护，需退出。计算如下：

1）按与相邻线路零序Ⅲ段配合整定：

$$I_{\text{DZIV}} \geqslant K_{\text{K}} K_{\text{FZ}} I'_{\text{DZIII}} \tag{2-439}$$

$$t_{\text{IV}} \geqslant t'_{\text{III}} + \Delta t \tag{2-440}$$

式中：I'_{DZIII} ——相邻线路零序Ⅲ段动作值（A）；

K_{K} ——可靠系数，取不小于 1.1；

K_{FZ} ——最大分支系数；

t'_{III} ——相邻线路零序Ⅲ段动作时间（s）。

2）按与相邻线路零序Ⅳ段配合整定：

$$I_{\text{DZIV}} \geqslant K_{\text{K}} K_{\text{FZ}} I'_{\text{DZIV}} \tag{2-441}$$

$$t_{\text{IV}} \geqslant t'_{\text{IV}} + \Delta t \tag{2-442}$$

式中：I'_{DZIV} ——相邻线路零序Ⅳ段动作值（A）；

K_{K} ——可靠系数，取不小于 1.1；

K_{FZ} ——最大分支系数；

t'_{IV} ——相邻线路零序Ⅳ段动作时间（s）。

（六）阶段式电流保护

（1）电流速断保护，按躲过本线路末端最大三相短路电流整定，对于本场景的接线方式，躲本线路线末困难时，按躲相邻线路线末和变压器其他侧故障时本线路最大三相短路电流，此时应停用相邻线路重合闸。计算如下：

1）按躲线末最大三相短路电流整定：

$$I_{\text{DZI}} \geqslant K_{\text{K}} I^{(3)}_{\text{d max}} \tag{2-443}$$

$$t_{\text{I}} = 0 \tag{2-444}$$

式中：$I^{(3)}_{\text{d max}}$ ——本线路末端最大三相短路电流（A）；

K_{K} ——可靠系数，取不小于 1.3。

2）当负荷变压器有差动保护时，按伸入变压器内，躲变压器并列运行时其他侧故障时本线路最大三相短路电流：

$$I_{DZI} \geqslant K_K I_{d\max}^{(3)} \tag{2-445}$$

$$t_I = 0 \tag{2-446}$$

式中：$I_{d\max}^{(3)}$ ——变压器并列运行时其他侧故障，本线路最大三相短路电流（A）；

K_K ——可靠系数，取不小于 1.3。

3）躲变压器并列运行整定困难时，按躲变压器分列运行其他侧母线整定，此时应限定变压器运行方式：

$$I_{DZI} \geqslant K_K I_{d\max}^{(3)} \tag{2-447}$$

$$t_I = 0 \tag{2-448}$$

式中：$I_{d\max}^{(3)}$ ——变压器分列运行时其他侧故障，本线路最大三相短路电流（A）；

K_K ——可靠系数，取不小于 1.3。

4）当负荷变压器没有差动保护，且按躲线末整定困难时，按伸入变压器内，与电流速断保护配合整定：

$$I_{DZI} \geqslant K_K' K_Z I_{DZ}' \tag{2-449}$$

式中：K_K' ——可靠系数，取不小于 1.1；

I_{DZ}' ——并联运行变压器装设的单台变压器的电流速断定值（A）；

K_Z——分支系数。

5）对发电厂或重要用户的单电源配电线，可根据厂用电或用户需求，按保证母线残压不低于 60%～70%额定电压整定：

$$I_{dz} \leqslant (0.26 \sim 0.346) \frac{I_j}{Z_{xt.min}} \tag{2-450}$$

式中：I_j ——该电压等级下基准电流（A）；

$Z_{xt.min}$ ——系统最小方式下母线短路阻抗标幺值。

6）校核最小保护范围：

$$l_i^{(2)} = \frac{1}{Z_{xl}} \left(\frac{\sqrt{3} I_j}{2 I_{dz}} - Z_{xt} \right) \tag{2-451}$$

$$l_i^{(3)} = \frac{1}{Z_{xl}} \left(\frac{I_j}{I_{dz}} - Z_{xt} \right) \tag{2-452}$$

式中：$l_i^{(2)}$ ——两相短路时电流保护最小保护区百分值；

$l_i^{(3)}$ ——三相短路时电流保护最小保护区百分值；

I_j ——该电压等级下基准电流（A）；

I_{dz} ——电流速断保护定值（A）；

Z_{xt} ——系统阻抗标幺值；

Z_{xl} ——线路阻抗标幺值。

（2）限时电流速断保护，按保本线路末端故障时有规定的灵敏度，并可靠躲过变压器其他侧母线整定。躲变压器并列运行整定困难时，按躲变压器分列运行其他侧母线整定，此时应限定变压器运行方式。躲不过其他侧母线时，与变压器该侧限时速断配合（考虑与△侧限时速断保护配合时，应考虑 Y-△转换系数）。此外，还应考虑与相邻线路电流速断保护配合。计算如下：

1）按保本线路末端故障时有规定的灵敏度整定：

$$I_{DZII} \leqslant \frac{K_{FZ} I_{min}}{K_{LM}} \tag{2-453}$$

式中：I_{min} ——本线路末端故障时最小故障电流（A）；

K_{LM} ——灵敏系数；

K_{FZ} ——最大分支系数。

2）按躲变压器并列运行时其他侧故障时本线路最大三相短路电流整定：

$$I_{DZII} \geqslant K_K I_{d\max}^{(3)} \tag{2-454}$$

$$t_{II} \geqslant \Delta t \tag{2-455}$$

式中：$I_{d\max}^{(3)}$ ——变压器并列运行时其他侧故障，本线路最大三相短路电流（A）；

K_K ——可靠系数，取不小于 1.3。

3）躲变压器并列运行整定困难时，按躲变压器分列运行其他侧母线整定，此时应限定变压器运行方式：

$$I_{DZII} \geqslant K_K I_{d\max}^{(3)} \tag{2-456}$$

$$t_{II} \geqslant \Delta t \tag{2-457}$$

式中：$I_{d\max}^{(3)}$ ——变压器分列运行时其他侧故障，本线路最大三相短路电流（A）；

K_K ——可靠系数，取不小于 1.3。

4）躲不过其他侧母线时，按与变压器该侧限时速断保护配合整定：

$$I_{DZII} \geqslant K_K K_Z I_{dz} \tag{2-458}$$

$$t_{II} \geqslant t'_T + \Delta t \tag{2-459}$$

式中：K_K ——可靠系数，取不小于 1.3；

K_Z ——分支系数；

I_{dz} ——变压器该侧限时速断保护定值（归算至本侧）（A）；

t'_T ——相邻变压器限时速断保护的动作时间（s）。

5）与相邻线路只有电流测量元件的速断保护配合整定：

$$I_{DZII} \geqslant K_K K_{FZ} I'_{DZI} \tag{2-460}$$

$$t_{II} \geqslant \Delta t \tag{2-461}$$

式中：K_{FZ} ——最大分支系数，此处取 1；

I'_{DZI} ——相邻线路电流速断保护 I 段（A）；

K_K ——可靠系数，取不小于 1.1。

6）与相邻线路只有电压测量元件的速断保护配合整定：

$$I_{DZII} \geqslant \frac{K_K(E_{XT} - U'_{DZI}/\sqrt{3})}{Z_{XT.min} + Z_L} \tag{2-462}$$

$$t_{II} \geqslant \Delta t \tag{2-463}$$

式中：K_K ——可靠系数，取不小于 1.1；

E_{XT} ——系统相电势（V）；

U'_{DZI} ——相邻线路速断保护电压Ⅰ段（V）；

$Z_{XT.min}$ ——线路背侧系统在最大运行方式下的最小等值阻抗（Ω）；

Z_L ——本线路正序阻抗（Ω）。

7）当相邻线路电流、电压元件均作为测量元件时，取公式（2-460）和公式（2-462）的较大值。

8）与相邻线路限时速断保护配合，定值按公式（2-460）和公式（2-462）整定，时限按下式整定：

$$t_{II} \geqslant t'_{II} + \Delta t \tag{2-464}$$

式中：t'_{II}——相邻线路限时速断保护的动作时间（s）。

（3）过电流保护，按躲最大负荷电流整定，并与相邻线路电流保护配合。计算如下：

1）按躲过最大负荷电流整定：

$$I_{DZIII} \geqslant \frac{K_K K_{ZQD}}{K_F} I_{FH.max} \tag{2-465}$$

式中：K_K ——可靠系数，取不小于 1.2；

K_F ——返回系数，取 0.85～0.95；

K_{ZQD} ——电动机自启动系数，取 1.5～2.5；

$I_{FH.max}$ ——本线路的最大负荷电流（A）。

2）按与相邻线路只有电流测量元件的限时速断保护配合整定：

$$I_{DZIII} \geqslant K_K K_{FZ} I'_{DZII} \tag{2-466}$$

$$t_{III} \geqslant t'_{II} + \Delta t \tag{2-467}$$

式中：K_{FZ} ——最大分支系数；

I'_{DZII} ——相邻线路电流速断保护Ⅱ段（A）；

K_K ——可靠系数，取不小于 1.1。

3）按与相邻线路只有电压测量元件的限时速断保护配合整定：

$$I_{DZIII} \geqslant \frac{K_K(E_{XT} - U'_{DZII}/\sqrt{3})}{Z_{XT.min} + Z_L} \tag{2-468}$$

$$t_{III} \geqslant t'_{II} + \Delta t \tag{2-469}$$

式中：K_K ——可靠系数，取不小于 1.1；

E_{XT} ——系统相电势（V）；

U'_{DZII} ——相邻线路速断保护电压Ⅱ段（A）；

$Z_{XT.min}$ ——线路背侧系统在最大运行方式下的最小等值阻抗（Ω）；

Z_L ——本线路正序阻抗（Ω）。

4）当相邻线路电流、电压元件均作为测量元件时，取公式（2-466）和公式（2-468）的较大值。

5）与相邻线路过电流保护配合，定值按公式（2-466）和公式（2-468）整定，时间按下式整定：

$$t_{III} \geqslant t'_{III} + \Delta t \tag{2-470}$$

式中：t'_{III} ——相邻线路过电流保护的动作时间（s）。

6）校验过电流保护对本线路末端及相邻元件远后备的灵敏度。

$$K_{LM} = \frac{K_{FZ} I_{min}}{I_{DZIII}} \tag{2-471}$$

式中：I_{min} ——相邻线路末端或相邻变压器低压侧故障时最小故障电流（A）；

K_{LM} ——灵敏度，近后备不小于 1.3，远后备不小于 1.2；

K_{FZ} ——最大分支系数。

四、靠近小电源侧线路保护

（一）方式限制

以下计算对电网方式的限制如下：

（1）线路保护经方向闭锁，通过计算振荡中心（$Z_{\Sigma}/2$）的位置判断是否经振荡闭锁。

（2）不考虑线路有互感的情况。

（二）启动元件

启动元件的定值应保证在本线路末端和保护动作区末端非对称故障时有足够的灵敏系数，并保证在本线路末端发生三相短路时能可靠启动，其灵敏系数具体取值如下：

（1）负序电流分量启动元件在本线路末端金属性两相短路故障时，灵敏系数大于 4。

（2）单独的零序或负序电流分量启动元件在本线路末端金属性单相和两相接地故障时，灵敏系数大于 4。

（3）负序电流分量启动元件在距离Ⅲ段动作区末端金属性两相短路故障时，灵敏系数大于 2。

（4）单独的零序或负序电流分量启动元件在距离Ⅲ段动作区末端金属性单相和两相接地故障时，灵敏系数大于 2。

（5）相电流突变量启动元件在本线路末端各类金属性短路故障时，灵敏系数大于 4；在距离Ⅲ段动作区末端各类金属性故障时，灵敏系数大于 2。

（三）相间距离保护

（1）相间距离Ⅰ段，按可靠躲过本线路末端相间故障整定。计算如下：

$$Z_{DZI} \leqslant K_K Z_L \tag{2-472}$$

$$\angle\theta = \angle\theta_L \quad (2\text{-}473)$$

$$t_I = 0 \quad (2\text{-}474)$$

式中：Z_L——线路正序阻抗（Ω）；

$\angle\theta_L$——被保护线路正序阻抗角；

K_K——可靠系数，取0.8～0.85。

（2）相间距离Ⅱ段，按保本线路末端相间故障有不小于规定的灵敏系数整定，并与系统侧母线其他出线相间距离Ⅰ段或Ⅱ段配合，此外还应可靠躲过系统侧变压器其他侧母线。计算如下：

1）按本线故障有规定的灵敏系数整定：

$$Z_{DZII} \geqslant K_{LM} Z_L \quad (2\text{-}475)$$

式中：Z_L——线路正序阻抗（Ω）；

K_{LM}——灵敏系数。

2）按躲系统侧变压器其他侧母线整定：

$$Z_{DZII} \leqslant K_K Z_L + K_{KT} K_Z Z_{T\min} \quad (2\text{-}476)$$

$$\angle\theta = \angle\theta_L \quad (2\text{-}477)$$

$$t_{II} \geqslant \Delta t \quad (2\text{-}478)$$

式中：Z_L——线路正序阻抗（Ω）；

K_K——可靠系数，取0.8～0.85；

$Z_{T\min}$——系统侧变压器该电压等级下等值正序阻抗的最小值（Ω）；

K_{KT}——躲变压器可靠系数，取不大于0.7；

K_Z——助增系数。

3）按与系统侧母线其他出线距离保护Ⅰ段配合整定：

$$Z_{DZII} \leqslant K_K Z_L + K'_K K_Z Z'_{DZI} \quad (2\text{-}479)$$

$$\angle\theta = \angle\theta_L \quad (2\text{-}480)$$

$$t_{II} \geqslant \Delta t \quad (2\text{-}481)$$

式中：Z_L——本线路正序阻抗（Ω）；

K_K——可靠系数，取0.8～0.85；

Z'_{DZI}——相邻线路距离保护Ⅰ段动作阻抗（Ω）；

K_Z——助增系数；

K'_K——可靠系数，取不大于0.8。

4）与系统侧母线其他出线距离保护Ⅰ段配合困难时，按与系统侧母线其他出线距离保护Ⅱ段配合整定：

$$Z_{DZII} \leqslant K_K Z_L + K'_K K_Z Z'_{DZII} \quad (2\text{-}482)$$

$$\angle\theta = \angle\theta_L \quad (2\text{-}483)$$

$$t_{II} \geqslant t'_{II} + \Delta t \quad (2\text{-}484)$$

式中：Z_L——本线路正序阻抗（Ω）；

K_K——可靠系数，取 0.8～0.85；

Z'_{DZII}——相邻线路距离保护 II 段动作阻抗（Ω）；

K_Z——助增系数；

K'_K——可靠系数，取不大于 0.8；

t'_{II}——相邻线路距离 II 段动作时间（s）。

（3）相间距离III段，按可靠躲过本线路的事故过负荷最小阻抗整定，与系统侧母线其他出线相间距离 II 段或III段配合。计算如下：

1）按躲负荷阻抗（全阻抗启动元件）整定：

$$Z_{DZIII} \leqslant \frac{Z_{FH}}{K_K K_F K_{ZQD}} = \frac{(0.9\sim0.95)U_e}{\sqrt{3}K_K K_F K_{ZQD} I_{FH}} \tag{2-485}$$

式中：Z_{FH}——最小负荷阻抗值（Ω）；

K_K——可靠系数，取 1.2～1.25；

K_F——返回系数，取 1.15～1.25；

K_{ZQD}——负荷的自启动系数，取 1.5～2.5；

I_{FH}——最大负荷电流（A）；

U_e——额定运行相间电压（V）。

注：此处也可直接按整定规程公式 $Z_{DZIII} \leqslant K_K Z_{FH}$ 进行计算（$K_K \leqslant 0.7$）。

2）按与系统侧母线其他出线距离保护 II 段配合整定：

$$Z_{DZIII} \leqslant K_K Z_L + K'_K K_Z Z'_{DZII} \tag{2-486}$$

$$t_{III} \geqslant t'_{II} + \Delta t \tag{2-487}$$

式中：Z_L——本线路正序阻抗（Ω）；

K_K——可靠系数，取 0.8～0.85；

Z'_{DZII}——相邻线路距离保护 II 段动作阻抗（Ω）；

K_Z——助增系数；

K'_K——可靠系数，取不大于 0.8；

t'_{II}——相邻线路距离 II 段动作时间（s）。

3）按与相邻线路距离保护III段配合整定：

$$Z_{DZIII} \leqslant K_K Z_L + K'_K K_Z Z'_{DZIII} \tag{2-488}$$

$$t_{III} \geqslant t'_{III} + \Delta t \tag{2-489}$$

式中：Z_L——本线路正序阻抗（Ω）；

K_K——可靠系数，取 0.8～0.85；

Z'_{DZIII}——相邻线路距离保护III段动作阻抗（Ω）；

K_Z——助增系数；

K'_K——可靠系数，取不大于 0.8；

t'_{III} ——相邻线路距离III段动作时间（s）。

（四）接地距离保护

（1）接地距离Ⅰ段，按可靠躲过本线路末端接地故障整定。计算如下：

$$Z_{DZI} \leqslant K_K Z_L \tag{2-490}$$

$$t_I = 0 \tag{2-491}$$

式中：Z_L ——线路正序阻抗（Ω）；

K_K ——可靠系数，取不大于 0.7。

（2）接地距离Ⅱ段，按保本线路末端接地故障有不小于规定的灵敏系数整定，并与系统侧母线其他出线接地距离Ⅰ段或Ⅱ段配合，此外还应可靠躲过变压器其他侧母线。计算如下：

1）按本线故障有规定的灵敏系数整定：

$$Z_{DZII} \geqslant K_{LM} Z_L \tag{2-492}$$

式中：Z_L ——线路正序阻抗（Ω）；

K_{LM} ——灵敏系数。

2）按躲变压器其他侧母线整定：

$$Z_{DZII} \leqslant K_K Z_L + K_K K_Z Z'_L \tag{2-493}$$

$$t_{II} \geqslant \Delta t \tag{2-494}$$

式中：Z_L ——线路正序阻抗（Ω）；

K_K ——可靠系数，取 0.7～0.8；

Z'_T ——系统侧变压器该电压等级下等值正序阻抗的最小值（Ω）；

K_Z ——助增系数，选用正序助增系数与零序助增系数两者中的较小值。

3）按与相邻线路接地距离Ⅰ段配合整定：

$$Z_{DZII} \leqslant K_K Z_L + K_K K_Z Z'_{DZI} \tag{2-495}$$

$$t_{II} \geqslant \Delta t \tag{2-496}$$

式中：Z_L ——本线路正序阻抗（Ω）；

K_K ——可靠系数，取 0.7～0.8；

Z'_{DZI} ——系统侧母线其他出线接地距离Ⅰ段动作阻抗（Ω）；

K_Z ——助增系数，选用正序助增系数与零序助增系数两者中的较小值。

4）按与相邻线路接地距离Ⅰ段配合困难时，按与相邻线路接地距离Ⅱ段配合整定：

$$Z_{DZII} \leqslant K_K Z_L + K_K K_Z Z'_{DZII} \tag{2-497}$$

$$t_{II} \geqslant t'_{II} + \Delta t \tag{2-498}$$

式中：Z_L ——本线路正序阻抗（Ω）；

K_K ——可靠系数，取 0.7～0.8；

Z'_{DZII} ——相邻线路距离保护Ⅱ段动作阻抗（Ω）；

K_Z ——助增系数，选用正序助增系数与零序助增系数两者中的较小值；

t'_{II}——相邻线路距离Ⅱ段动作时间（s）。

5）相邻线路无接地保护时，按与相邻线路零序Ⅱ段配合整定：

$$Z_{\text{DZII}} \leqslant K_{\text{K}} Z_{\text{L}} + K_{\text{K}} K_{\text{LM}} Z'_{\text{L}} \tag{2-499}$$

$$t_{\text{II}} \geqslant t'_{\text{II}} + \Delta t \tag{2-500}$$

式中：Z_{L}——本线路正序阻抗（Ω）；

Z'_{L}——相邻线路正序阻抗（Ω）；

K_{K}——可靠系数，取 0.7～0.8；

K_{LM}——零序电流Ⅱ段在不利运行方式的灵敏系数；

t'_{II}——相邻线路零序电流Ⅱ段动作时间（s）。

（3）接地距离Ⅲ段，按可靠躲过本线路的事故过负荷最小阻抗整定，并与系统侧母线其他出线相间距离Ⅱ段或Ⅲ段配合。计算如下：

1）按躲负荷阻抗整定：

$$Z_{\text{DZIII}} \leqslant \frac{Z_{\text{FH}}}{K_{\text{K}} K_{\text{F}} K_{\text{ZQD}}} = \frac{(0.9 \sim 0.95) U_{\text{e}}}{\sqrt{3} K_{\text{K}} K_{\text{F}} K_{\text{ZQD}} I_{\text{FH}}} \tag{2-501}$$

式中：Z_{FH}——最小负荷阻抗值（Ω）；

K_{K}——可靠系数，取 1.2～1.25；

K_{F}——返回系数，取 1.15～1.25；

K_{ZQD}——负荷的自启动系数，取 1.5～2.5；

I_{FH}——最大负荷电流（A）；

U_{e}——额定运行相间电压（V）。

注：此处也可直接按整定规程公式 $Z_{\text{DZIII}} \leqslant K_{\text{K}} Z_{\text{FH}}$ 进行计算（$K_{\text{K}} \leqslant 0.7$）。

2）按与系统侧母线其他出线接地距离Ⅱ段配合整定：

$$Z_{\text{DZIII}} \leqslant K_{\text{K}} Z_{\text{L}} + K_{\text{K}} K_{\text{Z}} Z'_{\text{DZII}} \tag{2-502}$$

$$t_{\text{III}} \geqslant t'_{\text{II}} + \Delta t \tag{2-503}$$

式中：Z_{L}——本线路正序阻抗（Ω）；

K_{K}——可靠系数，取 0.7～0.8；

Z'_{DZII}——相邻线路距离保护Ⅱ段动作阻抗（Ω）；

K_{Z}——助增系数，选用正序助增系数与零序助增系数两者中的较小值；

t'_{II}——相邻线路距离Ⅱ段动作时间（s）。

3）按与系统侧母线其他出线接地距离Ⅲ段配合整定：

$$Z_{\text{DZIII}} \leqslant K_{\text{K}} Z_{\text{L}} + K_{\text{K}} K_{\text{Z}} Z'_{\text{DZIII}} \tag{2-504}$$

$$t_{\text{III}} \geqslant t'_{\text{III}} + \Delta t \tag{2-505}$$

式中：Z_{L}——本线路正序阻抗（Ω）；

K_{K}——可靠系数，取 0.7～0.8；

Z'_{DZIII}——相邻线路距离保护Ⅲ段动作阻抗（Ω）；

K_Z——助增系数，选用正序助增系数与零序助增系数两者中的较小值；

t'_{III}——相邻线路距离III段动作时间（s）。

（五）零序电流保护

（1）此场景中零序电流保护一般为四段式，最后一段一般不大于300A（一次值）。

（2）零序电流Ⅰ段（带方向），按躲线末故障最大三倍零序电流整定。优先选取与距离保护相同的原则。动作值躲不过断路器合闸三相不同步最大零序电流（$3I_{obtmax}$）时，重合闸过程中带 0.1s 延时或退出运行。计算如下：

1）按躲线路末端接地故障最大零序电流（$3I_0$）整定：

$$I_{DZI} \geqslant K_K 3I_{0\max} \tag{2-506}$$

$$t_I = 0 \tag{2-507}$$

式中：$I_{0\max}$——区外故障最大零序电流（A）；

K_K——可靠系数，取不小于1.3。

2）按躲线路断路器三相不同时合闸的最大零序电流整定：

$$I_{DZI} \geqslant K_K 3I_{0bt\max} \tag{2-508}$$

$$t_I = 0 \tag{2-509}$$

式中：K_K——可靠系数，取1.1～1.2；

$I_{0bt\max}$——断路器三相不同时合闸所产生的零序电流最大值（A）。计算如下：

两相先接通时：

$$I_{0bt\max} = \frac{-2I_j}{Z_{1\Sigma} + 2Z_{0\Sigma}} \tag{2-510}$$

一相先接通时：

$$I_{0bt\max} = \frac{2I_j}{2Z_{1\Sigma} + Z_{0\Sigma}} \tag{2-511}$$

式中：I_j——该电压等级下的基准电流（A）；

$Z_{1\Sigma}$——综合正序阻抗标幺值；

$Z_{0\Sigma}$——综合零序阻抗标幺值。

3）当线路太短导致零序Ⅰ段保护范围很小，甚至无保护范围时，则零序Ⅰ段应停用。

（3）零序电流Ⅱ段（带方向），应按保本线路末端故障时有规定的灵敏度整定，与系统侧母线其他出线零序Ⅰ段或Ⅱ段配合，并躲过变压器 220kV（或330kV）侧接地故障流过线路的$3I_0$。计算如下：

1）按线末接地故障有规定的灵敏度整定：

$$I_{DZII} \leqslant \frac{K_{FZ} 3I_{0.\min}}{K_{LM}} \tag{2-512}$$

式中：$I_{0.\min}$——本线路末端故障时最小零序电流（A）；

K_{LM}——灵敏系数；

K_{FZ} ——最大分支系数。

2）按与系统侧母线其他出线零序Ⅰ段配合整定：

$$I_{DZII} \geqslant K_K K_{FZ} I'_{DZI} \tag{2-513}$$

$$t_{II} \geqslant \Delta t \tag{2-514}$$

式中：I'_{DZI} ——相邻线路零序Ⅰ段动作值（A）；

K_K ——可靠系数，取不小于 1.1；

K_{FZ} ——最大分支系数。

3）按与系统侧母线其他出线零序Ⅱ段配合整定：

$$I_{DZII} \geqslant K_K K_{FZ} I'_{DZII} \tag{2-515}$$

$$t_{II} \geqslant t'_{II} + \Delta t \tag{2-516}$$

式中：I'_{DZII} ——相邻线路零序Ⅱ段动作值（A）；

K_K ——可靠系数，取不小于 1.1；

K_{FZ} ——最大分支系数；

t'_{II} ——相邻线路零序Ⅱ段动作时间（s）。

4）校核变压器 220kV（或 330kV）侧接地故障流过线路的 $3I_0$：

$$I_{DZII} \geqslant K'_K 3I_0 \tag{2-517}$$

$$t_{II} \geqslant \Delta t \tag{2-518}$$

式中：K'_K ——可靠系数，取 1.1～1.3；

（4）零序电流Ⅲ、Ⅳ段（带方向）按不大于 300A（一次值）整定。

（六）阶段式电流保护

（1）电流速断保护，按躲过本线路末端最大三相短路电流整定。计算如下：

1）按躲线末最大三相短路电流整定：

$$I_{DZI} \geqslant K_K I_{d\max}^{(3)} \tag{2-519}$$

$$t_I = 0 \tag{2-520}$$

式中：$I_{d\max}^{(3)}$ ——本线路末端最大三相短路电流（A）；

K_K ——可靠系数，取不小于 1.3。

2）对于发电厂或重要用户的单电源配电线，可根据厂用电或用户需求，按保证母线残压不低于 60%～70%额定电压整定：

$$I_{dz} \leqslant (0.26 \sim 0.346) \frac{I_j}{Z_{xt.min}} \tag{2-521}$$

式中：I_j ——该电压等级下基准电流（A）；

$Z_{xt.min}$ ——系统最小方式下母线短路阻抗标幺值。

3）校核最小保护范围：

$$l_i^{(2)}=\frac{1}{Z_{xl}}\left(\frac{\sqrt{3}I_j}{2I_{dz}}-Z_{xt}\right) \tag{2-522}$$

$$l_i^{(3)}=\frac{1}{Z_{xl}}\left(\frac{I_j}{I_{dz}}-Z_{xt}\right) \tag{2-523}$$

式中：$l_i^{(2)}$ ——两相短路时电流保护最小保护区百分值；

$l_i^{(3)}$ ——三相短路时电流保护最小保护区百分值；

I_j ——该电压等级下基准电流（A）；

I_{dz} ——电流速断保护定值（A）；

Z_{xt} ——系统阻抗标幺值；

Z_{xl} ——线路阻抗标幺值。

（2）限时电流速断保护，按保本线路末端故障时有规定的灵敏度，并可靠躲过变压器其他侧母线整定，还应考虑与系统侧母线其他出线电流速断保护配合。计算如下：

1）按保本线路末端故障时有规定的灵敏度整定：

$$I_{DZII}\leqslant\frac{K_{FZ}I_{min}}{K_{LM}} \tag{2-524}$$

式中：I_{min} ——本线路末端故障时最小故障电流（A）；

K_{LM} ——灵敏系数；

K_{FZ} ——最大分支系数。

2）按躲系统侧变压器其他侧故障时流过本线路最大三相短路电流整定：

$$I_{DZII}\geqslant K_K K_{FZ} I_{d\max}^{(3)} \tag{2-525}$$

$$t_{II}\geqslant\Delta t \tag{2-526}$$

式中：K_{FZ} ——最大分支系数；

$I_{d\max}^{(3)}$ ——变压器其他侧故障时本线路最大三相短路电流（A）；

K_K ——可靠系数，取不小于 1.3。

3）按与相邻线路只有电流测量元件的速断保护配合整定：

$$I_{DZII}\geqslant K_K K_{FZ} I'_{DZI} \tag{2-527}$$

$$t_{II}\geqslant\Delta t \tag{2-528}$$

式中：K_{FZ} ——最大分支系数；

I'_{DZI} ——相邻线路电流速断保护Ⅰ段（A）；

K_K ——可靠系数，取不小于 1.1。

4）按与相邻线路只有电压测量元件的速断保护配合整定：

$$I_{DZII}\geqslant\frac{K_K(E_{XT}-U'_{DZI}/\sqrt{3})}{Z_{XT.min}+Z_L} \tag{2-529}$$

$$t_{II}\geqslant\Delta t \tag{2-530}$$

式中：K_K ——可靠系数，取不小于 1.1；

E_{XT}——系统相电势（V）；

U'_{DZI}——相邻线路速断保护电压Ⅰ段（V）；

$Z_{XT.min}$——线路背侧系统在最大运行方式下的最小等值阻抗（Ω）。

Z_L——本线路正序阻抗（Ω）。

5）当相邻线路电流、电压元件均作为测量元件时，取公式（2-527）和公式（2-529）的较大值。

6）与相邻线路限时速断保护配合，定值按公式（2-527）和公式（2-529）整定，时限按下式整定：

$$t_{II} \geqslant t'_{II} + \Delta t \tag{2-531}$$

式中：t'_{II}——相邻线路限时速断保护的动作时间（s）。

（3）过电流保护，按躲最大负荷电流整定，并与系统侧母线其他出线过电流保护配合。计算如下：

1）按躲过最大负荷电流整定：

$$I_{DZIII} \geqslant \frac{K_K K_{ZQD}}{K_F} I_{FH.max} \tag{2-532}$$

式中：K_K——可靠系数，取不小于1.2；

K_F——返回系数，取0.85～0.95；

K_{ZQD}——电动机自启动系数，取1.5～2.5；

$I_{FH.max}$——本线路的最大负荷电流（A）。

2）按与系统侧母线其他出线只有电流测量元件的限时速断保护配合整定：

$$I_{DZIII} \geqslant K_K K_{FZ} I'_{DZII} \tag{2-533}$$

$$t_{III} \geqslant t'_{II} + \Delta t \tag{2-534}$$

式中：K_{FZ}——最大分支系数；

I'_{DZII}——相邻线路电流速断保护Ⅱ段（A）；

K_K——可靠系数，取不小于1.1。

3）按与系统侧母线其他出线只有电压测量元件的限时速断保护配合整定：

$$I_{DZIII} \geqslant \frac{K_K (E_{XT} - U'_{DZII}/\sqrt{3})}{Z_{XT.min} + Z_L} \tag{2-535}$$

$$t_{III} \geqslant t'_{II} + \Delta t \tag{2-536}$$

式中：K_K——可靠系数，取不小于1.1；

E_{XT}——系统相电势（V）；

U'_{DZII}——相邻线路速断保护电压Ⅱ段（V）；

$Z_{XT.min}$——线路背侧系统在最大运行方式下的最小等值阻抗（Ω）；

Z_L——本线路正序阻抗（Ω）。

4）当相邻线路电流、电压元件均作为测量元件时，取公式（2-533）和公式（2-535）

的较大值。

5）与相邻线路过电流保护配合，定值按公式（2-533）和公式（2-535）整定，时限按下式计算：

$$t_{\mathrm{III}} \geqslant t'_{\mathrm{III}} + \Delta t \tag{2-537}$$

式中：t'_{III}——相邻线路过电流保护的动作时间（s）。

6）校验过电流保护对本线路末端及相邻元件远后备的灵敏度：

$$K_{\mathrm{LM}} = \frac{K_{\mathrm{FZ}} I_{\min}}{I_{\mathrm{DZIII}}} \tag{2-538}$$

式中：$I_{\min}$——相邻线路末端或相邻变压器低压侧故障时最小故障电流（A）；

K_{LM}——灵敏度，近后备不小于1.3，远后备不小于1.2；

K_{FZ}——最大分支系数。

五、线路其他辅助定值

（1）振荡闭锁过电流按躲过线路最大负荷电流整定。此场景下可根据计算振荡中心（$Z_{\Sigma}/2$）的位置判断是否经振荡闭锁。

（2）正序灵敏角、零序灵敏角按线路的正序、零序阻抗角整定。

（3）为扩大测量过渡电阻能力，接地距离、相间距离Ⅰ、Ⅱ段的特性圆向第一象限偏移的角度，可按保护说明书的建议值整定。接地距离偏移角：线路长度大于等于40km时取0°，大于等于10km且小于40km时取15°，小于10km时取30°；相间距离偏移角：线路长度大于等于10km时取0°，大于等于2km且小于10km时取15°，小于2km时取30°。

（4）TV断线过电流按躲过电线路最大负荷电流整定。

（5）重合闸时间按除应大于故障点断电去游离时间外，还应大于断路器及操作机构复归原状准备发再次动作的时间整定。对于本场景双侧电源线路的情况，还应考虑线路两侧保护装置以不同时间切除故障的可能性，一般整定为大于1.0s。系统侧开关三相检无压启动，靠近小电源侧开关重合闸停用。计算如下：

$$t_{\mathrm{z.min}} = t_{\mathrm{x}} + t_{\mathrm{d}} + \Delta t - t_{\mathrm{k}} \tag{2-539}$$

式中：$t_{\mathrm{z.min}}$——最小重合闸时间（s）；

t_{x}——对侧保护延时段动作时间（s）；

t_{d}——断电时间（s）；

t_{k}——继路器合闸固有时间（s）。

（6）选择加速距离、零序、过电流某段时，一般按该段是否满足线末故障有2倍以上的灵敏度整定。

（7）过负荷按躲过正常负荷的电流整定。计算如下：

$$I_{\mathrm{GFH}} = \frac{K_{\mathrm{K}}}{K_{\mathrm{F}}} I_{\mathrm{FH.max}} \tag{2-540}$$

$$t_{\mathrm{GFH}} \geqslant 4\mathrm{s} \tag{2-541}$$

式中：K_K——可靠系数，取不小于 1.05；

K_F——返回系数，取 0.85～0.95；

$I_{FH.max}$——本线路的最大负荷电流（A）；

t_{GFH}——过负荷告警时间（s）。

六、系统侧变压器保护

参照系统侧变压器保护的常规配置及计算方法（第一章“供电线路带单一负荷变电站”接线方式的整定计算第四条系统侧变压器保护）。

【例 2.9】 如图 2-17 所示系统中，所标参数均是一次有名值，阻抗全部折算到 110kV 侧，请计算图中 110kV 线路 L1 两侧（103 开关、03 开关），线路 L2 两侧（04 开关、05 开关）纵联保护，距离Ⅰ、Ⅱ、Ⅲ段及零序保护整定值（分支系数均取 1）。

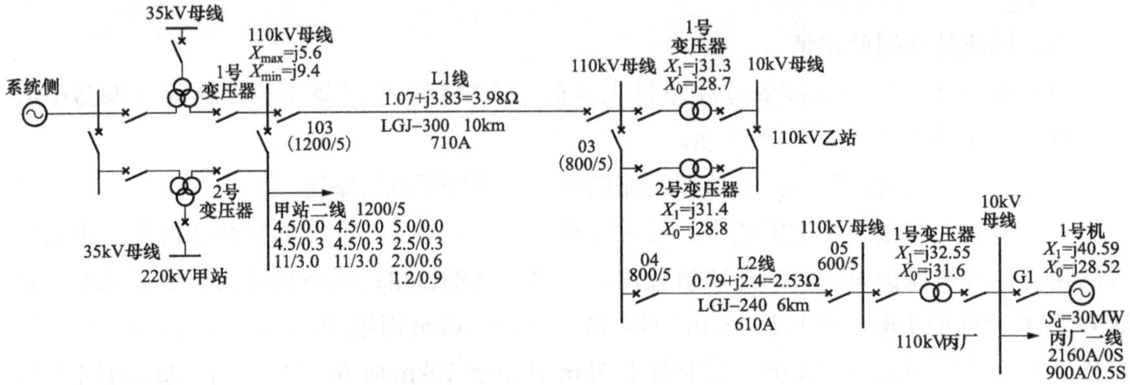

图 2-17 110kV 串供联络线定值整定图示

【答案】

（一）参数计算

从电源到 L1 线路末端的综合阻抗：

大方式：$Z_d = j5.6 + 1.07 + j3.83 = 1.07 + j9.43 = 9.49(\Omega)$

小方式：$Z_x = j9.4 + 1.07 + j3.83 = 1.07 + j13.23 = 13.27(\Omega)$

从电源到乙站主变压器低压侧的综合阻抗：

大方式：$Z_d = j5.6 + 1.07 + j3.83 + j15.67 = 1.07 + j25.10 = 25.13(\Omega)$

小方式：$Z_x = j9.4 + 1.07 + j3.83 + j31.3 = 1.07 + j44.53 = 44.55(\Omega)$

从电源到 L2 线路末端的综合阻抗：

大方式：$Z_d = j5.6 + 1.07 + j3.83 + 0.79 + j2.4 = 1.86 + j11.83 = 11.98(\Omega)$

小方式：$Z_x = j9.4 + 1.07 + j3.83 + 0.79 + j2.4 = 1.86 + j15.63 = 15.74(\Omega)$

从电源到丙厂主变压器低压侧的综合阻抗：

大方式：$Z_d = j5.6 + 1.07 + j3.83 + 0.79 + j2.4 + j32.55 = 1.86 + j44.38 = 44.42(\Omega)$

小方式：$Z_x = j9.4 + 1.07 + j3.83 + 0.79 + j2.4 + j32.55 = 1.86 + j48.48 = 48.22(\Omega)$

（二）110kV 乙站 L2 线 04 开关处保护

TA 电流比为 800/5。

（1）纵联差动启动电流值。

1）乙站 L2 线 04 开关处，按躲 L2 线路末端故障最大不平衡电流整定（系统侧）:

$$I_{dz}=1.3\times0.1\times2\times\frac{110000}{\sqrt{3}\times11.98\times160}=8.61(\text{A})$$

2）丙厂 L2 线 05 开关处，按躲 L2 线路末端故障最大不平衡电流整定（小电源侧）:

$$I_{dz}=1.3\times0.1\times2\times\frac{110000}{\sqrt{3}\times(2.53+32.55+40.59)\times120}=1.82(\text{A})$$

两侧取一致，L2 线丙厂侧：取 2A。

L2 线乙站侧：$I_{dz}=2\times120/60=1.5(\text{A})$

3）灵敏度校验:

$$K_{LM}=\frac{110000}{0.79+2\times(2.4+31.6+28.52)}\div(2\times120)=3.64$$

（2）相间距离保护:

1）相间距离 I 段:

按躲本线末端故障整定:

$$Z_{jdzI}=0.85\times2.53\times\frac{160}{1100}=0.31(\Omega)$$

实取 $Z_{jdzI}=0.30\Omega$，$T_{dz}=0\text{s}$。

2）相间距离 II 段:

①按线末故障有足够的灵敏系数整定:

$$Z_{jdzII}\geqslant1.5\times2.53\times\frac{160}{1100}=0.55(\Omega)$$

②按躲 110kV 丙厂 1 号主变压器低压侧母线整定:

$$Z_{jdzII}=(0.85\times2.53+0.7\times32.55)\times\frac{160}{1100}=3.63(\Omega)$$

实取 $Z_{jdzI}=3.6\Omega$，$T_{dz}=0.3\text{s}$。

3）相间距离 III 段:

①按躲最大负荷电流 600A 整定:

$$Z_{jdzIII}=\frac{0.9\times110000}{\sqrt{3}\times1.2\times1.2\times1.5\times600}\times\frac{160}{1100}=6.42(\Omega)$$

实取 $Z_{jdzIII}=6.4\Omega$。

时间与 110kV 丙厂高后备复压过电流时间配合，取 $T_{dz}=1.8\text{s}$。

（3）接地距离保护:

1）接地距离 I 段:

①按躲本线末端故障整定：

$$Z_{\text{jdzI}}=0.7\times2.53\times\frac{160}{1100}=0.26(\Omega)$$

实取 $Z_{\text{jdzI}}=0.25\Omega$，$T_{\text{dz}}=0\text{s}$。

2）接地距离Ⅱ段：

①按线末故障有足够的灵敏系数整定：

$$Z_{\text{jdzII}}\geqslant1.5\times2.53\times\frac{160}{1100}=0.55(\Omega)$$

②按躲 110kV 丙厂 1 号主变压器低压侧母线整定：

$$Z_{\text{DZIII}}=(0.7\times2.53+0.7\times32.55)\times\frac{160}{1100}=3.63(\Omega)$$

实取 $Z_{\text{jdzII}}=3.5\Omega$，$T_{\text{dz}}=0.3\text{s}$。

3）接地距离Ⅲ段：

①按躲最大负荷电流 600A 整定：

$$Z_{\text{jdzIII}}=\frac{0.9\times110000}{\sqrt{3}\times1.2\times1.2\times1.5\times600}\times\frac{160}{1100}=6.42(\Omega)$$

实取 $Z_{\text{jdzIII}}=6\Omega$。

时间与 110kV 丙厂高后备复压过电流时间配合，取 $T_{\text{dz}}=1.8\text{s}$。

（4）方向零序保护：

1）零序电流Ⅰ段：

①按躲 L2 线路末端接地故障最大零序电流整定：

$$I_{\text{DZI}}=1.3\times\frac{3\times110000}{2\times11.98+5.2+3\times(1.07+\text{j}3.83+0.79+\text{j}2.40)}\div160=55.1(\text{A})$$

②按躲丙厂 1 号变压器低压侧母线相间短路的最大不平衡电流整定：

$$I_{\text{DZI}}=1.3\times0.15\times2\times\frac{110000}{1.732\times44.42}\div160=3.49(\text{A})$$

实取 I_{DZI}=10A，$T_{\text{dz}}=0\text{s}$。

③灵敏度校验：

$$K_{\text{LM}}=\frac{3\times110000}{2\times15.74+6.6+3\times(1.07+\text{j}3.83+0.79+\text{j}2.40)}\div160\div10=3.62$$

2）零序电流Ⅱ段：

①按躲 L2 线路末端接地故障有规定的灵敏度整定：

$$I_{\text{DZI}}\leqslant\frac{3\times110000}{2\times15.75+6.6+3\times(1.07+\text{j}3.83+0.79+\text{j}2.40)}\div160\div1.5=24.1(\text{A})$$

②按躲丙厂 1 号变压器低压侧母线相间短路的最大不平衡电流整定：

$$I_{\text{DZI}}=1.3\times0.15\times2\times\frac{110000}{1.732\times44.42}\div160=3.49(\text{A})$$

实取 $I_{DZI}=4A$，$T_{dz}=0.3s$。

3）零序电流Ⅲ段：取 $I_{DZI}=2.5A$，$T_{dz}=0.6s$。

4）零序电流Ⅳ段：当时间大于 0.3s 时，躲不平衡电流的公式变为

$$I_{dz}=1.3\times0.15\times I_{d3}$$

按躲丙厂 1 号变压器低压侧母线相间短路的最大不平衡电流整定：

$$I_{DZI}=1.3\times0.15\times\frac{110000}{1.732\times44.42}\div160=1.75(A)$$

实取 $I_{DZI}=1.8A$，$T_{dz}=0.9s$。

（三）110kV 甲站 L1 线 103 开关处保护

TA 电流比为 1200/5。

（1）纵联差动启动电流值：

1）甲站 L1 线 103 开关处，按躲 L1 线路末端故障最大不平衡电流整定（系统侧）：

$$I_{dz}=1.3\times0.1\times2\times\frac{110000}{\sqrt{3}\times(5.6+3.98)\times240}=7.18(A)$$

2）乙站 L1 线 03 开关处，按躲 L1 线路末端故障最大不平衡电流整定（小电源侧）：

$$I_{dz}=1.3\times0.1\times2\times\frac{110000}{\sqrt{3}\times(3.98+2.53+32.55+40.59)\times160}=1.3(A)$$

两侧取一致，L1 线乙站侧：取 1.5A。

L1 线甲站侧：

$$I_{dz}=1.5\times160\div240=1(A)$$

3）灵敏度校验：

$$K_{LM}=\frac{110000}{1.07+0.79+2\times(3.83+2.4+31.6+40.59)}\div(1.5\times160)=2.89$$

（2）距离保护：

1）相间距离Ⅰ段：

按躲本线末端相间故障整定：

$$Z_{jdzI}=0.85\times3.98\times\frac{160}{1100}=0.49(\Omega)$$

实取 $Z_{jdzI}=0.45\Omega$，$T_{dz}=0s$。

2）相间距离Ⅱ段：

①按线末相间故障有足够的灵敏系数整定：

$$Z_{jdzII}\geqslant1.5\times3.98\times\frac{160}{1100}=0.87(\Omega)$$

②按躲 110kV 甲站 110kV 侧母线整定：

$$Z_{jdzII}\leqslant(0.85\times3.98+0.7\times9.49)\times\frac{160}{1100}=1.46(\Omega)$$

③按与甲站二线甲站侧距离保护Ⅰ段（定值：4.5Ω/0s）

$$Z_{\mathrm{DZII}} \leqslant 0.85\times3.98\times\frac{160}{1100}+0.8\times4.5\times160/240=2.89(\Omega)$$

实取 $Z_{\mathrm{jdzII}}=1.45(\Omega)$，$T_{\mathrm{dz}}=0.3\mathrm{s}$。

3）相间距离Ⅲ段：

①按躲最大负荷电流 800A 整定：

$$Z_{\mathrm{jdzIII}}=\frac{0.9\times110000}{\sqrt{3}\times1.2\times1.2\times1.5\times800}\times\frac{160}{1100}=4.81(\Omega)$$

②与甲站二线甲站侧距离保护Ⅲ段（定值：11Ω/3.0s）配合整定。

$$Z_{\mathrm{DZIII}} \leqslant 0.85\times3.98\times\frac{160}{1100}+0.8\times11\times160/240=6.36(\Omega)$$

实取 $Z_{\mathrm{jdzIII}}=4.8\Omega, T_{\mathrm{dz}}=3.3\mathrm{s}$。

接地距离保护比相间距离保护稍小。

（3）方向零序保护：

1）零序电流Ⅰ段：

①按躲 L1 线路末端接地故障最大零序电流整定：

$$I_{\mathrm{DZ}}=1.3\times\frac{3\times110000}{2\times9.49+5.2+3\times3.98}\div240=49.49(\mathrm{A})$$

②灵敏度校验：

$$K_{\mathrm{LM}}=\frac{3\times110000}{2\times13.27+6.6+3\times3.98}\div240\div49.49=0.8$$

无灵敏度，零序Ⅰ段可以停用。

2）零序电流Ⅱ段：

①按躲 L1 线路末端接地故障有 1.5 的灵敏度整定：

$$I_{\mathrm{DZ}} \leqslant \frac{3\times110000}{2\times13.27+6.6+3\times3.98}\div240\div1.5=2.643(\mathrm{A})$$

②按躲乙站 1 号主变压器低压侧母线相间短路的最大不平衡电流整定：

$$I_{\mathrm{DZ}}=1.3\times0.15\times2\times\frac{110000}{1.732\times(9.49+31.3)}\div240=2.53(\mathrm{A})$$

③按与 L2 线路零序Ⅰ段 10A/0s 配合整定：

$$I_{\mathrm{DZ}} \geqslant 1.1\times10\times160\div240=7.33(\mathrm{A})$$

实取 I_{DZ}=8A，$T_{\mathrm{dz}}=0.3\mathrm{s}$。

④灵敏度校验：

$$K_{\mathrm{LM}}=\frac{3\times110000}{2\times13.27+6.6+3\times3.98}\div240\div8=3.82$$

3）零序电流Ⅲ段：

①按与 L2 线路零序Ⅱ段 4A/0.3s 配合整定：

$$I_{DZ} \geqslant 1.1 \times 4 \times 160 \div 240 = 2.93(A)$$

②按与 L2 线路零序Ⅲ段 2.5A/0.6s 配合整定:

$$I_{DZ} \geqslant 1.1 \times 2.5 \times 160 \div 240 = 1.83(A)$$

实取 I_{DZ}=2.0A，$T_{dz} = 0.9s$。

4）零序电流Ⅳ段:

当时间大于 0.3 s 时，躲不平衡电流的公式变为

$$I_{dz}=1.3\times0.15\times I_{d3}$$

①按躲乙站低压侧母线相间短路的最大不平衡电流整定:

$$I_{DZ} = 1.3 \times 0.15 \times \frac{110000}{1.732 \times (9.49 + 31.3)} \div 240 = 1.27(A)$$

②按与 L2 线路零序Ⅳ段 1.8A/0.9s 配合整定:

$$I_{DZ} \geqslant 1.1 \times 1.8 \times 160 \div 240 = 1.32(A)$$

实取 I_{DZ}=1.5A，T_{dz} =1.2s。

（四）110kV 乙站 L1 线 03 开关处保护

TA 电流比为 800/5。

（1）纵联差动启动电流值：线路两侧要求取一致，在计算 L1 线乙站侧时已经计算，取 1A。

（2）距离保护:

1）相间距离Ⅰ段:

按躲本线末端故障整定:

$$Z_{jdzI} = 0.85 \times 3.98 \times \frac{240}{1100} = 0.74(\Omega)$$

实取 $Z_{jdzI} = 0.70\Omega$。

$$Z_{dzI} = 0.70 \times \frac{1100}{240} = 3.21(\Omega)$$

$$T_{dz} = 0s$$

2）相间距离Ⅱ段:

①按线末故障有足够的灵敏系数整定:

$$Z_{jdzII} \geqslant 1.5 \times 3.98 \times \frac{240}{1100} = 1.3(\Omega)$$

②按躲 110kV 乙站低压侧母线（并列）整定:

$$Z_{jdzII} \leqslant (0.85 \times 3.98 + 0.7 \times 15.67) \times \frac{240}{1100} = 3.13(\Omega)$$

③按躲 110kV 乙站低压侧母线（分列）整定:

$$Z_{jdzII} \leqslant (0.85 \times 3.98 + 0.7 \times 31.3) \times \frac{240}{1100} = 5.51(\Omega)$$

④按与 L2 线距离保护Ⅰ段配合整定:

$$Z_{DZII} \leqslant 0.85 \times 3.98 \times \frac{240}{1100} + 0.8 \times 0.3 \times 240/160 = 1.1(\Omega)$$

⑤与 L2 线距离保护Ⅰ段配合困难，按与 L2 线距离保护Ⅱ段配合 3.6A/0.3s 整定：

$$Z_{DZII} \leqslant 0.85 \times 3.98 \times \frac{240}{1100} + 0.8 \times 3.6 \times 240/160 = 5.06(\Omega)$$

实取 $Z_{jdzII} = 5\Omega$，要求 110kV 乙站两台变压器低压侧分列运行。

$$T_{dz} = 0.6s$$

3）相间距离Ⅲ段：

①按躲最大负荷电流 800A 整定：

$$Z_{jdzIII} = \frac{0.9 \times 110000}{\sqrt{3} \times 1.2 \times 1.2 \times 1.5 \times 800} \times \frac{240}{1100} = 7.22(\Omega)$$

②与 L2 线距离保护Ⅱ段配合困难，按与 L2 线距离保护Ⅲ段配合 6.4A/1.8s 整定：

$$Z_{DZIII} \leqslant 0.85 \times 3.98 \times \frac{240}{1100} + 0.8 \times 6.4 \times 240/160 = 8.42(\Omega)$$

实取 $Z_{jdzIII} = 7.2\Omega$。

$$Z_{dzIII} = 7.2 \times \frac{1100}{240} = 33(\Omega)$$

$$T_{dz} = 2.1s$$

接地距离保护比相间距离保护稍小。

（3）方向零序保护

1）零序电流Ⅰ段：

按躲 L1 线路末端接地故障最大零序电流整定：

$$I_{DZ} = 1.3 \times \frac{3 \times 110000}{2 \times (3.98 + 2.53) + 31.6 + 0.37 + 3 \times (3.98 + 2.53)} \div 160 = 41.56(A)$$

实取 $I_{DZ} = 42A$。

2）零序电流Ⅱ段：

①按躲 L1 线路末端接地故障有规定的灵敏度整定：

$$I_{DZ} \leqslant \frac{3 \times 110000}{2 \times (3.98 + 2.53) + 31.6 + 0.37 + 3 \times (3.98 + 2.53)} \div 160 \div 1.5 = 36.02(A)$$

②按与甲站二线甲站侧零序Ⅰ段 5.0A/0s 配合整定：

$$I_{DZ} \geqslant 1.1 \times 5 \times 240 \div 160 = 8.25(A)$$

③按与甲站二线甲站侧零序Ⅱ段 2.5A/0.3s 配合整定：

$$I_{DZ} \geqslant 1.1 \times 2.5 \times 240 \div 160 = 4.13(A)$$

实取 $I_{DZ} = 5A$，$T_{dz} = 0.6s$。

3）零序电流Ⅲ段：

按与甲站二线甲站侧零序Ⅲ段 2.0A/0.6s 配合整定：

$$I_{DZ} \geqslant 1.1 \times 2 \times 240 \div 160 = 3.3(A)$$

实取 $I_{DZ} = 3.5A$，$T_{dz} = 0.9s$。

4）零序电流Ⅳ段：

按与甲站二线甲站侧零序Ⅳ段 1.2A/0.9s 配合整定：

$$I_{DZ} \geqslant 1.1 \times 1.2 \times 240 \div 160 = 1.98(A)$$

实取 $I_{DZ} = 2.0A$，$T_{dz} = 1.2s$。

（五）110kV 丙厂 L2 线 05 开关处保护

TA 电流比为 600/5。

（1）纵联差动启动电流值：

线路两侧要求取一致，在计算 L2 线乙站侧时已经计算，取 2A。

（2）距离保护：

1）相间距离Ⅰ段：

按躲本线末端故障整定：

$$Z_{jdzI} = 0.85 \times 2.53 \times \frac{120}{1100} = 0.235(\Omega)$$

实取 $Z_{jdzI} = 0.23\Omega$。

$$Z_{dzI} = 0.23 \times \frac{1100}{120} = 2.11(\Omega)$$

$$T_{dz} = 0s$$

2）相间距离Ⅱ段：

①按躲 110kV 乙站低压侧母线（并列）整定：

$$Z_{jdzII} \leqslant (0.85 \times 2.53 + 0.7 \times 15.67) \times \frac{120}{1100} = 1.43(\Omega)$$

②按躲 110kV 乙站低压侧母线（分列）整定：

$$Z_{jdzII} \leqslant (0.85 \times 2.53 + 0.7 \times 31.3) \times \frac{120}{1100} = 2.62(\Omega)$$

③按与 L1 线乙站侧距离保护Ⅰ段 0.7A/0s 配合整定：

$$Z_{DZII} \leqslant 0.85 \times 2.53 \times \frac{120}{1100} + 0.8 \times 0.7 \times 120/160 = 0.66(\Omega)$$

④与 L1 线距离保护Ⅰ段配合困难，按与 L1 线距离保护Ⅱ段配合 5.0A/0.6s 整定：

$$Z_{DZII} \leqslant 0.85 \times 2.53 \times \frac{120}{1100} + 0.8 \times 5 \times 120/160 = 3.235(\Omega)$$

取 $Z_{jdzII} = 2.6\Omega$，要求 110kV 乙站两台变压器低压侧分列运行。

$$T_{dz} = 0.9s$$

3）相间距离Ⅲ段：

①按躲最大负荷电流 600A 整定：

$$Z_{\text{jdzIII}}=\frac{0.9\times110000}{\sqrt{3}\times1.2\times1.2\times1.5\times600}\times\frac{120}{1100}=4.81(\Omega)$$

②与 L1 线距离保护Ⅱ段配合困难，按与 L1 线距离保护Ⅲ段配合 7.2A/2.1s 整定：

$$Z_{\text{DZIII}}\leqslant0.85\times2.53\times\frac{120}{1100}+0.8\times7.24\times120/160=4.58(\Omega)$$

实取 $Z_{\text{jdzIII}}=4.5\Omega$，$T_{\text{dz}}=2.4\text{s}$。

接地距离保护比相间距离保护稍小。

（3）方向零序保护：

1）零序电流Ⅰ段：

按躲 L2 线路末端接地故障最大零序电流整定：

$$I_{\text{DZ}}=1.3\times\frac{3\times110000}{2\times2.53+31.6+0.37+3\times2.53}\div120=80.12(\text{A})$$

2）零序电流Ⅱ段：

①按躲 L1 线路末端接地故障有规定的灵敏度整定：

$$I_{\text{DZ}}\leqslant\frac{3\times110000}{2\times2.53+31.6+0.37+3\times2.53}\div120\div1.5=41.09(\text{A})$$

②按与 L1 线乙站侧零序Ⅰ段 42A/0s 配合整定：

$$I_{\text{DZ}}\geqslant1.1\times42\times160\div120=61.6(\text{A})$$

③按与 L1 线乙站侧零序Ⅱ段 5A/0.6s 配合整定：

$$I_{\text{DZ}}\geqslant1.1\times5\times160\div120=7.67(\text{A})$$

实取 I_{DZ}=8A，$T_{\text{dz}}=0.9\text{s}$。

3）零序电流Ⅲ段：

按与 L1 线乙站侧零序Ⅲ段 3.5A/0.9s 配合整定：

$$I_{\text{DZ}}\geqslant1.1\times3.5\times160\div120=5.13(\text{A})$$

实取 I_{DZ}=5.2A，$T_{\text{dz}}=1.2\text{s}$。

4）零序电流Ⅳ段：

按与 L1 线乙站侧零序Ⅳ段 2.0A/1.2s 配合整定：

$$I_{\text{DZ}}\geqslant1.1\times2\times160\div120=2.93(\text{A})$$

实取 I_{DZ}=3.0A，$T_{\text{dz}}=1.5\text{s}$。

第五节 “小电源厂站经专线于 220kV 变电站中、低压侧并网”接线方式的整定计算

本节考虑的接线方式，是 110kV、35kV 小电源经 110kV、35kV 专线在 220kV 变电站中、低压侧直接并网的方式。如图 2-18 所示，保护定值应从小电源升压变压器、110kV（35kV）线路到 220kV 变压器依次计算。

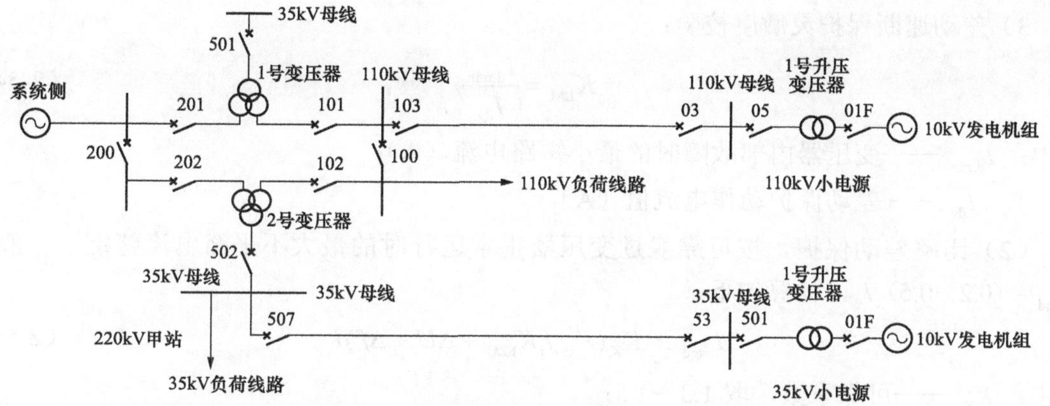

图 2-18 小电源厂站经专线于 220kV 变电站中、低压侧并网示意图

一、适用的保护功能配置

小电源厂站经专线于 220kV 变电站中、低压侧并网，小电源厂站的发电机、变压器保护可采用常规配置（差动保护和后备保护）；按近后备原理考虑，110kV 线路保护配置纵联差动保护及三段相间距离、三段接地距离、四段零序过电流保护。35kV 线路保护配置纵联差动保护及三段式方向电流保护或纵联差动保护及三段距离保护。联络线采用解列重合闸，即联络线主系统电源侧投入三相检无压重合闸，小电源侧停用重合闸。

二、小电源升压变压器保护

（一）差动保护

（1）差动速断保护，按躲变压器空投及外部故障后电压恢复时的励磁涌流，变压器外部故障时在变压器保护中所引起的最大不平衡电流整定，也可参考保护说明书上的整定公式整定。计算如下：

1）按躲变压器励磁涌流整定：

$$I_{dz} \geqslant K_K I_e \tag{2-542}$$

式中：I_e——变压器额定一次电流（A）；

K_K——可靠系数，取 4～12，对于小容量变压器取较大值，反之取较小值。

2）按躲变压器外部故障时的最大不平衡电流整定：

$$I_{dz} \geqslant K_K (K_{tx} f_i K_{FZQ} + \Delta U + \Delta f) I_{d.max} \tag{2-543}$$

式中：K_K——可靠系数，取 1.3～1.5；

K_{tx}——电流互感器同型系数（同型号时，取 0.5；异型号时，取 1）；

f_i——电流互感器误差，取 0.1；

K_{FZQ}——非周期分量系数，取 1.5～2；

ΔU——电压分接头调节，取调节范围之半；

Δf——平衡不准确产生的误差，取 0.05；

$I_{d.max}$——外部故障时的最大不平衡电流（A）。

3）差动速断保护灵敏度校验：

$$K_{LM}=\frac{I_{d.min}}{I_{dz}} \tag{2-544}$$

式中：$I_{d.min}$——变压器内部故障时的最小短路电流（A）；

I_{dz}——差动保护动作电流值（A）。

（2）比率差动保护，按可靠躲过变压器正常运行时的最大不平衡电流整定，一般取 I_{cdqd}=（0.2～0.5）I_e，计算如下：

$$I_{cdqd}\geqslant K_K(K_{tx}f_iK_{FZQ}+\Delta U+\Delta f)I_e \tag{2-545}$$

式中：K_K——可靠系数，取 1.3～1.5；

K_{tx}——电流互感器同型系数（同型号时，取 0.5；异型号时，取 1）；

f_i——电流互感器误差，取 0.1；

K_{FZQ}——非周期分量系数，取 1.5～2；

ΔU——电压分接头调节，取调节范围之半；

Δf——平衡不准确产生的误差，取 0.05；

I_e——变压器额定一次电流（A）。

（3）二次谐波制动系数，一般取二次谐波制动系数为 0.15。

（二）低压侧后备保护（带发电机）

（1）低压侧限时速断保护（方向指向低压侧母线），按躲变压器自启动时的最大工作电流，与低压出线电流保护配合，并保证低压侧母线有可靠的灵敏度整定。计算如下：

1）按躲变压器自启动时的最大工作电流整定：

$$I_{dz}\geqslant K_KK_{ZQD}I_e \tag{2-546}$$

式中：K_K——可靠系数，取 1.2～1.3；

K_{ZQD}——自启动系数，取 1.5～2；

I_e——变压器低压侧额定电流（A）。

2）按与低压出线电流速断保护配合整定：

$$I_{dz}\geqslant K_KK_{KZ}I'_{dz} \tag{2-547}$$

$$t_b\geqslant\Delta t \tag{2-548}$$

式中：K_K——可靠系数，取 1.1～1.3；

K_{KZ}——最大分支系数；

I'_{dz}——变压器低压出线速断保护定值，应取各出线中的最大者（A）。

3）与低压出线电流速断保护配合困难时，可按与低压出线限时速断保护配合整定：

$$I_{dz}\geqslant K_KK_{KZ}I'_{dz} \tag{2-549}$$

$$t_b\geqslant t'+\Delta t \tag{2-550}$$

式中：K_K——可靠系数，取 1.1～1.3；

K_{KZ}——最大分支系数；

I'_{dz}——变压器低压出线限时速断保护定值，应取各出线中的最大者（A）；

t'——变压器低压出线限时速断保护时间，应取各出线中的最大者（s）。

4）限时速断保护灵敏度校验：

$$K_{LM}=\frac{I_{d.min}}{I_{dz}} \tag{2-551}$$

式中：$I_{d.min}$——变压器低压母线故障时的最小短路电流（A）；

I_{dz}——低压侧限时速断保护定值（A）；

K_{LM}——灵敏系数，不小于 1.5。

5）时间元件：

①$t_1=t_b$，跳低压侧分段开关；

②$t_2=t_b+\Delta t$，跳本侧开关。

（2）低压侧复合电压过电流保护（一般指向低压侧母线，可保留一段不带方向），按躲变压器低压侧额定电流整定，方向指向变压器。计算如下：

1）按躲变压器低压侧额定电流整定：

$$I_{dz}\geqslant\frac{K_K}{K_F}I_e \tag{2-552}$$

式中：I_e——变压器低压侧额定电流（A）；

K_K——可靠系数，取 1.15～1.2；

K_F——返回系数，取 0.95。

注：如果低后备采用不经复压闭锁的过电流保护，此时 K_K 应适当提高，以躲过正常运行负荷电流。

2）按与低压出线过电流保护配合整定：

$$I_{dz}\geqslant K_K K_{KZ} I'_{dz} \tag{2-553}$$

$$t_b\geqslant t'+\Delta t \tag{2-554}$$

式中：K_K——可靠系数，取 1.1～1.3；

K_{KZ}——最大分支系数；

I'_{dz}——变压器低压出线过电流保护定值（A），应取各出线中的最大者；

t'——变压器低压出线过电流保护时间（s），应取各出线中的最大者。

3）低电压元件：

$$U_{dz}=\frac{U_{e.min}}{K_K K_F} \tag{2-555}$$

式中：$U_{e.min}$——系统最低运行电压（V），取 $0.9U_e$；

K_K——可靠系数，取 1.2～1.25；

K_F——返回系数，取 1.15～1.2。

4）负序电压元件：

$$U_{dz2}=(0.04\sim0.08)U_e \tag{2-556}$$

5）时间元件：

①$t_1=t_b$，跳低压侧分段开关；

②$t_2=t_b+\Delta t$，跳本侧开关。

（三）高压侧后备保护

高压侧复压过电流保护（方向指向变压器），按与低压侧复压过电流保护配合整定，此时应注意低压侧故障时电流、低电压、负序电压各元件的灵敏度检验。计算如下：

（1）与低压侧复压过电流定值配合整定：

$$I_{dz} \geqslant K_K I'_{dz} \tag{2-557}$$

$$t_b \geqslant t' + \Delta t \tag{2-558}$$

式中：K_K——可靠系数，取 1.05～1.1；

I'_{dz}——变压器低压侧复压过电流定值（A）；

t'——变压器低压侧复压过电流时间（A）。

（2）灵敏度校验：

$$K_{LM} = \frac{I_{d.min}}{I_{dz}} \tag{2-559}$$

式中：$I_{d.min}$——变压器各母线故障时流过高压侧开关的最小值（A）；

I_{dz}——高压侧复压过电流保护定值；

K_{LM}——灵敏系数，不小于 1.5。

（3）低电压元件：

$$U_{dz} = \frac{U_{e.min}}{K_K K_F} \tag{2-560}$$

$$K_{LM} = \frac{U_{dz}}{U_{cy.max}} \tag{2-561}$$

式中：$U_{e.min}$——系统最低运行电压（V），取 $0.9U_e$；

K_K——可靠系数，取 1.2～1.25；

K_F——返回系数，取 1.15～1.2；

K_{LM}——灵敏系数，应不小于 1.25；

$U_{cy.max}$——中、低压侧母线故障时，高压侧母线最大残压（V）。

（4）负序电压元件：

$$U_{dz2} = (0.04\sim0.08)U_e \tag{2-562}$$

$$K_{LM} = \frac{U_{cy.2.min}}{U_{dz2}} \tag{2-563}$$

式中：K_{LM}——灵敏系数，应不小于 1.25；

$U_{cy.2.min}$——中、低压侧母线故障时，高压侧反应的最低负序电压（V）。

（5）时间元件：$t=t_b$，跳三侧开关。

【例 2.10】 图 2-19 中，110kV 丙厂 1 号变压器型号为 SFZ-40000/110，110kV 侧额定电流 I_e=210A，10kV 侧额定电流 I_e=2199.5A，请计算 110kV 丙厂 1 号变压器差动保护及后备保护。

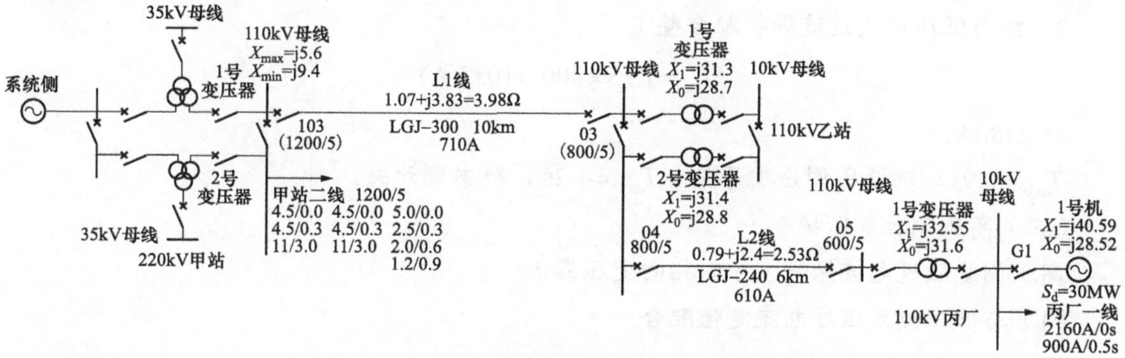

图 2-19 小电源升压变压器保护定值整定图示

【答案】

（一）差动保护

（1）差动速断保护：

1）按躲变压器励磁涌流整定：

$$I_{dz}=8I_e=1680A$$

2）灵敏度校验（小方式下变压器高压侧两相短路电流）：

$$K_{LM}=\frac{110000}{2\times15.74\times1680}=2.08$$

（2）比率差动保护：

按躲变压器外部故障时的最大不平衡电流整定：

$$I_{cdqd}=1.3\times(0.1\times0.5\times2+8\times1.25\%+0.05)\times I_e=0.325I_e$$

取 $0.35I_e$。

（3）二次谐波制动系数，取 0.15。

（二）低压侧后备保护

（1）低压侧限时速断保护（方向指向低压侧母线）

1）按躲变压器自启动时的最大工作电流整定：

$$I_{dz}=1.3\times2I_e=2.6I_e=5718.7(A)$$

2）按与低压出线电流速断保护配合整定：

$$I_{dz}=1.3\times2160=2808(A)$$

取 5720A。

$T_{dz1}=0.3s$，跳低压侧分段开关；$T_{dz2}=0.6s$，跳本侧开关。

3）灵敏度校验（低压侧两相短路电流）：

$$K_{LM}=\frac{10500}{2\times48.22}\times\frac{12.1}{0.1103}\div5720=4.17$$

（2）低压侧复合电压过电流保护：

1）按躲 1 号变压器低压侧额定电流整定：

$$I_{dz}=1.2\div0.95\times I_e=1.2\div0.95\times2199.5=2778.3(A)$$

2）按与低压出线过流保护配合整定：

$$I_{dz}=1.15\times900=1035(A)$$

取 2780A。

$T_{dz1}=0.9s$，跳低压侧分段开关；$T_{dz2}=1.2s$，跳本侧开关。

（三）高压侧后备保护

高压侧复压过电流保护（方向指向变压器）：

（1）与低压侧复压过电流定值配合：

$$I_{dz}=1.05\times2780\times\frac{10.5}{110}=278.6(A)$$

取 280A，$T_{dz1}=1.5s$，跳两侧开关。

（2）灵敏度校验（10kV 母线两相故障电流）：

$$K_{LM}=\left(\frac{10000}{2\times15.74}\right)\div280=6.44$$

三、系统侧线路保护

（一）方式限制

以下计算对电网方式的限制如下：

（1）变压器为 Y/Y/△接线方式，中性点在保证接地网络相对稳定的前提下宜接地运行；

（2）线路保护经振荡闭锁，方向闭锁；

（3）不考虑线路有互感的情况。

（二）启动元件

启动元件的定值应保证在本线路末端和保护动作区末端非对称故障时有足够的灵敏系数，并保证在本线路末端发生三相短路时能可靠启动，其灵敏系数具体取值如下：

（1）负序电流分量启动元件在本线路末端金属性两相短路故障时，灵敏系数大于 4。

（2）单独的零序或负序电流分量启动元件在本线路末端金属性单相和两相接地故障时，灵敏系数大于 4。

（3）负序电流分量启动元件在距离Ⅲ段动作区末端金属性两相短路故障时，灵敏系数大于 2。

（4）单独的零序或负序电流分量启动元件在距离Ⅲ段动作区末端金属性单相和两相接地故障时，灵敏系数大于 2。

（5）相电流突变量启动元件在本线路末端各类金属性短路故障时，灵敏系数大于 4；在距离Ⅲ段动作区末端各类金属性故障时，灵敏系数大于 2。

（三）线路纵联差动保护

（1）纵差保护启动电流定值，按可靠躲过区外故障时的最大不平衡电流，当电流回路二次侧断线时由于负荷电流引起的最大差电流，线路正常运行时的最大不平衡电流整定。计算如下：

1）按躲过区外故障时的最大不平衡电流整定：

$$I_{dz} \geqslant K_K K_{FZQ} K_{tx} f_i I_{d.max} \tag{2-564}$$

式中：K_K ——可靠系数，取1.3～1.5；

K_{tx} ——电流互感器同型系数（同型号时，取0.5；异型号时，取1）；

f_i ——电流互感器误差，取0.1；

K_{FZQ} ——非周期分量系数，取1.5～2；

$I_{d.max}$ ——外部故障时的最大不平衡电流（A）。

2）按躲过电流互感器二次回路断线整定：

$$I_{dz} \geqslant K_K I_{fh.max} \tag{2-565}$$

式中：K_K ——可靠系数，取1.5～1.8；

$I_{fh.max}$ ——该线路在正常运行情况下的最大负荷电流（A）。

3）按躲过线路正常运行时的最大不平衡电流整定：

$$I_{dz} \geqslant K_K (K_{tx} f_i I_{fh.max} + I_c) \tag{2-566}$$

式中：K_K ——可靠系数，取1.3～1.5；

K_{tx} ——电流互感器同型系数（同型号时，取0.5；异型号时，取1）；

f_i ——电流互感器误差，取0.1；

$I_{fh.max}$ ——该线路在正常运行情况下的最大负荷电流（A）；

I_c ——线路电容电流，建议取实测值（A）。

（2）纵差保护灵敏度校验，计算如下：

$$K_{LM} = \frac{I_{d.min}}{I_{dz}} \tag{2-567}$$

式中：K_{LM} ——灵敏系数，宜不小于2；

$I_{d.min}$ ——单侧电源供电时保护范围末端短路的最小电流（A）。

（四）相间距离保护

（1）相间距离Ⅰ段，按可靠躲过本线路末端相间故障整定，计算如下：

$$Z_{DZI} \leqslant K_K Z_L \tag{2-568}$$

$$\angle\theta = \angle\theta_L \tag{2-569}$$

$$t_I = 0 \tag{2-570}$$

式中：Z_L ——线路正序阻抗（Ω）；

$\angle\theta_L$ ——被保护线路正序阻抗角；

K_K ——可靠系数，取0.8～0.85。

（2）相间距离Ⅱ段，按保本线路末端相间故障有不小于规定的灵敏系统整定。此外，还应可靠躲过对侧变压器其他侧母线，躲变压器并列运行整定困难时，按躲变压器分列运行其他侧母线整定，此时应限定变压器运行方式。躲其他侧母线整定困难时，可与变压器该侧限时速断保护配合。计算如下：

1）按本线故障有规定的灵敏系数整定：

$$Z_{DZII} \geqslant K_{LM} Z_L \quad (2\text{-}571)$$

式中：Z_L——线路正序阻抗（Ω）；

K_{LM}——灵敏系数。

2）按躲变压器其他侧母线整定（变压器中低压侧并列运行）：

$$Z_{DZII} \leqslant K_K Z_L + K_{KT} K_Z Z'_T \quad (2\text{-}572)$$

$$\angle\theta = \angle\theta_L \quad (2\text{-}573)$$

$$t_{II} \geqslant \Delta t \quad (2\text{-}574)$$

式中：Z_L——线路正序阻抗（Ω）；

K_K——可靠系数，取 0.8～0.85；

Z'_T——终端变压器并联等值正序阻抗（Ω）；

K_{KT}——躲变压器可靠系数，取不大于 0.7；

K_Z——助增系数，此处取 1。

3）躲变压器并列运行整定困难时，按躲变压器分列运行其他侧母线整定，此时应限定变压器运行方式：

$$Z_{DZII} \leqslant K_K Z_L + K_{KT} K_Z Z_{T\min} \quad (2\text{-}575)$$

$$\angle\theta = \angle\theta_L \quad (2\text{-}576)$$

$$t_{II} \geqslant \Delta t \quad (2\text{-}577)$$

式中：Z_L——线路正序阻抗（Ω）；

K_K——可靠系数，取 0.8～0.85；

$Z_{T\min}$——终端变压器等值正序阻抗的最小值（Ω）；

K_{KT}——躲变压器可靠系数，取不大于 0.7；

K_Z——助增系数，此处取 1。

4）按与相邻线路距离保护Ⅰ段保护配合整定：

$$Z_{DZII} \leqslant K_K Z_L + K'_K K_Z Z'_{DZI} \quad (2\text{-}578)$$

$$\angle\theta = \angle\theta_L \quad (2\text{-}579)$$

$$t_{II} \geqslant \Delta t \quad (2\text{-}580)$$

式中：Z_L——本线路正序阻抗（Ω）；

K_K——可靠系数，取 0.8～0.85；

Z'_{DZI}——相邻线路距离保护Ⅰ段动作阻抗（Ω）；

K_Z——助增系数；

K'_K——可靠系数，取不大于 0.8。

5）与相邻线路距离保护Ⅰ段配合困难时，按与相邻线路距离保护Ⅱ段配合整定：

$$Z_{DZII} \leqslant K_K Z_L + K'_K K_Z Z'_{DZII} \quad (2\text{-}581)$$

$$\angle\theta = \angle\theta_L \quad (2\text{-}582)$$

$$t_{II} \geqslant t'_{II} + \Delta t \quad (2\text{-}583)$$

式中：Z_L ——本线路正序阻抗（Ω）；

K_K ——可靠系数，取0.8～0.85；

Z'_{DZII} ——相邻线路距离保护Ⅱ段动作阻抗（Ω）；

K_Z ——助增系数；

K'_K ——可靠系数，取不大于0.8；

t'_{II} ——相邻线路距离Ⅱ段动作时间（s）。

6）躲变压器其他侧母线困难时，按与变压器该侧限时速断保护配合整定：

$$Z_{DZII} \leqslant K_K \left(K_Z \frac{E_{\phi-\phi\min}}{2I'_{DZ}} - Z_C \right) \quad (2\text{-}584)$$

$$t_{II} \geqslant t'_T + \Delta t \quad (2\text{-}585)$$

式中：$E_{\phi-\phi\min}$ ——距离保护安装处背侧最低等值相间电势（V）；

Z_C ——背侧等值阻抗（Ω）；

I'_{DZ} ——相邻变压器该侧限时速断保护定值（A）；

K_K ——可靠系数，取0.8～0.85；

K_Z ——助增系数；

t'_T ——相邻变压器被配合保护的动作时间（s）。

（3）相间距离Ⅲ段，按可靠躲过本线路的事故过负荷最小阻抗整定，并与相邻变压器过电流保护配合。计算如下：

1）按躲负荷阻抗（全阻抗启动元件）整定：

$$Z_{DZIII} \leqslant \frac{Z_{FH}}{K_K K_F K_{ZQD}} = \frac{(0.9\sim0.95)U_e}{\sqrt{3}K_K K_F K_{ZQD} I_{FH}} \quad (2\text{-}586)$$

式中：Z_{FH} ——最小负荷阻抗值（Ω）；

K_K ——可靠系数，取1.2～1.25；

K_F ——返回系数，取1.15～1.25；

K_{ZQD} ——负荷的自启动系数，取1.5～2.5；

I_{FH} ——最大负荷电流（A）；

U_e ——额定运行相间电压（V）。

注：此处也可直接按整定规程公式 $Z_{DZIII} \leqslant K_K Z_{FH}$ 进行计算（$K_K \leqslant 0.7$）。

2）与变压器过电流保护配合（新规程只要求动作时间的配合）：

$$Z_{DZIII} \leqslant K_K \left(K_Z \frac{E_{\phi-\phi\min}}{2I'_{DZ}} - Z_C \right) \quad (2\text{-}587)$$

$$t_{\text{Ⅲ}} \geqslant t'_{\text{T}} + \Delta t \tag{2-588}$$

式中：$E_{\phi-\phi\min}$——距离保护安装处背侧最低等值相间电势（V）；

Z_{C}——背侧等值阻抗（Ω）；

I'_{DZ}——相邻变压器过电流保护定值（A）；

K_{K}——可靠系数，取 0.8～0.85；

K_{Z}——助增系数，此处取 1；

t'_{T}——相邻变压器过电流保护的动作时间（s）。

3）按与相邻线路距离保护Ⅱ段配合整定：

$$Z_{\text{DZⅢ}} \leqslant K_{\text{K}} Z_{\text{L}} + K'_{\text{K}} K_{\text{Z}} Z'_{\text{DZⅡ}} \tag{2-589}$$

$$t_{\text{Ⅲ}} \geqslant t'_{\text{Ⅱ}} + \Delta t \tag{2-590}$$

式中：Z_{L}——本线路正序阻抗（Ω）；

K_{K}——可靠系数，取 0.8～0.85；

$Z'_{\text{DZⅡ}}$——相邻线路距离保护Ⅱ段动作阻抗（Ω）；

K_{Z}——助增系数；

K'_{K}——可靠系数，取不大于 0.8；

$t'_{\text{Ⅱ}}$——相邻线路距离Ⅱ段动作时间（s）。

4）与相邻线路距离保护Ⅱ段配合困难时，按与相邻线路距离保护Ⅲ段配合整定：

$$Z_{\text{DZⅢ}} \leqslant K_{\text{K}} Z_{\text{L}} + K'_{\text{K}} K_{\text{Z}} Z'_{\text{DZⅢ}} \tag{2-591}$$

$$t_{\text{Ⅲ}} \geqslant t'_{\text{Ⅲ}} + \Delta t \tag{2-592}$$

式中：Z_{L}——本线路正序阻抗（Ω）；

K_{K}——可靠系数，取 0.8～0.85；

$Z'_{\text{DZⅢ}}$——相邻线路距离保护Ⅲ段动作阻抗（Ω）；

K_{Z}——助增系数；

K'_{K}——可靠系数，取不大于 0.8；

$t'_{\text{Ⅲ}}$——相邻线路距离Ⅲ段动作时间（s）。

（五）接地距离保护

（1）接地距离Ⅰ段，按可靠躲过本线路中末端接地故障整定。计算如下：

1）按躲本线末端故障整定：

$$Z_{\text{DZⅠ}} \leqslant K_{\text{K}} Z_{\text{L}} \tag{2-593}$$

$$t_{\text{Ⅰ}} = 0 \tag{2-594}$$

式中：Z_{L}——线路正序阻抗（Ω）；

K_{K}——可靠系数，取不大于 0.7。

2）伸入变压器内部时，按躲变压器其他侧母线整定（变压器中低压侧并列运行）：

$$Z_{\text{DZⅠ}} \leqslant K_{\text{K}} Z_{\text{L}} + K_{\text{KT}} Z'_{\text{T}} \tag{2-595}$$

$$t_{\text{Ⅰ}} = 0 \tag{2-596}$$

式中：Z_L——线路正序阻抗（Ω）；

K_K——可靠系数，取0.8～0.85；

Z'_T——终端变压器并联等值正序阻抗（Ω）；

K_{KT}——躲变压器可靠系数，取不大于0.7。

3）躲变压器并列运行整定困难时，按躲变压器分列运行其他侧母线整定，此时应限定变压器运行方式：

$$Z_{DZI} \leqslant K_K Z_L + K_{KT} Z_{Tmin} \tag{2-597}$$

$$t_I = 0 \tag{2-598}$$

式中：Z_L——线路正序阻抗（Ω）；

K_K——可靠系数，取0.8～0.85；

Z_{Tmin}——终端变压器等值正序阻抗的最小值（Ω）；

K_{KT}——躲变压器可靠系数，取不大于0.7。

（2）接地距离Ⅱ段，按保本线路末端接地故障有不小于规定的灵敏系统整定。此外，还应可靠躲过对侧变压器其他侧母线，躲变压器并列运行整定困难时，按躲变压器分列运行其他侧母线整定，此时应限定变压器运行方式。躲其他侧母线整定困难时，可与变压器该侧限时速断保护配合。优先选取与相间距离保护相同的原则。计算如下：

1）按本线故障有规定的灵敏系数整定：

$$Z_{DZII} \geqslant K_{LM} Z_L \tag{2-599}$$

式中：Z_L——线路正序阻抗（Ω）；

K_{LM}——灵敏系数。

2）按躲变压器其他侧母线整定（变压器中、低压侧并列运行）：

$$Z_{DZII} \leqslant K_K Z_L + K_K K_{Z1} Z'_T \tag{2-600}$$

$$t_{II} \geqslant \Delta t \tag{2-601}$$

式中：Z_L——线路正序阻抗（Ω）；

K_K——可靠系数，取0.7～0.8；

Z'_T——终端变压器并联等值正序阻抗（Ω）；

K_{Z1}——正序助增系数。

3）躲变压器并列运行整定困难时，按躲变压器分列运行其他侧母线整定，此时应限定变压器运行方式：

$$Z_{DZII} \leqslant K_K Z_L + K_K K_{Z1} Z_{Tmin} \tag{2-602}$$

$$t_{II} \geqslant \Delta t \tag{2-603}$$

式中：Z_L——线路正序阻抗（Ω）；

K_K——可靠系数，取0.7～0.8；

Z_{Tmin}——终端变压器等值正序阻抗的最小值（Ω）；

K_{Z1}——正序助增系数。此处取K_{Z1}=1。

4）躲不开变压器其他侧母线，动作时间与变压器该侧限时速断保护时间配合，阻抗定值按躲该侧母线三相短路整定：

$$Z_{DZII} \leqslant K_K Z_L + K_K K_{Z1} Z'_T \tag{2-604}$$

$$t_{II} \geqslant t'_T + \Delta t \tag{2-605}$$

式中：Z_L——线路正序阻抗（Ω）；

K_K——可靠系数，取 0.7～0.8；

Z'_T——终端变压器等值正序阻抗（Ω）；

K_{Z1}——正序助增系数，此处取 $K_{Z1}=1$；

t'_T——相邻变压器限时速断保护的动作时间（s）。

5）按与相邻线路接地距离保护Ⅰ段配合整定：

$$Z_{DZII} \leqslant K_K Z_L + K_K K_Z Z'_{DZI} \tag{2-606}$$

$$t_{II} \geqslant \Delta t \tag{2-607}$$

式中：Z_L——本线路正序阻抗（Ω）；

K_K——可靠系数，取 0.8～0.85；

Z'_{DZI}——相邻线路接地距离保护Ⅰ段动作阻抗（Ω）；

K_Z——助增系数，选用正序助增系数与零序助增系数两者中的较小值。

6）与相邻线路接地距离保护Ⅰ段配合困难时，按与相邻线路接地距离保护Ⅱ段配合整定：

$$Z_{DZII} \leqslant K_K Z_L + K_K K_Z Z'_{DZII} \tag{2-608}$$

$$t_{II} \geqslant t'_{II} + \Delta t \tag{2-609}$$

式中：Z_L——本线路正序阻抗（Ω）；

K_K——可靠系数，取 0.8～0.85；

Z'_{DZII}——相邻线路接地距离保护Ⅱ段动作阻抗（Ω）；

K_Z——助增系数，选用正序助增系数与零序助增系数两者中的较小值；

t'_{II}——相邻线路距离Ⅱ段动作时间（s）。

（3）接地距离Ⅲ段，按可靠躲过本线路的事故过负荷最小阻抗整定。计算如下：

1）按躲负荷阻抗整定：

$$Z_{DZIII} \leqslant \frac{Z_{FH}}{K_K K_F K_{ZQD}} = \frac{(0.9 \sim 0.95)U_e}{\sqrt{3} K_K K_F K_{ZQD} I_{FH}} \tag{2-610}$$

式中：Z_{FH}——最小负荷阻抗值（Ω）；

K_K——可靠系数，取 1.2～1.25；

K_F——返回系数，取 1.15～1.25；

K_{ZQD}——负荷的自启动系数，取 1.5～2.5；

I_{FH}——最大负荷电流（A）；

U_e——额定运行相间电压（V）。

注：此处也可直接按整定规程公式 $Z_{DZIII} \leqslant K_K Z_{FH}$ 进行计算（$K_K \leqslant 0.7$）。

2）按与相邻线路接地距离Ⅱ段配合整定：

$$Z_{DZIII} \leqslant K_K Z_L + K_K K_Z Z'_{DZII} \tag{2-611}$$

$$t_{III} \geqslant t'_{II} + \Delta t \tag{2-612}$$

式中：Z_L——本线路正序阻抗（Ω）；

K_K——可靠系数，取 0.7～0.8；

Z'_{DZII}——相邻线路距离保护Ⅱ段动作阻抗（Ω）；

K_Z——助增系数，选用正序助增系数与零序助增系数两者中的较小值；

t'_{II}——相邻线路距离Ⅱ段动作时间（s）。

3）与相邻线路接地距离保护Ⅱ段配合困难时，按与相邻线路接地距离保护Ⅲ段配合整定：

$$Z_{DZIII} \leqslant K_K Z_L + K_K K_Z Z'_{DZIII} \tag{2-613}$$

$$t_{III} \geqslant t'_{III} + \Delta t \tag{2-614}$$

式中：Z_L——本线路正序阻抗（Ω）；

K_K——可靠系数，取 0.7～0.8；

Z'_{DZIII}——相邻线路距离保护Ⅲ段动作阻抗（Ω）；

K_Z——助增系数，选用正序助增系数与零序助增系数两者中的较小值；

t'_{III}——相邻线路距离Ⅲ段动作时间（s）。

（六）方向零序电流保护

（1）联络线路的方向零序电流保护一般为四段式，简化配置也可以采用两段式，方向指向线路。现以四段式说明（方向略），可按实际情况及整定习惯取舍。最后一段一般不大于 300A（一次值）。

（2）零序电流Ⅰ段，按躲线末故障最大三倍零序电流整定。当躲线路末端困难时，可伸入变压器内，此时按躲变压器低压侧母线相间短路的最大不平衡电流整定。动作值躲不过断路器合闸三相不同步最大零序电流（$3I_{0btmax}$）时，重合闸过程中带 0.1s 延时或退出运行。优先选取与距离保护相同的原则。计算如下：

1）按躲线路末端接地故障最大零序电流（$3I_0$）整定：

$$I_{DZI} \geqslant K_K 3I_{0max} \tag{2-615}$$

$$t_I = 0 \tag{2-616}$$

式中：I_{0max}——区外故障最大零序电流（A）；

K_K——可靠系数，取不小于 1.3。

2）按躲线路断路器三相不同时合闸的最大零序电流整定：

$$I_{DZI} \geqslant K_K 3I_{0bt\,max} \tag{2-617}$$

$$t_I = 0 \tag{2-618}$$

式中：K_K——可靠系数，取 1.1～1.2；

$I_{0bt\,max}$——断路器三相不同时合闸所产生的零序电流最大值（A）。计算如下：

两相先接通时：

$$I_{0\mathrm{bt\,max}}=\frac{-2I_{\mathrm{j}}}{Z_{1\Sigma}+2Z_{0\Sigma}} \tag{2-619}$$

一相先接通时：

$$I_{0\mathrm{bt\,max}}=\frac{2I_{\mathrm{j}}}{2Z_{1\Sigma}+Z_{0\Sigma}} \tag{2-620}$$

式中：I_{j}——该电压等级下的基准电流（A）；

$Z_{1\Sigma}$——综合正序阻抗标幺值；

$Z_{0\Sigma}$——综合零序阻抗标幺值。

3）当线路太短导致零序Ⅰ段保护范围很小，甚至无保护范围时，则零序Ⅰ段应停用。

（3）零序电流Ⅱ段，按保本线路末端故障时有规定的灵敏度整定，与相邻线路零序Ⅰ段配合，当与相邻线路零序Ⅱ段配合困难时，按与相邻线路零序Ⅲ段配合。并可靠躲开变压器低压侧母线相间短路的最大不平衡电流。计算如下：

1）按线末接地故障有规定的灵敏度整定：

$$I_{\mathrm{DZII}}\leqslant\frac{K_{\mathrm{FZ}}3I_{0.\min}}{K_{\mathrm{LM}}} \tag{2-621}$$

式中：$I_{0.\min}$——本线路末端故障时最小零序电流（A）。

K_{LM}——灵敏系数。50km 以上的线路，$K_{\mathrm{LM}}\geqslant1.3$；20～50km 的线路，$K_{\mathrm{LM}}\geqslant1.4$；20km 以下的线路，$K_{\mathrm{LM}}\geqslant1.5$。

K_{F}——最大分支系数，此处取 1。

2）按躲变压器低压侧母线相间短路的最大不平衡电流整定：

$$I_{\mathrm{DZII}}\geqslant K_{\mathrm{K}}K_{\mathrm{BP}}K_{\mathrm{FZQ}}I_{\mathrm{d\,max}}^{(3)} \tag{2-622}$$

式中：K_{K}——可靠系数，取不小于 1.3；

K_{BP}——不平衡系数，取 0.15；

K_{FZQ}——非周期分量，取 2；

$I_{\mathrm{d\,max}}^{(3)}$——变压器低压侧三相短路最大短路电流（A）。

3）按与相邻线路零序Ⅰ段配合整定：

$$I_{\mathrm{DZII}}\geqslant K_{\mathrm{K}}K_{\mathrm{FZ}}I'_{\mathrm{DZI}} \tag{2-623}$$

$$t_{\mathrm{II}}\geqslant\Delta t \tag{2-624}$$

式中：I'_{DZI}——相邻线路零序Ⅰ段动作值（A）；

K_{K}——可靠系数，取不小于 1.1；

K_{FZ}——最大分支系数。

4）与相邻线路零序Ⅰ段配合困难时，按与相邻线路零序Ⅱ段配合整定：

$$I_{\mathrm{DZII}}\geqslant K_{\mathrm{K}}K_{\mathrm{FZ}}I'_{\mathrm{DZII}} \tag{2-625}$$

$$t_{\mathrm{II}}\geqslant t'_{\mathrm{II}}+\Delta t \tag{2-626}$$

式中：I'_{DZII}——相邻线路零序Ⅱ段动作值（A）；

K_K ——可靠系数，取不小于 1.1；

K_{FZ} ——最大分支系数；

t'_{II} ——相邻线路零序Ⅱ段动作时间（s）。

（4）零序电流Ⅲ、Ⅳ段按不大于 300A（一次值）整定。

四、小电源侧线路保护

参照靠近小电源侧线路保护的常规配置及计算方法（第四节“供电线路有相邻串供电厂联络线路”接线方式的整定计算第四条靠近小电源侧线路保护）。

五、系统侧变压器保护

参照系统侧变压器保护的常规配置及计算方法（第一节“供电线路带单一负荷变电站”接线方式的整定计算第四条系统侧变压器保护）。

第六节 “小电源厂站经 T 接线路于 220kV 变电站中、低压侧并网”接线方式的整定计算

本节考虑的接线方式，是小电源 T 接在 220kV 变电站的 110kV、35kV 线路上的方式。如图 2-20 所示，保护定值应从 110kV 变压器、小电源升压变压器、110kV 线路到 220kV 变压器依次计算。

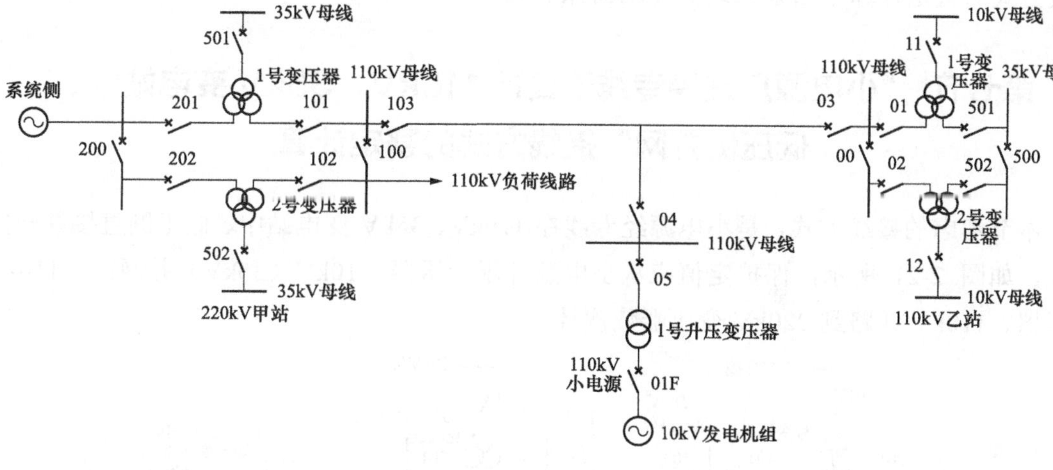

图 2-20 小电源厂站经 T 接线路于 220kV 变电站中压侧并网示意图

一、适用的保护功能配置

小电源厂站经 T 接线路于 220kV 变电站中、低压侧并网，小电源厂站的发电机、变压器保护可采用常规配置（差动保护和后备保护）；按近后备原理考虑，110kV 线路保护配置三端纵联差动保护及三段相间距离、三段接地距离、四段零序过电流保护。35kV 线路保护配置三侧纵联差动保护及三段式方向电流保护或三侧纵联差动保护及三段距离保护，联络线负荷站侧（03 开关）保护只动作于信号。联络线主系统电源侧采用解列重合闸，即联络

线主系统电源侧投入三相检无压重合闸，小电源侧停用重合闸。

二、负荷侧变压器保护

参照负荷侧变压器保护的常规配置及计算方法（第一节“供电线路带单一负荷变电站”接线方式的整定计算第二条负荷变压器保护）。

三、小电源升压变压器保护

参照小电源升压变压器保护的常规配置及计算方法（第五节“小电源厂站经专线于220kV 变电站中、低压侧并网”接线方式的整定计算第二条小电源升压变压器保护）。

四、系统侧线路保护

参照小电源并网线系统侧的常规配置及计算方法（第四节“供电线路有相邻串供电厂联络线路”接线方式的整定计算第三条靠近系统侧线路保护）。

五、小电源侧线路保护

参照小电源并网线小电源侧的常规配置及计算方法（第四节“供电线路有相邻串供电厂联络线路”接线方式的整定计算第四条靠近小电源侧线路保护）。

六、负荷侧线路保护

纵联保护投信号，后备保护停用。

七、系统侧变压器保护

参照系统侧变压器保护的常规配置及计算方法（第一节“供电线路带单一负荷变电站”接线方式的整定计算第四条系统侧变压器保护）。

第七节 “小电源厂站经专线于公备 110kV、35kV 变电站中、低压侧并网”接线方式的整定计算

本节考虑的接线方式，是小电源经专线在 110kV、35kV 变电站中、低压侧直接并网的方式。如图 2-21 所示，保护定值应从小电源升压变压器、10kV（35kV）并网线、110kV 变压器、110kV 线路到 220kV 变压器依次计算。

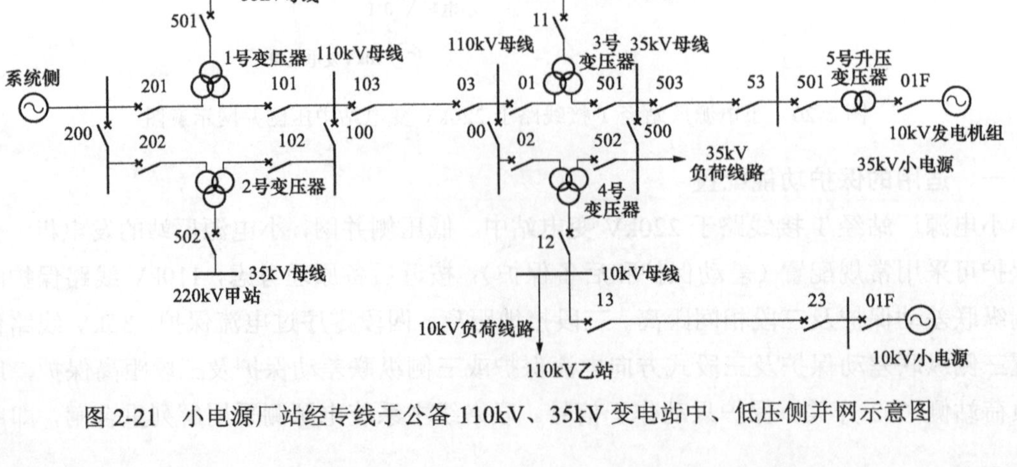

图 2-21 小电源厂站经专线于公备 110kV、35kV 变电站中、低压侧并网示意图

一、适用的保护功能配置

（1）小电源厂站经专线于公备110kV、35kV变电站中、低压侧并网，小电源厂站的发电机、变压器保护可采用常规配置（差动保护和后备保护）；110kV联络线配置纵联差动保护及三段相间距离、三段接地距离、四段零序过电流保护。110kV变电站侧（乙站03开关）线路保护动作跳35kV（及10kV）联络线开关（53及23开关），若远跳功能实现困难，可就近跳小电源并网线系统侧开关（503及13开关）。35kV线路保护配置三侧纵联差动保护及三段式方向电流保护或三侧纵联差动保护及三段距离保护；10kV线路保护宜配置纵联差动保护及三段方向电流保护。

（2）110kV联络线公备站侧保护、110kV公备变压器主变压器接地及不接地保护配置联跳35kV（10kV）小电源并网线功能，即110kV联络线公备站侧保护、变压器高压侧零序保护（不接地时间隙及过电压保护）短时限跳35kV（及10kV）联络线开关（53及23开关），若远跳功能实现困难，可就近跳小电源并网线电源侧开关（503及13开关）。

（3）35kV、10kV小电源并网线配置低频低压解列装置，用于主系统故障时与系统解列。

（4）35kV或10kV联络线主系统电源侧采用解列重合闸，即联络线主系统电源侧投入三相检无压重合闸，小电源侧停用重合闸；上一级110kV线路主系统电源侧采用解列重合闸，110kV线路主系统电源侧投入三相检无压重合闸，小电源并网的110kV变电站侧停用重合闸。

（5）对于大电流接地系统的主网终端变电站，如变压器的中性点直接接地，且负荷侧接有地区电源，则变压器零序过电流保护1时限联切跳地区小电源并网点，2时限跳变压器各侧。

（6）对于大电流接地系统的主网终端变电站，如变压器的中性点不直接接地，且负荷侧接有地区电源，则变压器还应装设零序电压和间隙零序电流解列装置，三倍零序电压$3U_0$定值一般整定为150～180V（额定值为300V），间隙零序电流一次定值一般可整定40～100A，保护动作后带0.1～0.5s延时，跳地区电源联网线路的断路器。

（7）对于经电阻接地的小电流接地系统，地区电源侧变压器应装设零序电压和零序电流解列装置，三倍零序电压$3U_0$定值一般整定为40～50V（单相接地时$3U_0$为100V），零序电流定值按单相接地故障有足够灵敏系数整定。保护动作时间应与该侧所有设备零流保护有足够灵敏系数的保护段配合，跳地区电源变压器该侧断路器。

二、小电源升压变压器保护

参照小电源升压变压器保护的常规配置及计算方法（第五节“小电源厂站经专线于220kV变电站中、低压侧并网”接线方式的整定计算第二条小电源升压变压器保护）。

三、系统侧线路保护

参照小电源并网线系统侧保护的常规配置及计算方法（第四节“供电线路有相邻串供电厂联络线路”接线方式的整定计算第三条靠近系统侧线路保护）。

【例 2.11】 请计算图 2-22 中，35kV 线路 1 两侧（503 开关、53 开关）的过电流 I 、Ⅱ、Ⅲ段和过负荷值。乙站 35kV 母线最大短路阻抗为 j0.2（标幺值），最小短路阻抗为 j0.5（标幺值）；乙站两台变型号为 SSZ10-50/110，容量比为 50/50/50，阻抗百分比：高中 $X_1\%=10.46$；高低 $X_1\%=18.18$；中低 $X_1\%=6.42$。乙站至 35kV 小电源站线路为线路 1，型号为 JL/G1A-185，允许最大负荷电流为 515A，阻抗值为 1+j2Ω（有名值）；503 开关的 TA 电流比为 800/5，53 开关的 TA 电流比为 600/5。35kV 小电源站两台变压器型号为 SF9-6300kVA/35、SZ9-10000kVA/35，阻抗值：$X_1\%=7.8$；$X_2\%=7.4$；两台发电机参数为：1 号、2 号机：S_1=6000kVA，X" %=13.2；乙站主变压器 35kV 定值：2400A/1.0s；1300A/2.0s；35kV 小电源站两台主变压器 35kV 时限速断、过电流定值都是：3600A/0.4s；360A/1.4s。相邻线路 35kV 负荷线路速断定值为（2400A/0s）限时速断过电流为（1600A/0.4s），过电流定值为（600A/1.4s）（以上均是一次有名值）。

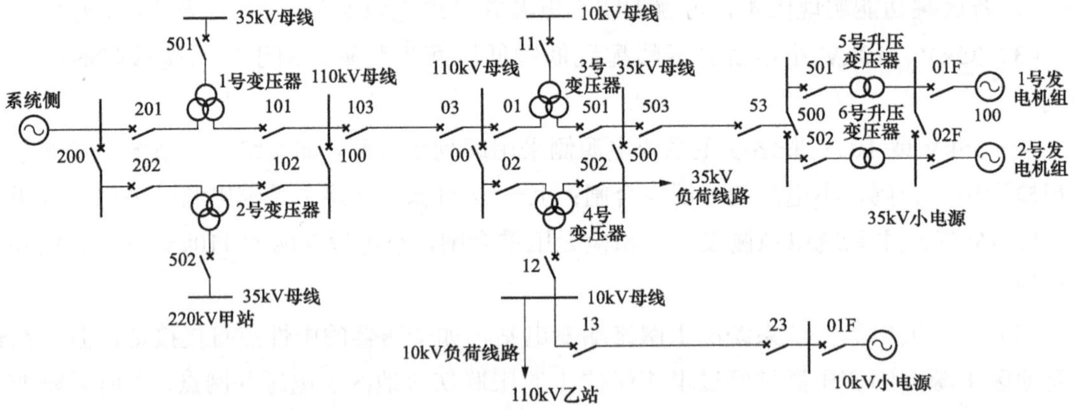

图 2-22　35kV 小电源线路两侧线路定值整定图示

【答案】（本答案为标幺值计算参考答案，也可按有名值计算。）

（一）参数计算

乙站 110kV 主变压器阻抗计算：

高压侧阻抗百分比：

$$U_{S1}\%=\frac{10.46+18.18-6.42}{2}\%=11.11\%$$

中压侧阻抗百分比：

$$U_{S2}\%=\frac{10.46+6.42-18.18}{2}\%=-0.65\%$$

低压侧阻抗百分比：

$$U_{S2}\%=\frac{18.18+6.42-10.46}{2}\%=7.07\%$$

高压侧电抗标幺值：

$$X_{T*}=\frac{U_k\%U_N^2}{100S_N}\times\frac{S_B}{U_B^2}=\frac{11.11\times(110\times10^3)^2}{100\times50000\times10^3}\times\frac{100}{110^2}=\frac{11.11}{50}=j0.22$$

中压侧电抗标幺值:

$$X_{T*}=\frac{U_k\%U_N^2}{100S_N}\times\frac{S_B}{U_B^2}=\frac{-0.65\times(35\times10^3)^2}{100\times50000\times10^3}\times\frac{100}{35^2}=\frac{-0.65}{50}=-j0.013$$

低压侧电抗标幺值:

$$X_{T*}=\frac{U_k\%U_N^2}{100S_N}\times\frac{S_B}{U_B^2}=\frac{7.07\times(10\times10^3)^2}{100\times50000\times10^3}\times\frac{100}{10^2}=\frac{7.07}{50}=j0.141$$

35kV 线路阻抗计算:

$$Z_{l*}=(1+j2)/13.69=0.07+j0.15=0.17$$

35kV 小电源站的 35kV 1 号、2 号主变压器阻抗:

$$X_{T*}=\frac{U_k\%U_N^2}{100S_N}\times\frac{S_B}{U_B^2}=\frac{7.8\times(35\times10^3)^2}{100\times6300\times10^3}\times\frac{100}{35^2}=\frac{7.8}{6.3}=1.24$$

$$X_{T*}=\frac{U_K\%U_N^2}{100S_N}\times\frac{S_B}{U_B^2}=\frac{7.4\times(35\times10^3)^2}{100\times10000\times10^3}\times\frac{100}{35^2}=\frac{7.4}{10}=0.74$$

并列运行阻抗:

$$X_{T2*}=\frac{1.24\times0.74}{1.24+0.74}=0.46$$

35kV 小电源站的 35kV 1 号、2 号发电机阻抗:

$$X_{G*}=\frac{X''\%U_N^2}{100S_N}\times\frac{S_B}{U_B^2}=\frac{13.2\times(35\times10^3)^2}{100\times6000\times10^3}\times\frac{100}{35^2}=\frac{13.2}{6}=2.2$$

并列运行阻抗为

$$X_{G2*}=1.1$$

35kV 小电源站的 35kV 母线阻抗（断开系统电源）:

大方式（2 台发电机、2 台变压器同时运行）:

$$Z_{x*}=1.1+0.46=1.56$$

小方式（1 台发电机、1 台变压器运行）:

$$Z_{x*}=1.24+2.2=3.44$$

（二）小电源侧 53 开关线路保护计算

（1）过电流 I 段（方向指向线路）:

1）按躲线路 1 线末三相短路:

$$I_{DZI}=1.3\times\frac{1560}{1.56+0.17}=1172(A)$$

实取 $I_{DZI}=1200A$，二次值 1200/120=10A，$T_{dz}=0s$。

2）按保证母线残压不低于 60%～70%额定电压整定:

$$I_{DZI} \leqslant 0.316 \times \frac{1560}{1.56} = 316(A)$$

3）校核最小保护范围。

$$l_i^{(2)} = (0.866 \times 1560/1200 - 3.44)/0.17 = -1361\%$$

$$l_i^{(3)} = (1560/1200 - 1.56)/0.17 = -152\%$$

根据以上计算分析：过电流Ⅰ段保护不起作用。

（2）过电流Ⅱ段（方向指向线路）：

分支系数计算：

按系统侧在小运行方式下、小电源侧在大运行方式下计算分支系数：

$$K_{FZ} = \frac{0.5}{0.5 + 1.56 + 0.17} = 0.22$$

1）按保本线路末端故障时有规定的灵敏度整定：

$I_{DZII} = 0.866 \times 1560/(3.44 + 0.17)/1.5 = 250(A)$（最大分支系数为1）

2）按躲变压器其他侧故障时本线路最大三相短路电流整定：

$$I_{DZII} = 1.3 \times \frac{1560}{1.56 + 0.17 - 0.013 + 0.141} = 1091(A)$$

3）与相邻线路35kV负荷线路速断保护（2400A/0s）配合：

$$I_{DZII} = 1.3 \times 0.22 \times 2400 = 686.4(A)$$

与相邻线路35kV负荷线路限时速断保护（1600A/0.4s）配合：

$$I_{DZII} = 1.3 \times 0.22 \times 1600 = 457.6(A)$$

实取$I_{DZII} = 250A$，二次值250/120=2.1（A），$T_{dz} = 0.7s$。

（3）过电流Ⅲ段（方向指向线路）：

1）按躲最大负荷电流：

线路最大允许电流为515A，TA允许最大电流为600A，取$I_{fh} = 515A$。

$$I_{DZIII} = \frac{1.2 \times 1.5 \times 515}{0.95} = 975(A)$$

2）与相邻线路35kV负荷线路过电流保护（600A/1.4s）配合：

$$I_{DZIII} = 1.3 \times 0.22 \times 600 = 171.6(A)$$

实取$I_{DZIII} = 180A$，二次值180/120=1.5（A），$T_{dz} = 1.7s$。

3）校验远后备灵敏度：

小方式下，本线路末端灵敏度：

$$K_{LM} = \frac{0.866 \times 1560}{(3.44 + 0.17) \times 180} = 2.1$$

灵敏度满足。

小方式下，35kV小电源站主变压器低压侧两相故障时灵敏度：

$$K_{LM} = \frac{0.866 \times 1560}{(3.44 + 0.17 - 0.013 + 0.144) \times 180} = 2$$

灵敏度满足，可以给 110kV 乙站主变压器做远后备。

综上计算，仅方向电流保护不能满足保护的要求，有误动风险。因此要在 35kV 小电源侧 53 开关处增加光纤纵差保护，纵差保护计算如下：

1）按躲过区外故障时的最大不平衡电流整定：

$$I_{dz} \geqslant 1.3 \times 1.5 \times 0.5 \times 0.1 \times 600 = 58.5(\mathrm{A})$$

2）按躲过电流互感器二次回路断线整定：

$$I_{dz} \geqslant 1.5 \times 515 = 772(\mathrm{A})$$

按照厂家说明书，一般取为 0.3～0.5I_n，实取 1.5A，一次值为 180A。

3）纵差保护灵敏度校验：

$$K_{LM} = \frac{0.866 \times 1560}{(3.44 + 0.17) \times 180} = 2.1$$

（三）系统侧 503 开关线路保护计算

（1）过电流Ⅰ段（方向指向线路）：

1）按躲线路 1 线末三相短路：

$$I_{DZI} = 1.3 \times \frac{1560}{(0.2 + 0.17)} = 5481(\mathrm{A})$$

2）按伸入变压器内及躲变压器并列运行时其他侧故障时本线路最大三相短路电流整定：

$$I_{DZI} = 1.3 \times \frac{1560}{0.2 + 0.17 + 0.46} = 2443(\mathrm{A})$$

3）躲变压器并列运行整定困难时，按躲变压器分列运行其他侧母线整定，此时应限定变压器运行方式。

$$I_{DZI} = 1.3 \times \frac{1560}{0.2 + 0.17 + 0.74} = 1827(\mathrm{A})$$

4）按保证母线残压不低于 60%～70%额定电压整定：

$$I_{DZI} = 0.316 \times \frac{37}{0.37 \times 13.69} = 2308(\mathrm{A})$$

实取 1900A，二次值 1900/160=11.9（A）。

5）校核最小保护范围：

$$l_i^{(2)} = (0.866 \times 1560 / 1900 - 0.5) / 0.17 = 124\% > 20\%$$

$$l_i^{(3)} = (1560 / 1900 - 0.2) / 0.17 = 365\% > 50\%$$

$$T_{dz} = 0\mathrm{s}$$

（2）过电流Ⅱ段：

1）按保本线路末端故障时有规定的灵敏度整定：

$$I_{DZII} = 0.866 \times 1560 / 0.67 / 1.5 = 1344(\mathrm{A})$$

2）按躲变压器其他侧故障时本线路最大三相短路电流整定：

$$I_{\rm DZII}=1.3\times\frac{1560}{0.2+0.17+0.46}=2443({\rm A})$$（并列运行）

$$I_{\rm DZI}=1.3\times\frac{1560}{0.2+0.17+0.74}=1827({\rm A})$$（分列运行）

3）躲不过其他侧母线时，按与乙站变压器限时速断配合整定：

$$I_{\rm DZ\,II}=2400/1.1=2181({\rm A})$$

4）躲不过其他侧母线时，按与 35kV 小电源站变压器低压侧限时速断配合整定：

$$I_{\rm DZ\,II}=1.1\times(3600\times10.5/35)=1188({\rm A})$$

实取 1340A，二次值 1340/160=8.4（A），$T_{\rm dz}=0.7{\rm s}$

（3）过电流Ⅲ段：

1）按躲最大负荷电流：

线路最大允许电流为 515A，TA 允许最大电流为 800A，取 $I_{\rm fh}=515{\rm A}$ 。

$$I_{\rm DZIII}=\frac{1.2\times1.5\times515}{0.95}=975({\rm A})$$

2）按与 35kV 小电源站主变压器过电流配合：360A/1.4s。

$$I_{\rm DZIII}=1.1\times360=396({\rm A})$$

3）按乙站主变压器 35kV 侧复合电压过电流（定值：1300A/2.0s）与该段配合，过电流可取的最大值为

$$I_{\rm DZIII}=\frac{1300}{1.1}=1181({\rm A})$$

实取 1000A，二次值 1000/160=6.3（A），$T_{\rm dz}=1.7{\rm s}$ 。

4）校验远后备灵敏度：

小方式下，本线路末端灵敏度：

$$K_{\rm LM}=\frac{0.866\times1560}{0.67\times1000}=2$$

灵敏度满足。

小方式下，35kV 小电源站主变压器低压侧两相故障时灵敏度：

$$K_{\rm LM}=\frac{0.866\times1560}{(0.67+1.24)\times1000}=0.7$$

灵敏度不满足，不可以给 35kV 小电源站主变压器做远后备。

（4）过负荷：

按躲线路最大负荷电流整定：

$$I_{\rm dz}=\frac{1.05\times515}{0.95}=570({\rm A})$$

实取 $I_{\rm jdz}=570/160=3.6({\rm A})$，$T_{\rm dz}=9.0{\rm s}$ 。

四、小电源侧线路保护

参照小电源并网线小电源侧保护的常规配置及计算方法（第四节“供电线路有相邻串

供电厂联络线路”接线方式的整定计算第四条靠近小电源侧线路保护）。

五、联络变压器保护

请参照系统侧变压器保护的常规配置及计算方法（第一节“供电线路带单一负荷变电站”接线方式的整定计算第四条系统侧变压器保护）。

第八节 “小电源厂站经T接线路于公备110kV、35kV变电站中、低压侧并网”接线方式的整定计算

本节考虑的接线方式，是小电源T接在110kV、35kV变电站的中、低压线路上的方式。如图2-23所示，保护定值应从小电源升压变压器、35kV变压器、35kV并网线、110kV变压器、110kV线路到220kV变压器依次计算。

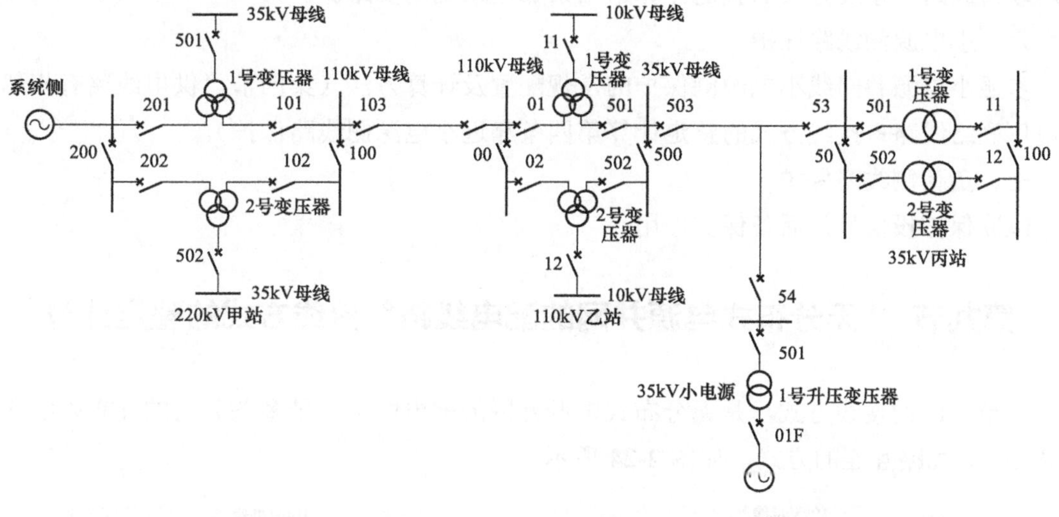

图2-23 小电源厂站经T接线路于公备110kV、35kV变电站中、低压侧并网示意图

一、适用的保护功能配置

（1）小电源厂站经T接线并于公备110kV、35kV变电站中、低压侧并网，小电源厂站的发电机、变压器保护可采用常规配置（差动保护和后备保护）；110kVT接联络线配置纵联差动保护及三段相间距离、三段接地距离、四段零序过电流保护。110kV变电站侧（乙站开关）线路保护动作跳35kV联络线开关（54开关）。35kV线路保护配置三侧纵联差动保护及三段式方向电流保护或三侧纵联差动保护及三段距离保护；T接线路负荷侧53开关动作于信号。

（2）110kV公备变压器主变压器配置接地及不接地保护联跳35kV（10kV）小电源并网线功能，即变压器高压侧零序保护（不接地时间隙及过电压保护）短时限跳35kV联络线开关（54开关）。

（3）35kV小电源并网线配置低频低压解列装置，用于主系统故障时与系统解列。

二、负荷侧变压器保护

参照负荷侧变压器保护的常规配置及计算方法（第一节"供电线路带单一负荷变电站"接线方式的整定计算第二条负荷变压器保护）。

三、小电源升压变压器保护

参照小电源升压变压器保护的常规配置及计算方法（第五节"小电源厂站经专线于220kV 变电站中、低压侧并网"接线方式的整定计算第二条小电源升压变压器保护）。

四、公备变压器保护

参照公备变压器保护的常规配置及计算方法（第五节"小电源厂站经专线于 220kV 变电站中、低压侧并网"接线方式的整定计算第二条小电源升压变压器保护）。

五、系统侧线路保护

参照小电源并网线系统侧保护的常规配置及计算方法（第四节"供电线路有相邻串供电厂联络线路"接线方式的整定计算第三条靠近系统侧线路保护）。

六、小电源侧线路保护

参照小电源并网线小电源侧保护的常规配置及计算方法（第四节"供电线路有相邻串供电厂联络线路"接线方式的整定计算第四条靠近小电源侧线路保护）。

七、负荷侧线路保护

纵联保护投信号，后备保护停用。

第九节 "无分布式电源并网的配电线路"接线方式的整定计算

本节考虑的接线方式，是无分布式电源并网的配电网中，带多条分支的 10kV 线路与多条 10kV 线路互连的方式，如图 2-24 所示。

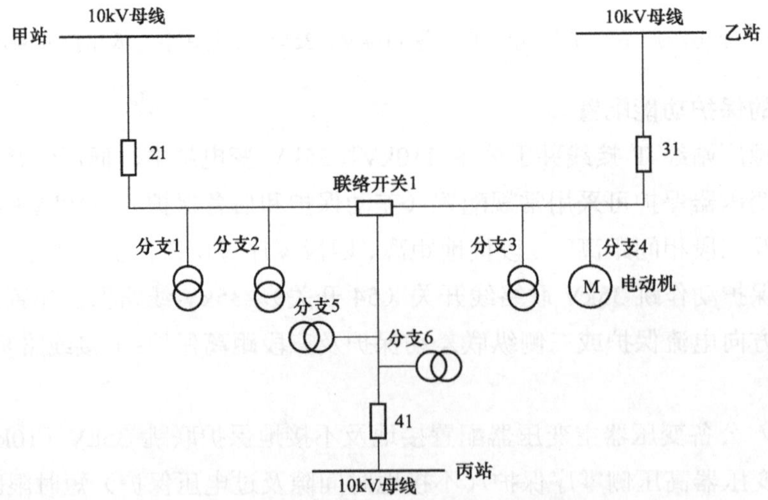

图 2-24 无分布式电源并网的配电线路示意图

一、适用的保护功能配置

低压配电线路的特点是一致性差，整定计算时需做一些具体的特殊考虑，以满足保护“四性”的要求。低压配电线路保护一般由电流速断、限时电流速断、过电流、过负荷告警及三相一次重合闸构成。

二、电流速断保护

（1）低压配电线路一般为保护最末级，或最末级用户变电站保护的上一级保护。所以在整定计算中，定值计算偏重灵敏性，对有用户变电站的线路，选择性靠重合闸来保证。

（2）电流定值按躲过本线路末端（或线路上配电变压器低压侧）最大三相短路电流整定。计算公式如下：

1）按躲线末最大三相短路电流整定：

$$I_{\text{DZI}} \geqslant K_{\text{K}} I_{\text{d max}}^{(3)} \tag{2-627}$$

$$t_{\text{I}} = 0 \tag{2-628}$$

式中：$I_{\text{d max}}^{(3)}$ ——本线路末端最大三相短路电流（A）；

K_{K} ——可靠系数，取不小于 1.3。

2）按躲线路上配电变压器低压侧最大三相短路电流整定：

$$I_{\text{DZI}} \geqslant K_{\text{K}} I_{\text{d max}}^{(3)} \tag{2-629}$$

$$t_{\text{I}} = 0 \tag{2-630}$$

式中：$I_{\text{d max}}^{(3)}$ ——线路上最大配电变压器低压侧故障时最大三相短路电流（A）；

K_{K} ——可靠系数，取不小于 1.3。

3）对于发电厂或重要用户的单电源配电线，可根据厂用电或用户需求，按保证母线残压不低于 60%～70%额定电压整定：

$$I_{\text{dz}} \leqslant (0.26 \sim 0.346)\frac{I_{\text{j}}}{Z_{\text{xt.min}}} \tag{2-631}$$

式中：I_{j} ——该电压等级下基准电流（A）；

$Z_{\text{xt.min}}$ ——系统最小方式下母线短路阻抗标幺值。

4）校验最小保护范围：

$$l_i^{(2)} = \frac{1}{Z_{\text{xl}}}\left(\frac{\sqrt{3}I_{\text{j}}}{2I_{\text{dz}}} - Z_{\text{xt}}\right) \tag{2-632}$$

$$l_i^{(3)} = \frac{1}{Z_{\text{xl}}}\left(\frac{I_{\text{j}}}{I_{\text{dz}}} - Z_{\text{xt}}\right) \tag{2-633}$$

式中：$l_i^{(2)}$ ——两相短路时电流保护最小保护区百分值；

$l_i^{(3)}$ ——三相短路时电流保护最小保护区百分值；

I_{j} ——该电压等级下基准电流（A）；

I_{dz} ——电流速断保护定值（A）；

Z_{xt}——系统阻抗标幺值；

Z_{xl}——线路阻抗标幺值。

三、限时电流速断保护

（1）限时电流速断保护按保本线路末端故障时有规定的灵敏度，还应与主变压器低压侧限时速断定值相配合，防止越级跳闸。计算如下：

$$I_{DZ\,II} \leqslant \frac{I_{K.T}}{K_K} \tag{2-634}$$

$$t_I = 0 \tag{2-635}$$

式中：$I_{K.T}$——主变压器低压侧限时速断定值（A），应换算至本电压等级；

K_K——可靠系数，取 1.2～1.3；

（2）特殊情况，对于拉手运行线路，宜按拉手运行后线路全长末端故障灵敏度 1.5 计算；对于较多分支线路，宜比较各分支线路阻抗，取最大阻抗计算。

四、过电流保护

过电流保护按躲过最大负荷电流整定。计算如下：

（1）按躲过最大负荷电流整定：

$$I_{DZIII} \geqslant \frac{K_K}{K_F} I_{f.max} \tag{2-636}$$

式中：$I_{f.max}$——本线路最大负荷电流（A）；

K_K——可靠系数，取不小于 1.2；

K_F——返回系数，取 0.85～0.95。

（2）校验过电流保护对本线路末端的灵敏度：

$$K_{LM1} = \frac{I_{d1.min}}{I_{DZIII}} \geqslant 1.3 \tag{2-637}$$

式中：$I_{d1.min}$——本线路末端短路时的短路电流（A）。

（3）校验过电流保护对本线路相邻元件远后备的灵敏度：

$$K_{LM2} = \frac{I_{d2.min}}{I_{DZIII}} \geqslant 1.2 \tag{2-638}$$

式中：$I_{d2.min}$——相邻元件末短路时的短路电流（A）。

（4）特殊情况下带电动机的线路，还要考虑躲过电动机的启动电流，考虑负荷可由下式得出：

$$I_{DZIII} \geqslant \frac{K_K K_{qd} I_{f.max}}{K_f} \tag{2-639}$$

式中：$I_{f.max}$——本线路最大负荷电流（A）；

K_K——可靠系数，取不小于 1.2；

K_F——返回系数，取 0.85～0.95；

K_{qd}——电动机自启动系数，取 1.3～3。

（5）考虑单台电动机自启动电流可由下式得出：

$$I_{\mathrm{DZIII}} \geqslant K_{\mathrm{K}}(I_{\mathrm{f.max}}+I_{\mathrm{qd}}) \tag{2-640}$$

式中：K_{K}——可靠系数，取1.2～1.3；

I_{qd}——电动机自启动电流（A）。

五、过负荷告警

过负荷告警定值按本线路最大允许电流整定，时间一般整定为6～10s，以便调度员及时调整负荷，以避免配电线路过负荷运行。

六、重合闸

（1）低压配电线路一般采用后加速的三相一次重合闸，由于安装于末级保护上，所以不需要与其他保护配合。重合闸主要需考虑重合成功率及缩短重合停电时间，以使用户负荷尽量少受影响。

（2）重合闸的成功率主要决定于电弧熄灭时间、外力造成故障时的短路物体滞空时间。电弧熄灭时间一般小于0.5s，但短路物体滞空时间往往较长。为了保证重合闸的成功率，一般采用1.0s的重合闸时间。

（3）全电缆线路停用重合闸。

（4）含有少部分电缆、以架空线路为主的配电线路，当供电可靠性需要时，可以采用重合闸。

第十节 “有分布式电源并网的配电线路”接线方式的整定计算

本节考虑的接线方式，是有分布式电源并网的配电网方式，如图2-25所示。

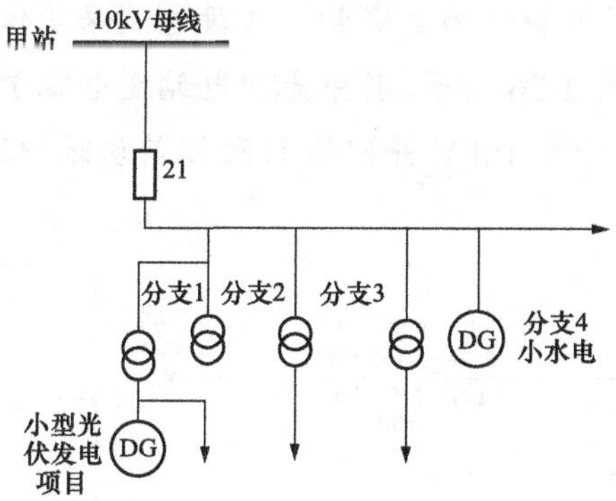

图2-25 有分布式电源并网的配电线路示意图

一、适用的保护功能配置

（1）分布式电源继电保护和安全自动装置配置应符合相关继电保护技术规程、运行规程和反事故措施的规定，装置定值应与电网继电保护和安全自动装置配合整定，防止发生继电保护和安全自动装置误动、拒动，确保人身、设备和电网安全。

（2）逆变器类型分布式电源接入配电网要求，逆变器具备低电压闭锁、检有压自动并网功能（推荐采用低于 20%U_N、0.2s 闭锁发电，检有压 85%U_N 自动并网控制参数）。

（3）同步电机类型分布式电源接入配电网要求，并网点开关应配置频率、电压解列装置，具备故障解列及检同期合闸功能，低频定值宜整定为 49.25Hz、0.2s，低压定值宜整定为 75%U_N、0.2s，过电压定值宜整定为 115%U_N、0.2s。

（4）感应电机类型分布式电源接入配电网要求，并网点开关应配置低压保护装置，具备失压跳闸及检有压合闸功能，失压跳闸定值宜整定为 20%U_N、0.2s，检有压定值宜整定为 85%U_N。

二、配电线路保护

（1）分布式电源侧须具有电网故障及恢复过程中的自我保护能力。

（2）对于接入的分布式电源容量较大或接入旋转电机型分布式电源时，应核算所接入配电网线路的保护灵敏度，不满足要求时，应配置纵差保护或距离保护等保护功能。

（3）分布式电源具备向故障点送出短路电流能力，并可能导致保护误动的，应增加方向判别元件。

（4）分布式电源以专线方式接入 10kV 配电网时，保护配置可参考地区小电源相关配置要求。

三、配电线路重合闸

（1）分布式电源以专线方式接入 10kV 配电网时，专线线路可不设或停用重合闸。

（2）分布式电源接入 10kV 配电网公共电网线路，配电线路需投入重合闸时，应校核重合闸时间是否与分布式电源并、离网控制时间配合（重合闸时间整定宜大于 2.0s），接有同步电机类型分布式电源的公共电网线路，条件允许时宜增加重合闸检无压功能。

【例 2.12】 如图 2-26 所示，10kV 光伏电站通过 110kV 甲站 10kV 母线并网，10kV 并网线路 L 两侧配置光纤差动保护作为主保护，三段电流保护作为后备保护，10kV 集电线配置两段电流保护，定值如图 2-26 所示，其中光伏电站发电容量 20MW，等值阻抗为 j1.3Ω，不考虑分支系数的影响，请计算 10kV 并网线 L 两侧差动保护及过电流保护定值。

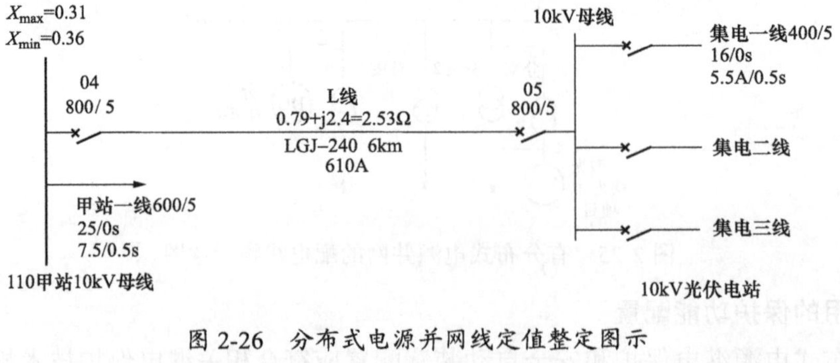

图 2-26 分布式电源并网线定值整定图示

【答案】

（一）差动电流启动值

L 线甲站侧，按线路末端两相短路时最小故障电流 4 倍以上灵敏度整定（系统侧）：

$$I_{dz} \leqslant \frac{10500}{2\times(2.53+0.36)} \div (4\times160) = 2.84(A)$$

L线光伏电站侧，按线路末端两相短路时最小故障电流4倍灵敏度整定（光伏电站侧）：

$$I_{dz} \leqslant \frac{10500}{2\times(2.53+1.3)} \div (4\times160) = 2.14(A)$$

两侧值取一致，取2A。

（二）L线甲站侧电流保护

（1）电流速断保护。

按躲L线末最大三相短路电流整定：

$$I_{dz} \geqslant 1.3\times\frac{10500}{1.732\times(2.53+0.31)} \div 160 = 17.34(A)$$

取 $I_{dz} = 20A$。

（2）限时电流速断保护。

按与10kV光伏电站集电线电流速断配合：16A/0s，400/5。

$$I_{dz} = 1.1\times16\times80\div160 = 8.8(A)$$

取 $I_{dz} = 9A$，$T_{dz} = 0.5s$。

（3）过电流保护。

按与10kV光伏电站集电线限时速断配合：5.5A/0.5s，400/5。

$$I_{dz} = 1.1\times5.5\times80\div160 = 3.03(A)$$

取 $I_{dz} = 5A$，$T_{dz} = 2.0s$。

（三）L线光伏电站侧电流保护

（1）电流速断保护。

按躲L线末最大三相短路电流整定：

$$I_{dz} \geqslant 1.3\times\frac{10500}{1.732\times(2.53+1.3)} \div 160 = 12.86(A)$$

取 $I_{dz} = 20A$。

（2）限时电流速断保护。

按与110kV甲站一线电流速断配合：25A/0s，600/5。

$$I_{dz} = 1.1\times25\times120\div160 = 20.65(A)$$

取 $I_{dz} = 22A$，$T_{dz} = 0.5s$。

（3）过电流保护。

按与10kV光伏电站集电线限时速断配合：7.5A/0.5s，600/5。

$$I_{dz} = 1.1\times7.5\times120\div160 = 6.19(A)$$

取 $I_{dz} = 6.5A$，$T_{dz} = 2.0s$。

第十一节　三相式电气化铁路线路保护的整定计算

三相式电气化铁路线路保护一般配置三段式相间距离保护、三段式接地距离保护和两段式零序电流保护。图 2-27 所示为 V-V 变压器等值电路示意图。

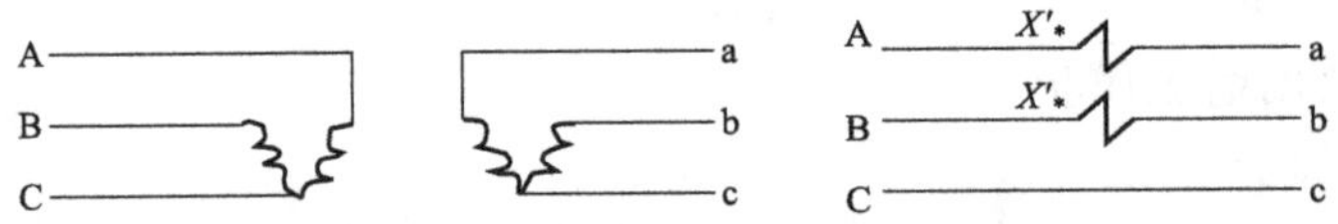

图 2-27　V-V 变压器等值电路示意图

一、变压器的建模

（1）对于三绕组变压器，其短路阻抗（或短路电压）均为以三相容量为基准的每相标幺值，即

$$U_{k}\% = \frac{X_{\Omega}S_{e}}{U_{e}^{2}} \tag{2-641}$$

式中：$U_k\%$ ——短路电压百分值，以三相额定容量为基准；

S_e ——三相额定容量（VA）；

U_e ——额定相间电压（V）；

X_Ω ——每相阻抗欧姆值（Ω）。

（2）对于两相绕组 V-V 变压器，其短路阻抗（或短路电压）均为以本身容量（单相容量）为基准的标幺值，即

$$U_{k}'\% = \frac{I_{e}X_{\Omega}}{U_{e}} - \frac{X_{\Omega}S_{e.x}}{U_{e}^{2}} \tag{2-642}$$

式中：$U_k'\%$ ——以单相容量为基准的短路电压百分值；

$S_{e.x}$ ——单相额定容量（VA）；

U_e ——额定相间电压（V）。

（3）公式（2-641）和公式（2-642）分别换算为同一基准容量 S_j 条件下的标幺电抗值：

三绕组变压器阻抗标幺值：

$$X_{*} = \frac{U_{k}\%S_{j}}{S_{e}} \tag{2-643}$$

V-V 变压器单相绕组阻抗标幺值：

$$X_{*}' = \frac{U_{k}\%S_{j}}{S_{e.x}} \tag{2-644}$$

（4）由公式（2-644）可看出，在短路电压相同时，V-V 变压器的单相短路阻抗较大：$X'_{*}=3X_{*}$，但其中有一相阻抗为零。

二、场景方式限制

（1）变压器为 V/V 接线方式，中性点不接地运行；

（2）线路保护不经振荡闭锁、方向闭锁。

三、启动元件

（1）电流变化量启动值一般取 180A。由铁路部门得知，京沪铁路线上一辆电力机车最大功率为 6400kW，最大负荷电流 110kV 侧为 58A，按躲过两辆车同时进入一台主变压器供电范围保护装置不启动考虑，计算公式为

$$I_{QD} \geqslant 1.5 \times 2 \times 58 = 174(A) \tag{2-645}$$

（2）因 V/V 接线变压器正常带负荷运行时，在高压侧不会产生零序电流，零序启动电流可按躲过正常不平衡电流且线末故障时有足够灵敏度整定。

（3）负序启动电流可取与突变量定值相等，取 180A。

四、“无故障快速复归”

“无故障快速复归”控制字投入。

五、两段 TV 断线过电流

（1）TV 断线后距离保护退出，随距离保护压板的投入自动投入两段 TV 断线后过电流保护，该保护不带电压和方向闭锁；

（2）TV 断线过电流Ⅰ段电流整定原则同相间距离Ⅰ段或Ⅱ段；

（3）TV 断线过电流Ⅱ段电流整定原则同相间距离Ⅱ段或Ⅲ段。

六、相间距离保护

（1）相间距离Ⅰ段，应优先选用伸入变压器内，可靠躲过变压器其他侧母线整定：

$$Z_{DZI} \leqslant K_K Z_L + K_{KT} Z_T' \tag{2-646}$$

$$\angle\theta = \angle\theta_L \tag{2-647}$$

$$t_I = 0 \tag{2-648}$$

式中：Z_L——线路正序阻抗（Ω）；

K_K——可靠系数，取 0.8～0.85；

Z_T'——V/V 接线牵引变压器两供电臂等值正序相阻抗（较小者的 0.345 倍）（Ω）；

K_{KT}——躲变压器可靠系数，取不大于 0.7。

（2）相间距离Ⅱ段，计算如下：

1）按躲所带变压器其他侧母线整定：

$$Z_{DZII} \leqslant K_K Z_L + K_{KT} Z_T' \tag{2-649}$$

$$\angle\theta = \angle\theta_L \tag{2-650}$$

式中：Z_L——线路正序阻抗（Ω）；

K_K——可靠系数，取 0.8～0.85；

Z_T'——V/V 接线牵引变压器两供电臂等值正序相阻抗（较小者的 0.345 倍）（Ω）；

K_{KT} ——躲变压器可靠系数，取不大于 0.7。

2）按本线故障有规定的灵敏系数：

$$Z_{DZII} \geqslant K_{LM} Z_L \tag{2-651}$$

式中：Z_L ——线路正序阻抗（Ω）；

K_{LM} ——灵敏系数。

（3）相间距离Ⅲ段，计算如下：

1）按躲负荷阻抗整定：

$$Z_{DZIII} \leqslant K_K Z_{FH} \tag{2-652}$$

式中：K_K ——可靠系数，取不大于 0.7。

2）对相间距离Ⅲ段保护灵敏度的校验。K_{LM} 应不小于 1.2。

$$K_{LM} = \frac{Z_{DZIII}}{Z_L + K_Z Z_{T\max}} \tag{2-653}$$

式中：Z_L ——线路正序阻抗（Ω）；

K_Z ——助增系数，取 1；

$Z_{T\max}$ ——V/V 接线牵引变压器两供电臂等值正序相阻抗较大者（Ω）；

K_{LM} ——灵敏系数，不小于 1.2。

七、接地距离保护

三段均按可靠躲过本线末端接地故障整定，也可以退出接地距离保护。计算如下：

$$Z_{DZI} \leqslant K_K Z_L \tag{2-654}$$

式中：Z_L ——线路正序阻抗（Ω）；

K_K ——可靠系数，取不大于 0.7。

八、零序电流保护

（1）基本配置可以采用两段式，最后一段一般不大于 300A（一次值）；

（2）不考虑线路有互感的情况；

（3）零序电流Ⅰ段（不带方向），按伸入变压器内，此时按线末端接地故障时有不小于规定的灵敏系数整定；

（4）零序电流Ⅱ段（不带方向），作本线路经电阻接地故障和相邻元件接地故障的后备保护，其电流一次定值一般不应大于 300A。

【例 2.13】已知图 2-28 中 220kV 甲站通过一条 110kV 线路带 110kV 电铁站一变压器，求图中 220kV 甲站 110kV 线路 1（103 开关）的相间、接地距离三段定值和零序电流两段定值。（基准值：100MVA，10.5kV，115kV，电铁站内保护最长动作时间 1.5s。）

【答案】按有名值或标幺值计算均可。本题计算结果均为二次值。

电铁站变压器等值正序相阻抗：

$$Z_{dz} = j\frac{10.31 \times 115^2}{100 \times 16} = j85.2(\Omega)$$

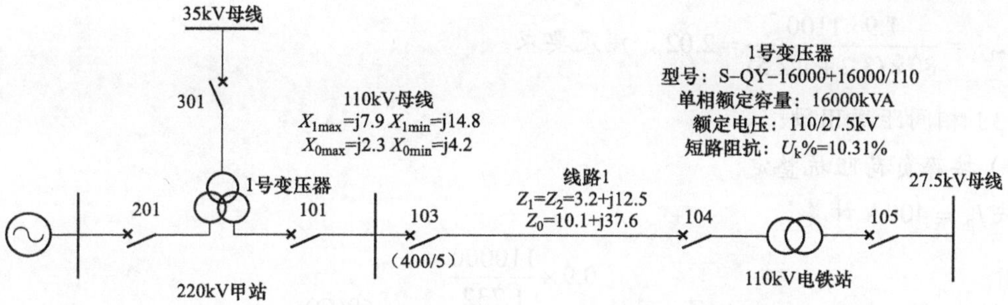

图 2-28　三相电气化铁路线路定值整定图示

（一）相间距离保护

（1）相间距离Ⅰ段：

1）躲线路末端故障：

$$Z_{dz}=0.8\times(3.2+j12.5)=10.32(\Omega)$$

$$Z_{jdz}=\frac{10.32\times80}{1100}=0.75(\Omega)$$

2）躲电铁站变压器低压侧故障：

$$Z_{dz}=0.7\times(3.2+j12.5)+0.6\times(0.345\times j85.2)=26.67(\Omega)$$

$$Z_{jdz}=\frac{26.67\times80}{1100}=1.94(\Omega)$$

按条件 2）整定：

$$Z_{jdz}=1.0\Omega$$

$$T_{dz}=0s$$

（2）相间距离Ⅱ段：

1）躲电铁站变压器其他侧故障：

$$Z_{dz}=0.7\times(3.2+j12.5)+0.6\times\left(0.345\times j\frac{10.31\times115^2}{100\times16}\right)=26.67(\Omega)$$

$$Z_{jdz}=\frac{26.67\times80}{1100}=1.94(\Omega)$$

2）本线故障有足够灵敏系数：

$$Z_{dz}=1.5\times(3.2+j12.5)=19.35(\Omega)$$

$$Z_{jdz}=\frac{19.35\times80}{1100}=1.4(\Omega)$$

按条件 1）整定：

$$Z_{jdz}=1.9\Omega$$

$$T_{dz}=0.5s$$

3）灵敏度校验：

$K_{LM}=\dfrac{1.9\times1100}{80\times(3.2+j12.5)}=2.02$，满足要求。

（3）相间距离Ⅲ段：

1）按躲负荷阻抗整定：

按 $I_{fh}=400A$ 计算

$$Z_{dz}=\frac{0.9\times\dfrac{110000}{1.732}}{1.2\times1.15\times1.5\times400}=69(\Omega)$$

$$Z_{jdz}=\frac{69\times80}{1100}=5(\Omega)$$

2）对电铁站其他侧故障灵敏度的校验：

$$K_{LM}\geqslant1.2=\frac{Z_{jdz}\times1100}{80\times\left[(3.2+j12.5)+1\times j\dfrac{85.2}{2}\right]}$$

$$Z_{jdz}\geqslant\frac{1.2\times80\times\left[(3.2+j12.5)+1\times j\dfrac{85.2}{2}\right]}{1100}=4.84(\Omega)$$

注：此处根据仿真试验结果和相关文件，电铁站的等值阻抗定值应按电铁站等值阻抗的一半进行计算。否则，可能造成系统侧或电铁站变压器高压侧定值灵敏度太高，上下级定值不配合，引起保护误动作。

按条件1）整定：

$$Z_{jdz}=5\Omega$$

$$T_{dz}=2s$$

（二）接地距离保护

三段均按躲线路末端故障整定。

$$Z_{dz}=0.8\times(3.2+j12.5)=10.32(\Omega)$$

$$Z_{jdz}=\frac{10.32\times80}{1100}=0.75(\Omega)$$

$$T_{dz}=0s$$

或者退出接地距离保护。

（三）零序电流保护

（1）零序电流Ⅰ段：

按躲线路末端接地故障最大零序电流整定：

$$S_{0dz}=\frac{3\times115^2}{2\times(j7.9+3.2+j12.5)+(j2.3+10.1+j37.6)}=482(MVA)$$

$$I_{0jdz}=1.5\times\frac{482\times1000}{1.732\times115\times80}=45.3(A)$$

$$T_{dz} = 0s$$

（2）零序电流Ⅱ段：

$$I_{jdz} = \frac{300}{80} = 3.75(A)$$

$$T_{dz} = 0.5s$$

第十二节 低电阻接地系统保护的整定计算

如图 2-29 所示，低电阻接地系统保护定值应从接地变压器、母线其他元件到供电变压器依次计算。

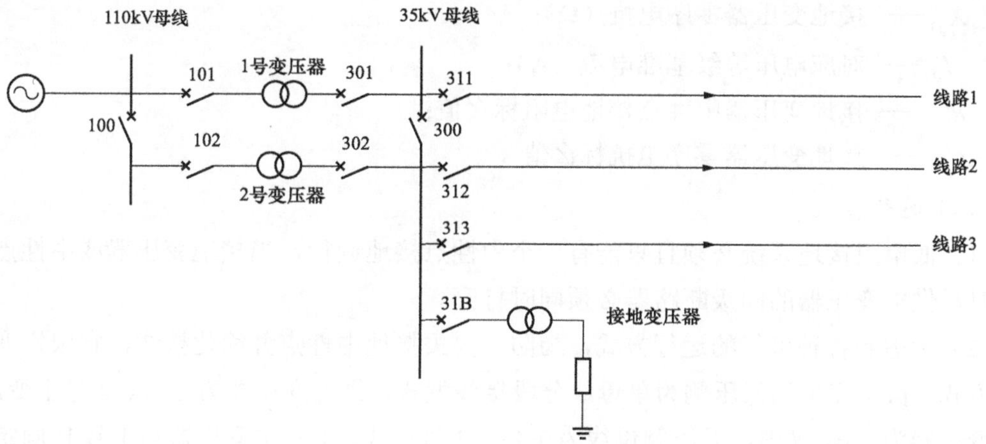

图 2-29 低电阻接地系统示意图

一、适用的保护功能配置

变压器低压侧经专用 Z 形接地变压器串联低电阻接地系统，供电变压器保护采用差动保护和常规后备保护配置；低电阻接地系统母线连接元件（如接地变压器、线路、电容器、所用变压器、电抗器等）保护宜配置三段相过电流保护及两段零序过电流保护。

二、一般说明

（一）接地电阻的选取

（1）接地变压器及中性点接地电阻的选择应满足该系统运行需要，单相接地故障时零序电流以 1000A 左右为宜，10～35kV 低电阻接地系统中接地电阻的选取宜为 6～30Ω。

（2）严格计算应采用对称分量法进行故障序网分析，考虑到供电系统母线阻抗及故障线路正序、零序阻抗值远远小于接地变压器零序阻抗及中性点接地电阻，简单实用计算时可按下式考虑：

$$I_0^{(1)} = \frac{U_{\Phi N}}{Z_{1\Sigma} + Z_{2\Sigma} + Z_{0\Sigma}} \approx \frac{U_{\Phi N}}{3R_N + R_{g0} + jX_{g0}} \approx \frac{U_{\Phi N}}{3R_N + jX_{g0}} \tag{2-655}$$

若为标幺值计算，则公式为

$$I_0^{(1)}=\frac{I_B}{3R'_N+jX'_{g0}} \tag{2-656}$$

式中：$I_0^{(1)}$——系统单相接地故障零序电流（A）；

$Z_{1\Sigma}$——故障点综合正序阻抗（Ω）；

$Z_{2\Sigma}$——故障点综合负序阻抗（Ω）；

$Z_{0\Sigma}$——故障点综合零序阻抗（Ω）；

$U_{\Phi N}$——系统额定相电压（V）；

R_N——接地变压器中性点接地电阻（Ω）；

R_{g0}——接地变压器零序电阻（Ω）；

X_{g0}——接地变压器零序电抗（Ω）；

I_B——对应电压等级基准电流（A）；

R'_N——接地变压器中性点接地电阻标幺值；

X'_{g0}——接地变压器零序电抗标幺值。

（二）运行方式

（1）低电阻接地系统必须且只能有一个中性点接地运行，当接地变压器或中性点电阻失去时，供电变压器的同级断路器必须同时打开。

（2）考虑到各种可能的运行方式，为防止失去接地中性点并简化接线，宜限定变电站运行方式，假定变电站低压侧为单母线分段接线型式，供电变压器为 1 号、2 号主变压器，接地变压器为#1B、#2B，低压侧母线为 1 号、2 号母线，1 号主变压器与 1 号 B 固定接于低压侧 1 号母线，2 号主变压器与#2B 固定接于低压侧 2 号母线，仅完善#1B 跳低压侧分段及联跳 1 号主变压器回路，不考虑#1B 联跳 2 号主变压器回路，同样，仅完善#2B 跳低压侧分段及联跳 2 号主变压器回路，不考虑#2B 联跳 1 号主变压器回路。具体运行方式如下：

1）1 号、2 号主变压器分列运行时，1 号主变压器带#1B 及 1 号母线出线元件运行，2 号主变压器带#2B 及 2 号母线出线元件运行，#1B 与#2B 均运行；

2）2 号主变压器停电，1 号主变压器带 1 号、2 号母线低压侧出线元件时，#1B 须运行，#2B 须停运；

3）1 号主变压器停电，2 号主变压器带 1 号、2 号母线低压侧出线元件时，#2B 须运行，#1B 须停运；

4）不考虑 1 号、2 号主变压器并列运行方式。

（3）接地变压器的接线方式如下：

1）接地变压器压器接于变电站相应母线上；

2）接地变压器直接接于变电站供电变压器相应引线上；

3）不宜采用几个中性点合用一个接地电阻的接线方式。

（三）接地变压器的跳闸方式

（1）相过电流保护的跳闸方式：

1）接地变压器接于变电站低压侧母线，保护动作后应联跳供电变压器同侧断路器；

2）接地变压器接于供电变压器低压侧，保护动作后应联跳供电变压器各侧断路器。

（2）零序过电流保护的跳闸方式：

1）接地变压器接于变电站低压侧母线，保护动作后一时限跳低压侧分段，二时限联跳供电变压器同侧断路器；

2）接地变压器接于供电变压器低压侧，保护动作后一时限跳低压侧分段，二时限联跳供电变压器各侧断路器。

三、供电变压器保护

参照变压器保护的配置及计算方法（第一节“供电线路带单一负荷变电站”接线方式的整定计算第二条负荷变压器保护；第一节“供电线路带单一负荷变电站”接线方式的整定计算第四条系统侧变压器保护）。

四、接地变压器保护

（一）相间电流保护

（1）接地变压器电源侧装设三相式电流保护，作为接地变压器内部相间故障的主保护和后备保护。

（2）电流速断保护，计算如下：

1）按躲过接地变压器低压侧故障最大三相短路电流整定：

$$I_{DZI} \geqslant K_K I_{d\max}^{(3)} \tag{2-657}$$

式中：$I_{d\max}^{(3)}$——接地变压器低压侧故障最大三相短路电流（A）；

K_K——可靠系数，取不小于1.3。

2）按躲过接地变压器充电合闸时的励磁涌流整定，一般取7～10倍的接地变压器额定电流：

$$I_{DZI} = (7\sim10) I_{E.h} \tag{2-658}$$

$$I_{E.h} = \frac{S_E}{\sqrt{3}U_{E.h}} \tag{2-659}$$

式中：$I_{E.h}$——接地变压器高压侧额定电流（A）；

S_E——接地变压器额定容量（VA）；

$U_{E.h}$——接地变压器高压侧额定电压（V）。

3）按保证最小方式下接地变压器电源侧两相短路故障有足够灵敏度整定：

$$I_{DZI} \leqslant \frac{I_{D.\min}^{(2)}}{K_{LM}} \tag{2-660}$$

式中：$I_{D.\min}^{(2)}$——最小方式下接地变压器电源侧两相短路故障电流（A）；

K_{LM}——灵敏系数，不小于2。

4）保护动作时间及跳闸出口：

$$t_{\mathrm{I}} = 0\mathrm{s} \tag{2-661}$$

（3）接地变压器接于变电站低压侧母线，过电流保护动作跳接地变压器高压侧断路器与供电变压器低压侧断路器。接地变压器接于供电变压器低压侧，过电流保护动作跳接地变压器高压侧断路器与供电变压器各压侧断路器。

（4）过电流保护，计算如下：

1）按躲过接地变压器额定电流整定：

$$I_{\mathrm{DZII}} \geqslant K_{\mathrm{K}} I_{\mathrm{E.h}} \tag{2-662}$$

$$I_{\mathrm{E.h}} = S_{\mathrm{E}} / \sqrt{3} U_{\mathrm{E.h}} \tag{2-663}$$

式中：$I_{\mathrm{E.h}}$ ——接地变压器高压侧额定电流（A）；

K_{K} ——可靠系数，取不小于 1.3。

2）按躲过区外单相接地时流过接地变压器的最大故障相电流整定：

$$I_{\mathrm{DZII}} \geqslant K_{\mathrm{K}} I_{\mathrm{d.max}}^{(1)} \tag{2-664}$$

式中：K_{K} ——可靠系数，取不小于 1.3；

$I_{\mathrm{d.max}}^{(1)}$ ——区外单相接地时流过接地变压器的最大故障相电流（A）。

3）按保证最小方式下接地变压器低压侧母线两相短路故障有足够灵敏度整定：

$$I_{\mathrm{DZI}} \leqslant \frac{I_{\mathrm{D.min}}^{(2)'}}{K_{\mathrm{LM}}} \tag{2-665}$$

式中：$I_{\mathrm{D.min}}^{(2)'}$ ——最小方式下接地变压器低压侧母线两相短路故障电流（A）；

K_{LM} ——灵敏系数，不小于 1.5。

4）保护动作时间及跳闸出口：

$$t_{\mathrm{II}} = 1.5 \sim 2.5\mathrm{s} \tag{2-666}$$

（5）接地变压器接于变电站低压侧母线，过电流保护动作时间宜与供电变压器后备保护跳低压侧断路器时间一致，动作跳接地变压器高压侧断路器与供电变压器低压侧断路器。接地变压器接于供电变压器低压侧，过电流保护动作时间宜大于供电变压器后备保护跳各侧断路器时间，动作跳接地变压器高压侧断路器与供电变压器各压侧断路器。

（二）零序电流保护

（1）接地变压器中性点上配置零序电流Ⅰ段、零序电流Ⅱ段保护，作为接地变压器单相接地故障的主保护和系统各出线元件单相接地故障的总后备保护。

（2）严格计算应采用对称分量法进行故障序网分析，因低电阻接地系统中，供电系统母线阻抗及故障线路正序、零序阻抗值远远小于接地变压器零序阻抗及中性点接地电阻，保护范围末端距供电电源远近对精确计算结果影响很小，非故障线路对地分布电容很小，因而零序网络中分支电流很小，在中性点接地电阻及接地变压器选择满足该系统运行需要（单相接地故障时零序电流为 1000A 左右）的前提下，简单实用计算可考虑设置固定值以满足整定计算各项要求。

（3）零序电流Ⅰ段保护，计算如下：

1）按保证单相接地故障有足够灵敏度整定：

$$I_{0DZI} \leqslant \frac{I_{0D.min}^{(1)}}{K_{LM}} \tag{2-667}$$

式中：$I_{0D.min}^{(1)}$ ——系统发生单相接地，流经接地变压器最小接地故障电流（A）；

K_{LM} ——灵敏系数，不小于1.3。

2）按与下级零序电流Ⅰ段保护配合整定：

$$I_{0DZI} \geqslant K_K I'_{0DZI} \tag{2-668}$$

式中：K_K ——可靠系数，取不小于1.1；

I'_{0DZI} ——下级零序电流Ⅰ段保护最大值（A）。

3）保护动作时间及跳闸出口：

$$t_{0I} = t'_{0I} + \Delta t \tag{2-669}$$

式中：t'_{0I} ——下级零序电流Ⅰ段保护最长时间（s）。

（4）接地变压器接于变电站低压侧母线，零序电流保护动作一时限跳低压侧分段，二时限跳接地变压器高压侧断路器与供电变压器低压侧断路器。接地变压器接于供电变压器低压侧，零序电流保护动作一时限跳低压侧分段，二时限跳接地变压器高压侧断路器与供电变压器各压侧断路器。

（5）零序电流Ⅰ段保护可综合取值450A。

（6）零序电流Ⅱ段保护，计算如下：

1）按保证经高阻单相接地故障有足够灵敏度整定：

$$I_{0DZII} \leqslant \frac{I_{0gzD.min}^{(1)'}}{K_{LM}} \tag{2-670}$$

式中：$I_{0gzD.min}^{(1)'}$ ——系统发生经高阻单相接地，流经接地变压器故障电流（A），一次值不大于300A；

K_K ——可靠系数，取不小于1.3。

2）按与下级零序电流Ⅱ段保护配合整定：

$$I_{0DZII} \geqslant K_K I'_{0DZII} \tag{2-671}$$

式中：I'_{0DZII} ——下级零序电流Ⅱ段保护最大值（A）；

K_K ——可靠系数，取不小于1.1。

3）按躲过正常运行时最大不平衡零序电流整定：

$$I_{0DZII} \geqslant K_K I_{0bph} \tag{2-672}$$

式中：I_{0bph} ——正常运行时最大不平衡零序电流（A）；

K_K ——可靠系数，取不小于1.3。

4）保护动作时间及跳闸出口：

$$t_{0II} = t'_{0II} + \Delta t \tag{2-673}$$

式中：t'_{0II} ——下级零序电流Ⅱ段保护最长时间（s）。

（7）接地变压器接于变电站低压侧母线，零序电流保护动作一时限跳低压侧分段，二时限跳接地变压器高压侧断路器与供电变压器低压侧断路器。接地变压器接于供电变压器低压侧，零序电流保护动作一时限跳低压侧分段，二时限跳接地变压器高压侧断路器与供电变压器各压侧断路器。

（8）零序电流Ⅱ段保护可综合取值 150A。

五、母线其他连接元件（含线路、电容器、所用变压器、电抗器等）保护

（一）相间电流保护

相间电流保护按各元件阶段式电流保护整定。

（二）零序电流保护

（1）母线其他连接元件配置零序电流Ⅰ段、零序电流Ⅱ段保护，作为本元件单相接地故障的保护。

（2）严格计算应采用对称分量法进行故障序网分析，因低电阻接地系统中，供电系统母线阻抗及故障线路正序、零序阻抗值远远小于接地变压器零序阻抗及中性点接地电阻，保护范围末端距供电电源远近对精确计算结果影响很小，非故障线路对地分布电容很小，因而零序网络中分支电流很小，在中性点接地电阻及接地变压器选择满足该系统运行需要（单相接地故障时零序电流为 1000A 左右）的前提下，简单实用计算可考虑设置固定值以满足整定计算各项要求。

（3）零序电流Ⅰ段保护，计算如下：

1）按保证单相接地故障有足够灵敏度整定：

$$I_{0DZI} \leqslant \frac{I_{0D.min}^{(1)'}}{K_{LM}} \tag{2-674}$$

式中：$I_{0D.min}^{(1)'}$——本线路末端最小单相接地故障电流（A）；

K_{LM}——灵敏系数，不小于 2。

2）按与下级零序电流Ⅰ段保护配合整定：

$$I_{0DZI} \geqslant K_K I'_{0DZI} \tag{2-675}$$

式中：K_K——可靠系数，取不小于 1.1；

I'_{0DZI}——下级零序电流Ⅰ段保护最大值（A）。

3）保护动作时间及跳闸出口：

$$t_{0I} = t'_{0I} + \Delta t \tag{2-676}$$

式中：t'_{0I}——下级零序电流Ⅰ段保护最长时间（s）。

（4）零序电流Ⅰ段保护可综合取值 300A。

（5）零序电流Ⅱ段保护，计算如下：

1）按保证经高阻单相接地故障有足够灵敏度整定：

$$I_{0DZII} \leqslant \frac{I_{0gzD.min}^{(1)'}}{K_{LM}} \tag{2-677}$$

式中：$I_{0gzD.min}^{(1)'}$——本线路末端经高阻单相接地故障电流（A），一次值不大于200A；

K_{LM}——灵敏系数，不小于2。

2）按可靠躲过线路的电容电流整定：

$$I_{0DZII} \geqslant K'_K I_C \tag{2-678}$$

近似计算：

$$I_C = \frac{\sqrt{3}U_\Phi}{X_C} \tag{2-679}$$

式中：I_C——区外发生单相接地故障时流经本保护的电容电流（A）；

U_Φ——系统相电压（V）；

X_C——本线路对地分布容抗（Ω）；

K'_K——可靠系数，取不小于1.5。

注：长线路或电缆线路电容电流较大，应按实际值可靠躲过。

3）按与下级零序电流Ⅱ段保护配合整定：

$$I_{0DZII} \geqslant K_K I'_{0DZII} \tag{2-680}$$

式中：I'_{0DZII}——下级零序电流Ⅱ段保护最大值（A）；

K_K——可靠系数，取不小于1.1。

4）按躲过正常运行时最大不平衡零序电流整定：

$$I_{0DZII} \geqslant K_K I_{0bph} \tag{2-681}$$

式中：I_{0bph}——正常运行时最大不平衡零序电流（A）；

K_K——可靠系数，取不小于1.3。

5）保护动作时间及跳闸出口：

$$t_{0II} - t'_{0II} + \Delta t \tag{2-682}$$

式中：t'_{0II}——下级零序电流Ⅱ段保护最长时间（s）。

（6）零序电流Ⅱ段保护可综合取值 100A，长线路或电缆线路应适当提高定值以保证可靠躲过电容电流。

【例2.14】 已知图2-30中220kV甲站1号主变压器35kV侧经1号接地变压器串联低电阻接地，基准值容量为100MVA，基准电压为37kV，220kV甲站1号主变压器高后备保护最长动作时限为2.7s，1号接地变压器过电流保护TA电流比为800/5，零序保护TA电流比为600/5，该供电系统内单相接地最大短路电流为1300A。求图中1号接地变压器过电流保护、零序电流保护定值及35kV线路1的零序电流两段定值。

【答案】 按有名值或标幺值计算均可。本题计算结果均为二次值。

（一）1号接地变压器保护

（1）相间电流保护：

电流速断保护：

1）躲接地变压器低压侧故障最大三相短路电流：

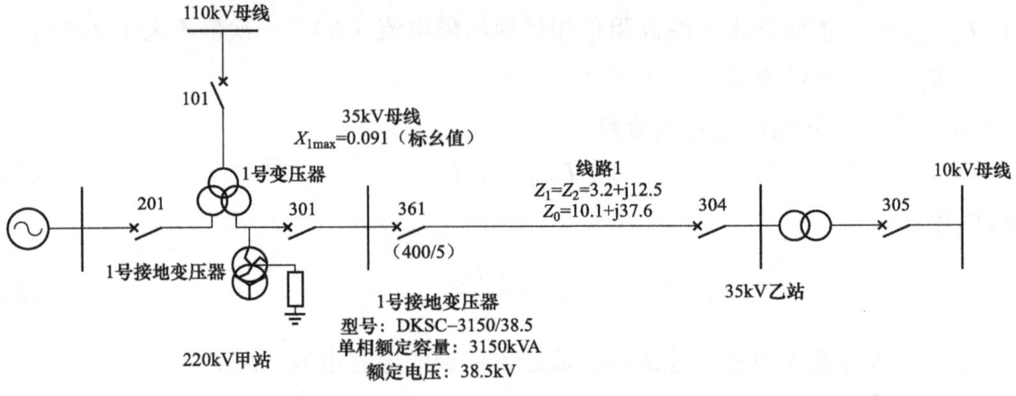

图 2-30　低电阻接地系统定值整定图示

因 1 号接地变压器二次侧不带负载，所以本计算方法不考虑。

2）躲励磁涌流：

$$S_{dz}=10\times 3.15=31.5(\text{MVA})$$

$$I_{jdz}=\frac{31.5\times 1000}{1.732\times 37\times 160}=3.1(\text{A})$$

3）保证最小方式下接地变压器电源侧两相短路时有足够灵敏度：

$$S_d=\frac{100}{X_{ZX}}=\frac{100}{0.091}=1098.9(\text{MVA})$$

$$S_{dz}=\frac{\sqrt{3}}{2}\times\frac{1098.9}{2}=475.8(\text{MVA})$$

$$I_{jdz}=\frac{475.8\times 1000}{1.732\times 37\times 160}=46.4(\text{A})$$

$$S_{dz}=1098.9\times 0.866/6=158.6(\text{MVA})$$

按满足条件 2)、3）整定：

$$I_{jdz}=15.4\text{A}$$

$$T_{dz}=0\text{s}$$

（2）过电流保护：

1）躲接地变压器额定电流：

$$I_e=\frac{3150}{1.732\times 37}=49.2(\text{A})$$

$$I_{jdz}=1.5\times\frac{49.2}{160}=0.5(\text{A})$$

2）躲励磁涌流：

$$I_{jdz}=1.3\times 0.1\times 0.5\times 1.732\times\frac{1300}{120}=1.22(\text{A})$$

3）保证最小方式下接地变压器低压侧两相短路时有足够灵敏度：

因1号接地变压器二次侧不带负载，所以本计算方法不考虑。

4）与电流速断保护配合：

$$I_{jdz}=\frac{15.4}{2}=7.7(A)$$

按条件4）整定：

$$I_{jdz}=7.7A$$

$$T_{dz}=3.0s$$

（3）零序电流保护：

1）零序电流Ⅰ段：

①与35kV线路零序Ⅰ段保护配合［300A（计算过程见本题），T_{dz}=1s］：

$$I_{jdz}=1.3\times\frac{300}{120}=3.25(A)$$

②保证单相接地时有足够灵敏度：

$$I_{jdz}=\frac{1300}{3\times120}=3.61(A)$$

按条件②整定：

$$I_{jdz}=3.61A$$

$$T_{dz}=2.0s$$

或取固定一次值450A。

2）零序电流Ⅱ段：

①与35kV线路零序Ⅱ段保护配合［200A（计算过程见本题），T_{dz}=2s］：

$$I_{jdz}=1.3\times\frac{200}{120}=2.16(A)$$

②保证经高阻单相接地时有足够灵敏度：

$$I_{jdz}=\frac{300}{1.5\times120}=1.67(A)$$

按条件②整定：

$$I_{jdz}=1.67A$$

$$T_{dz}=2.5s$$

或取固定一次值150A。

（二）35kV线路1零序电流保护

（1）零序电流保护Ⅰ段：

取固定一次值300A。

$$I_{jdz}=\frac{300}{80}=3.75(A)$$

$$T_{dz} = 1s$$

（2）零序电流保护Ⅱ段：

取固定一次值 200A。

$$I_{jdz} = \frac{200}{80} = 2.5(A)$$

$$T_{dz} = 2s$$

第三章　元件保护计算

第一节　异步电动机和同步电动机保护的整定计算

一、适用的保护功能配置

电压为 3kV 及以上的异步电动机和同步电动机，对下列故障及异常运行方式，应装设相应的保护：

（1）定子绕组相间短路；

（2）定子绕组单相接地；

（3）定子绕组过负荷；

（4）定子绕组低电压；

（5）同步电动机失步；

（6）同步电动机失磁；

（7）同步电动机出现非同步冲击电流；

（8）相电流不平衡及断相。

二、纵联差动保护

（1）纵联差动保护用于保护电动机绕组内及引出线上的相间短路故障。对于容量大于等于 2000kW 的电动机应配置本保护；对于容量小于 2000kW 且电流速断保护不满足灵敏系数要求的电动机，也应配置本保护。

（2）高压电动机的纵联差动保护一般采用比率制动，其动作判据如下：

1）当制动电流 $I_{zd} \leqslant I_{res}$ 时：

$$I_{cd} > I_{op} \tag{3-1}$$

式中：I_{cd} ——差动电流（A）；

I_{zd} ——制动电流（A）；

I_{op} ——最小启动电流（A）；

I_{res} ——最小制动电流（A）。

2）当制动电流 $I_{zd} > I_{res}$ 时：

$$I_{cd} > K(I_{zd} - I_{res}) + I_{op} \tag{3-2}$$

式中：I_{cd} ——差动电流（A）；

I_{zd} ——制动电流（A）；

I_{op} ——最小启动电流（A）；

I_{res}——最小制动电流（A）；

K——比率制动系数。

（3）差动速断电流保护，用于电动机发生严重故障情况下快速切除电动机，任一相差动电流大于差速断定值时，立即动作于跳闸。计算如下：

1）按定值应能躲过外部故障的最大不平衡电流整定，考虑到电流互感器的饱和因素，一般取电动机额定电流的 4～8 倍：

$$I_{sd}=K_K I_n \tag{3-3}$$

$$t=0s \tag{3-4}$$

式中：I_n——电动机额定电流（A）；

K_K——可靠系数，取 4～8。

2）按系统最小运行方式下电动机出口两相短路电流校验灵敏度整定：

$$K_{LM}=\frac{I_{d\min}^{(2)}}{I_{sd}} \tag{3-5}$$

（4）差动最小启动电流，按定值应能躲过最大负荷时的不平衡电流整定，一般取电动机额定电流的 0.3～0.4 倍。计算如下式：

$$I_{op}=K_K I_n \tag{3-6}$$

式中：I_n——电动机额定电流（A）；

K_K——可靠系数，取 0.3～0.4。

（5）差动最小制动电流，按定值小于电动机额定电流整定，一般取电动机额定电流的 0.8～1.0 倍，计算如下：

$$I_{res}=K_K I_n \tag{3-7}$$

式中：I_n——电动机额定电流（A）；

K_K——可靠系数，取 0.8～1.0。

（6）比率制动系数取 0.35～0.75，一般取 0.5。

三、电流速断保护

电流速断保护用于保护电动机相间故障。计算如下：

（1）其动作电流按下式整定：

$$I_{dz}=K_K I_{qd} \tag{3-8}$$

$$t=0s \tag{3-9}$$

式中：K_K——可靠系数，取 1.3～1.5；

I_{qd}——电动机启动电流（A）。

（2）按系统最小运行方式下电动机出口两相短路电流校验灵敏度整定：

$$K_{LM}=\frac{I_{(2)d.\min}}{I_{dz}} \tag{3-10}$$

式中：K_{LM}——灵敏系数，不小于 2。

四、过负荷保护

（1）下列电动机应装设过负荷保护：

1）运行过程易发生过负荷的电动机，保护应根据负荷特性，带时限动作于信号或跳闸；

2）启动或自启动困难，需要防止启动或自启动时间过长的电动机，保护动作于跳闸；

3）当流过保护装置的电流超过整定值时，装置启动经一定延时后，动作于跳闸或信号。

（2）过负荷保护动作时间，一般取 10～60s，对于启动困难的电动机，可按躲过实测启动时间来整定。计算公式如下：

$$I_{dz}=\frac{K_K I_n}{K_F} \tag{3-11}$$

$$t=(1.1\sim1.2)t_{qd} \tag{3-12}$$

式中：K_K ——可靠系数，一般动作于跳闸时取 1.2，动作于信号时取 1.05；

K_F ——继电器返回系数，取 0.95；

t_{qd} ——电动机启动时间（s）。

五、负序过电流保护

（1）2MW 及以上容量的电动机，为反应电动机相电流的不平衡，也作为短路故障的主保护的后备保护，可装设负序过电流保护，保护动作于信号或跳闸。

（2）负序电流定值的计算公式为

$$I_2=K_K I_n \tag{3-13}$$

式中：I_n ——电动机额定电流（A）；

K_K ——可靠系数，取 0.4～1.0。

（3）负序电流保护的动作时间应不短于 0.3s，一般取 0.5s。

（4）负序电压定值的计算公式为

$$U_2=K_K U_n \tag{3-14}$$

式中：U_n ——电动机额定电压（V）；

K_K ——可靠系数，取 0.04～0.1。

六、低电压保护

（1）下列电动机应装设低电压保护，保护应动作于跳闸：

1）当电源电压短时降低或短时中断后又恢复时，为保证重要电动机自启动而需要断开的次要电动机；

2）当电源电压短时降低或中断后，不允许或不需要自启动的电动机；

3）需要自启动，但为保证人身和设备安全，在电源电压长时间消失后，须从电力网中自动断开的电动机；

4）属Ⅰ类负荷并装有自动投入装置的备用机械的电动机。

（2）低电压保护的计算公式为

$$U \leqslant K_K U_n \tag{3-15}$$

式中：U_n ——电动机额定电压（V）；

K_K ——可靠系数，取 0.6～0.7。

（3）低电压保护的动作时间一般为 0.5s。

七、单相接地保护

（1）单相接地保护一次动作电流应躲过该回路单相接地最大电容电流，计算公式如下：

$$I_{dz} = K_K I_C \tag{3-16}$$

式中：K_K ——可靠系数；

I_C——线路上的电容电流（A）。

注：K_K 为了躲过弧光接地故障所产生的不稳定过程电流而设。如保护装置不带时限，可取 K_K =4～5；如带 0.5s 时限，取 K_K =1.5～2。

（2）灵敏系数校验公式如下：

$$K_{LM} = \frac{I_{C\Sigma} - I_{cm}}{I_{dz}} \geqslant 2 \tag{3-17}$$

式中：$I_{C\Sigma}$ ——电网总单相接地电容电流（A）；

I_{cm} ——电动机的电容电流（除大型同步电动机外，可忽略不计）（A）。

八、堵转保护

（1）当电动机所带负荷过大或因其他原因导致电动机不能转动时，电流很大，极易烧毁电动机，为避免损坏电动机，应由堵转保护及时切除。电流达到堵转保护定值并经延时后，动作于跳闸，仅在电动机启动结束后投入。

（2）堵转保护的动作时限一般取 10～60s，对于启动困难的电动机，可按躲过实测启动时间来整定，其计算公式如下：

$$I_{dz} \geqslant K_K I_n \tag{3-18}$$

$$t = 0.9 t_{dz} \tag{3-19}$$

式中：K_K ——可靠系数，取 2～2.5；

t_{dz} ——电动机允许堵转时间（s）。

九、失步保护

（1）对于同步电动机失步，应装设失步保护，保护带时限动作；对于重要电动机，动作于再同步控制回路，不能再同步或不需要再同步的电动机，则应动作于跳闸。

（2）对于负荷变动大的同步电动机，当用反应定子过负荷的失步保护时，应增设失磁保护。失磁保护带时限动作于跳闸。

（3）不允许非同步冲击同步电动机，应装设防止电源中断再恢复时造成非同步冲击的保护。

第二节 电容器保护的整定计算

一、适用的保护功能配置

对 3kV 及以上的并联补偿电容器组的下列故障及异常运行方式，应按以下规定装设相应的保护：

（1）电容器组和断路器之间连接线短路；

（2）电容器内部故障及其引出线短路；

（3）电容器组中，某一故障电容器切除后所引起剩余电容器的过电压；

（4）电容器组的单相接地故障；

（5）电容器组过电压；

（6）所连接的母线失压；

（7）中性点不接地的电容器组，各组对中性点的单相短路。

二、限时电流速断保护

（1）速断保护电流定值按最小运行方式下，电容器端部引线发生两相短路时有足够灵敏系数整定。计算如下：

$$I_{dz}=K_K I_e \tag{3-20}$$

式中：I_e——电容器额定电流（A）；

K_K——可靠系数，取 3～5。

（2）考虑电容器投入过渡过程的影响，速断保护电流定值动作时间一般取 0.1～0.2s。

三、过电流保护

（1）过电流保护电流定值按电容器组长期允许的最大工作电流整定，计算如下：

$$I_{dz}=K_K I_e \tag{3-21}$$

式中：I_e——电容器额定电流（A）；

K_K——可靠系数，取 1.5～2。

（2）过电流定值动作时间一般取 0.3～1.0s。

四、过电压保护

（1）过电压保护定值应按电容器端电压不长时间超过 1.1 倍电容器额定电压的原则整定，计算如下：

$$U_{dz}=K_K U_e \tag{3-22}$$

式中：U_e——电容器额定相间电压（V）；

K_K——可靠系数，取 1.1。

（2）过电压保护动作时间一般取不超过 1min。

（3）过电压保护可根据实际情况选择跳闸或发信号。

（4）过电压继电器宜有较高的返回系数。

（5）过电压继电器宜优先选用带有反时限特性的电压继电器。

（6）电压采自母线 TV。

（7）宜装设防止 TV 断线造成保护误动的电流闭锁元件。

五、低电压保护

（1）低电压保护定值应能在电容器所接母线失压后可靠动作，而在母线电压恢复正常后可靠返回。如该母线为备自投装置工作电源，则低电压定值还应高于备自投装置低电压元件定值。计算如下：

$$U_{dz}=K_K U_n \tag{3-23}$$

式中：U_n ——电容器额定电压（V）；

K_K ——可靠系数，取 0.2～0.5。

（2）低电压保护动作时间与本侧出线后备保护时间配合。

（3）电压采自母线 TV。

六、不平衡保护

（1）当电容器组中的故障电容器被切除到一定数量后，引起剩余电容器端电压超过110%额定电压时，保护应将整组电容器断开。为此，可采用下列保护之一：

1）中性点不接地单星形接线电容器组，可装设中性点电压不平衡保护；

2）中性点接地单星形接线电容器组，可装设中性点电流不平衡保护；

3）中性点不接地双星形接线电容器组，可装设中性点间电流或电压不平衡保护；

4）中性点接地双星形接线电容器组，可装设反应中性点回路电流差的不平衡保护；

5）电压差动保护；

6）单星形接线的电容器组，可采用开口三角电压保护。

（2）选择电容器组台数及其保护配置时，应考虑不平衡保护有足够的灵敏度，当切除部分故障电容器后，引起剩余电容器的过电压小于或等于额定电压的 105%时，应发出信号；过电压超过额定电压的 110%时，应动作于跳闸。

（3）不平衡保护动作应带有短延时，防止电容器组合闸、断路器三相合闸不同步、外部故障等情况下误动作，延时可取 0.5s。

（4）在对电容器内部串并联结构不了解的情况下，可参照电容器生产厂家提供的不平衡保护建议定值、动作时间及计算依据进行整定。

七、熔断器保护

对电容器内部故障及其引出线的短路，宜对每台电容器分别装设专用的保护熔断器，熔丝的额定电流可为电容器额定电流的 1.5～2.0 倍。

【例 3.1】已知某母线电容器型号为 TBB10-3600/200AK，Y 形接线，TA 电流比为 600/5，请计算电容器保护定值。

【答案】

$$I_e = \frac{3600}{\sqrt{3}\times 10} = 207.85(\text{A})$$

（一）限时电流速断保护

$$I_{jdz} = 4\times\frac{207.85}{600/5} = 6.93(\text{A})$$

取 7.5A，0.1s。

（二）过电流保护

$$I_{jdz} = 2\times\frac{207.85}{600/5} = 3.46(\text{A})$$

取 3.5A，1s。

（三）过电压保护

电压采自母线 TV，取 110%额定电压。

取 121V，5s。

（四）低电压保护

电压采自母线 TV，取 60%额定电压。

取 66V，1.3s。

（五）不平衡保护

参照电容器生产厂家提供的不平衡保护建议定值。

取 9V，0.3s。

第三节　接地变压器保护的整定计算

一、适用的保护功能配置

（1）对于经低电阻接地的接地变压器，请参照（第二章第十二节低电阻接地系统保护的整定计算第一条、适用的保护功能配置）。

（2）对于经消弧线圈接地的接地变压器，一般配置电流速断保护和过电流保护。

二、电流速断保护

（1）电流速断保护是接地变压器内部相间故障的主保护。

（2）对于经低电阻接地的接地变压器，请参照（第二章第十二节低电阻接地系统保护的整定计算第四条接地变压器保护中的电流速断保护）。

（3）对于经消弧线圈接地的接地变压器，宜按以下原则整定：

1）按最小方式下两相短路时有足够灵敏度整定：

$$I_{DZ} \leqslant \frac{I_{d.min}^{(2)}}{K_{LM}} \tag{3-24}$$

式中：$I_{d.min}^{(2)}$——本线路最小方式下两相短路电流（A）；

K_{LM} ——灵敏度，取不小于 1.3。

2）按保证在充电合闸时躲过励磁涌流整定：

$$I_{dz}=K_K I_n \tag{3-25}$$

式中：I_n ——接地变压器额定电流（A）；

K_K ——可靠系数，取 7～10。

3）按躲开接地变压器低压侧故障电流整定：

$$I_{dz}=K_K I_T \tag{3-26}$$

式中：I_T ——接地变压器低压侧故障电流（A）；

K_K ——可靠系数，一般取 1.1～1.2。

4）保护动作时间为 0s。

三、过电流保护

（1）过电流保护是接地变压器内部相间故障的后备保护。

（2）对于经低电阻接地的接地变压器，请参照（第二章第十二节低电阻接地系统保护的整定计算第四条接地变压器保护中的过电流保护）。

（3）对于经消弧线圈接地的接地变压器，宜按以下原则整定：

1）按躲过接地变压器额定电流整定：

$$I_{dz}=K_K I_n \tag{3-27}$$

式中：I_n ——接地变压器额定电流（A）；

K_K ——可靠系数，一般取 1.5～2。

2）按躲开区外单相接地时流过接地变压器的最大故障相电流整定：

$$I_{dz}=K_K I_k \tag{3-28}$$

式中：I_k ——区外单相接地时流过接地变压器的最大故障相电流（A）；

K_K ——可靠系数，一般取 1.2～1.3。

3）按保证最小方式下接地变压器低压侧短路有足够灵敏度整定：

$$I_{DZII}\leqslant\frac{I_{d.min}^{(2)\prime}}{K_{LM}} \tag{3-29}$$

式中：$I_{d.min}^{(2)\prime}$ ——最小方式下接地变压器低压侧短路故障电流（A）；

K_{LM} ——灵敏系数，不小于 2。

4）保护动作时间宜选取 0.3～0.5s。

【例 3.2】 已知某母线接地变压器型号为 DKSC-400/10.5-100/0.4，冷却方式 AN，接线方式 ZNyn11，U_k=3.9939%，TA 电流比为 600/5，甲母线等值阻抗 X_m=4.0683/4.3262，请计算该接地变压器保护定值。

【答案】

$$I_e=\frac{400}{\sqrt{3}\times 10\times 600/5}=0.19(\text{A})$$

$$X_{*}=\frac{3.9939}{100}\times\frac{1000}{0.4}=99.85$$

（一）电流速断保护

（1）按最小方式下两相短路时有足够灵敏度整定：

$$I_{\text{jdz}}=\frac{0.866\times55000}{4.3262\times600/5\times1.3}=70.6(\text{A})$$

（2）按保证在充电合闸时躲过励磁涌流整定：

$$I_{\text{dz}}=10I_{\text{n}}=1.9\text{A}$$

（3）按躲开接地变压器低压侧故障电流整定：

$$I_{\text{jdz}}=\frac{1.2\times55000}{(4.0683+99.85)\times600/5}=5.3(\text{A})$$

取 10A，0s。

（二）过电流保护

（1）按躲过接地变压器额定电流整定：

$$I_{\text{dz}}=2I_{\text{n}}=0.38\text{A}$$

（2）按保证最小方式下接地变压器低压侧短路有足够灵敏度整定：

$$I_{\text{jdz}}=\frac{0.866\times55000}{(4.3262+99.85)\times600/5\times2}=1.9(\text{A})$$

取 1A，0.5s。

第四节 站用变压器保护的整定计算

一、适用的保护功能配置

对于站用变压器，一般配置电流速断保护和过电流保护。

二、电流速断保护

（1）电流速断保护是站用变压器内部相间故障的主保护。

（2）电流速断保护的计算如下：

1）按最小方式下两相短路时有足够灵敏度整定：

$$I_{\text{DZ}}\leqslant\frac{I_{\text{d.min}}^{(2)}}{K_{\text{LM}}} \tag{3-30}$$

式中：$I_{\text{d.min}}^{(2)}$——本线路最小方式下两相短路电流（A）；

K_{LM}——灵敏度，取不小于 1.3。

2）按保证在充电合闸时躲过励磁涌流整定：

$$I_{\text{dz}}=K_{\text{K}}I_{\text{n}} \tag{3-31}$$

式中：I_{n}——站用变额定电流（A）；

K_{K}——可靠系数，取 7～10。

3）按躲开站用变压器低压侧故障电流整定：

$$I_{dz} = K_K I_T \tag{3-32}$$

式中：I_T ——站用变压器低压侧故障电流（A）；

K_K ——可靠系数，取 1.1～1.2。

4）保护动作时间为 0s。

三、过电流保护

（1）过电流保护是站用变压器内部相间故障的后备保护。

（2）过电流保护的计算如下：

1）按躲过站用变压器额定电流整定：

$$I_{dz} = K_K I_n \tag{3-33}$$

式中：I_n ——站用变压器额定电流（A）；

K_K ——可靠系数，取 1.5～2。

2）按保证最小方式下站用变压器低压侧短路有足够灵敏度整定：

$$I_{DZII} \leqslant \frac{I_{d.min}^{(2)'}}{K_{LM}} \tag{3-34}$$

式中：$I_{d.min}^{(2)'}$ ——最小方式下站用变压器低压侧短路故障电流（A）；

K_{LM} ——灵敏度，取不小于 2。

3）保护动作时间宜选取 0.3～0.5s。

第五节　母线保护的整定计算

一、适用的保护功能配置

本节针对于 110kV、35kV 母线保护，基于 RCS-915AB、BP-2C、CSC-150 等保护装置型号涉及的定值量进行整定。

二、差电流启动元件（差动电流启动高值、差动电流门槛定值、差动保护启动电流定值）

（1）差电流启动元件的计算如下：

1）按躲开母线外部短路时的最大不平衡电流整定：

$$I_{DZ} \geqslant K_K (f_I + f_I') I_{DL.max} \tag{3-35}$$

式中：f_I ——电流互感器最大误差系数，按其铭牌参数取 0.05～0.1；

f_I' ——中间 TA 最大误差系数，取 0.05；

$I_{DL.max}$ ——区外故障流过电流互感器的最大短路电流（A）；

K_K ——可靠系数，对本身性能可以躲过非周期分量的差电流元件取 1.5。

2）按任一元件电流二次回路断线时由负荷电流引起的最大差电流整定：

$$I_{DZ} \geqslant K_K I_{FH.max} \tag{3-36}$$

式中：$I_{FH.max}$ ——母线上一个元件在常见运行方式下的最大负荷电流（A）；

K_K ——可靠系数，取 1.3～1.8。

3）按母联断路器断开后单独一段母线故障校验灵敏系数，灵敏系数一般不小于 2.0，以保证两段母线相继故障时有足够的灵敏系数。

4）固定连接式的母线差动保护中每一段母线的差电流选择元件定值，应可靠躲过另一段母线故障时最大不平衡电流：

$$I_{DZ} \geqslant K_K(f_I + f_I')I_{DL.max} \tag{3-37}$$

式中：f_I ——电流互感器最大误差系数，按其铭牌参数取 0.05～0.1；

f_I' ——中间 TA 最大误差系数，取 0.05；

$I_{DL.max}$ ——区外故障流过电流互感器的最大短路电流（A）；

K_K ——可靠系数，对本身性能可以躲过非周期分量的差电流元件取 1.5。

（2）差动电流启动低值，按切除小电源能满足足够的灵敏度整定，如无大小电源情况，整定为差动电流启动高值的 0.9 倍。

三、差动电流电压闭锁

（1）低电压闭锁按躲过正常最低运行电压整定，一般可直接选取母线额定运行电压的 0.6～0.7 倍。计算如下：

$$U_{dz} = \frac{KU_e}{K_k K_f} \tag{3-38}$$

式中：K ——最低运行电压系数，取 0.9～0.95；

U_e ——母线额定相间电压（V）；

K_K ——可靠系数，取 1.1；

K_f ——返回系数。

（2）负序电压闭锁按躲过正常运行的最大不平衡电压，U_2 一般整定为 4～8V。

（3）零序电压闭锁按躲过正常运行的最大不平衡电压，$3U_0$ 一般整定为 4～12V。

（4）灵敏系数校验，电压闭锁元件的灵敏系数应比相应的电流启动元件高。

四、其他定值

（1）比率制动系数高值按一般最小运行方式下（母联处合位）发生母线故障时，大差比率差动元件具有足够的灵敏度整定。

（2）比率制动系数低值按母联开关断开时，弱电源供电母线发生故障的情况下，差比率差动元件具有足够的灵敏度整定。

（3）充电保护按最小运行方式下被充电母线故障时有足够灵敏度整定。

（4）母联过电流电流定值按被充线路末端发生相间故障时有足够的灵敏度整定，且必须躲过该运行方式下流过母联的负荷电流，一般情况下可与差动保护的启动元件相同，母联过电流时间一般整定为 0.3s。

（5）母联过电流零序电流定值按被充线路末端接地故障有足够灵敏度整定。

（6）TA 断线闭锁定值（TA 断线电流定值）按躲正常运行时流过母线保护的最大不平

衡电流整定。

（7）断线报警定值（TA 异常电流定值）按 1.5～2 倍最大运行方式下差流显示值整定，比 TA 断线闭锁定值的灵敏度高。

（8）母联失灵电流定值按母线故障时流过母联的最小故障电流整定，考虑母差动作后系统变化对流经母联断路器的故障电流影响，可以和差动保护启动电流定值相同。动作时间应大于母联开关的最大跳闸灭弧时间。

（9）母联死区保护时间定值，一般为 150ms。

（10）母联非全相保护停用。

（11）失灵保护停用。

第六节　故障录波器的整定计算

一、适用的保护功能配置

为了分析电力系统事故和安全自动装置在事故过程中的动作情况，以及为迅速判定线路故障点位置，在 110kV 重要变电站应装设专用故障录波器。统调风电场和统调光伏电站应装设专用故障录波器。

二、故障录波器技术要求

（1）线路、母联断路器、变压器各侧电流，线路、母线、变压器各侧电压应接入故障录波器，断路器的位置信号应接入故障录波器。

（2）故障录波器电流回路应采用电流互感器保护级二次绕组。录波装置与保护装置共用一组电流互感器绕组时，录波装置宜接于保护装置之后。

（3）接入录波装置的开关量应包括保护出口、重合闸动作及开关变位等信息。

（4）配置故障录波器的厂站应采用调度数据网接入相应的地调主站。

（5）故障录波器的远传功能除应满足数据传送要求外，还应满足：

1）能以主动及被动方式、自动及人工方式传送数据；

2）能实现远方启动录波；

3）能实现远方修改定值及有关参数。

（6）故障录波器应能接收外部同步时钟信号（如 GPS 的 IRIG-B 时钟同步信号）进行同步的功能，全网故障录波系统的时钟误差应不大于 1ms，装置内部时钟 24h 误差应不大于±5s。

（7）故障录波器记录的数据输出格式应符合 IEC 60255-24 标准。

（8）一般录取每组母线电压 U_A、U_B、U_C、$3U_0$ 及每条线路、母联和变压器的 I_A、I_B、I_C、$3I_0$。有条件可选择录取线路电压。

三、故障录波器的整定计算

（1）按照故障录波器"故障启动，扰动屏蔽"的原则，屏蔽三、五、七次谐波启动量，屏蔽所有负序电流、负序电压启动量；开关量启动只保留保护动作接点、开关位置接点和重合接点。

（2）变压器相电流上限、正序电流上限按 1.1 倍变压器相应侧额定电流整定，变压器公共绕组按中压侧与高压侧额定电流差的 1.05 倍整定，其他元件按 1.0 倍电流互感器二次额定电流值整定。

（3）相电流突变量、零序电流上限、零序电流突变量按 0.1 倍电流互感器二次额定电流值整定。

（4）相电压上限按 1.1 倍电压互感器二次额定电压整定，相电压下限按 0.8 倍电压互感器二次额定电压整定。

第七节　电抗器保护的整定计算

一、适用的保护功能配置

对于并联电抗器，一般配置电流速断保护、过电流保护、零序过电压保护、零序电流保护、过负荷保护、非电量保护。零序过电压保护和非电量保护根据现场需要投退。

二、电流速断保护

电流速断保护电流定值应躲过电抗器投入时的励磁涌流，一般整定为 3～5 倍的额定电流，在常见运行方式下，电抗器端部引线故障时灵敏系数不小于 1.3。

三、过电流保护

过电流保护电流定值应可靠躲过电抗器额定电流，一般整定为 1.5～2 倍的额定电流，动作时间一般整定为 0.5～1.0s。

四、零序电流保护

接于电阻接地系统的电抗器所装设的零序电流保护的零序电流定值参考如下原则整定：

（1）确保在最小接地故障电流时，零序电流定值的灵敏系数不小于 2；

（2）躲过电流互感器单相断线的零序电流，一般不小于 1.1 倍的额定电流；

（3）与上一级零序电流保护配合；

（4）动作时间一般整定为 0.5～1.0s。

【例 3.3】 已知某电抗器型号为 BKK-20000/35，额定容量为 20000kvar，额定电压为 $35/\sqrt{3}$kV，额定电流为 1004A，TA 电流比为 1500/5，额定电抗为 20.4Ω。请计算电抗器保护定值。

【答案】

（一）电流速断保护

$$I_{\text{jdz}} = 4 \times \frac{1004}{1500/5} = 13.4(\text{A})$$

取 13.5A/0s。

（二）限时电流保护

$$I_{\mathrm{jdz}}=2\times\frac{1004}{1500/5}=6.7(\mathrm{A})$$

取 6.7A/0.5s。

（三）定时电流保护

$$I_{\mathrm{jdz}}=\frac{1.2\times1004}{0.9\times1500/5}=4.46(\mathrm{A})$$

取 4.5A/1s。

（四）过负荷告警

$$I_{\mathrm{jdz}}=\frac{1.05\times1004}{0.9\times1500/5}=3.9(\mathrm{A})$$

取 3.9A/8s。